高职高专“十三五”规划教材

电工电子技术

杨　威　曲梅丽　主　编
陈晓莉　赵　辉　周伟伟　副主编
李　军　主审

化学工业出版社
·北京·

本书共分十一章，包括电路基础知识、直流电路分析、单相正弦交流电路、三相正弦交流电路、电工测量、模拟电路基础、数字电路基础、直流稳压电源、三相异步电动机、电动机控制电路、实验实训与技能训练。

本书结构合理、深入浅出、内容全面、注重实用、便于教学，并配有电子教案。

本书可作为高等职业教育、成人高等教育非电类专业的教材，也可供相关技术人员参考、自学使用。

图书在版编目（CIP）数据

电工电子技术/杨威，曲梅丽主编．—北京：化学工业出版社，2015.11（2023.1 重印）

高职高专“十三五”规划教材

ISBN 978-7-122-25447-4

Ⅰ.①电… Ⅱ.①杨… ②曲… Ⅲ.①电工技术-高等职业教育-教材②电子技术-高等职业教育-教材 Ⅳ.①TM②TN

中国版本图书馆 CIP 数据核字（2015）第 250197 号

责任编辑：高 钰　　文字编辑：陈 喆

责任校对：边 涛　　装帧设计：刘丽华

出版发行：化学工业出版社（北京市东城区青年湖南街 13 号 邮政编码 100011）

印　　装：涿州市般润文化传播有限公司

787mm×1092mm 1/16 印张 14 字数 340 千字 2023 年 1 月北京第 1 版第 6 次印刷

购书咨询：010-64518888　　售后服务：010-64518899

网　　址：http://www.cip.com.cn

凡购买本书，如有缺损质量问题，本社销售中心负责调换。

定　　价：30.00 元

前　言

根据高等职业教育的培养目标和教学模式，结合学生的实际情况，并根据多年的教学经验，我们组织编写了本书。本书具有以下特点。

1. 紧扣大纲，降低难度

本书从职业岗位群对人才的需求出发，本着“必需、够用”的原则，结合学生的实际情况，内容通俗易懂，方便教师教学和学生自学。

2. 结构合理，学用结合

本书加强了对基本概念、基本规律、基本方法的讲解和运用，本书配有“学习目标”“拓展与提高”“本章小结”和“复习题”，通过讲练结合加深学生对知识的理解和掌握。

3. 提高素质，培养能力

本书配有实验实训与技能训练，理论与实践相结合，带领学生去实践、探索，培养学生发现问题、分析问题、解决问题的能力以及创新能力。

4. 增加阅读材料，拓展学生知识面

本书增加了阅读内容，对教材内容做了拓展和提高，将理论知识和应用联系起来，有助于培养学生的学习兴趣。

5. 本书的内容已制作成用于多媒体教学的PPT课件，并将免费提供给采用本书作为教材的院校使用。如有需要，请发电子邮件至cipedu@163.com获取，或登陆www.cipedu.com.cn免费下载。

本书由杨威、曲梅丽主编，陈晓莉、赵辉、周伟伟任副主编，具体分工如下：杨威编写第一、四章，齐建春、吴居娟编写第二章，周伟伟编写第三、八章，杨威、曲梅丽、孙小燕编写第五、十一章，陈晓莉编写第六、七章，赵辉编写第九、十章。杨威对全书进行统稿。

本书由李军任主审，他对书稿提出了很多宝贵意见，在此表示衷心感谢。

在本书的编写过程中，得到了有关院校师生的大力支持和帮助，在此一并表示敬意和谢意。

由于编者水平有限，书中难免有不足之处，恳请广大读者批评指正。

编　者

2015年10月

前　言

目　　录

第一章　电路基础知识

学习目标：

1. 知道电路的基本组成及各部分在电路中的作用；
2. 知道电流、电压、电动势、电能和电功率等基本的物理量；
3. 了解电阻的标注方法和伏安特性，能够根据电阻定律进行计算；
4. 掌握电阻的串联、并联的特点，并能够进行电路的等效变换；
5. 了解电容元件的基本内容及其电容的连接；
6. 了解电感元件的基本内容；
7. 知道安全用电的基本知识，学会安全用电的安全保护措施及急救方法。

第一节　电路的基本结构

一、电路的组成

电流通过的路径称为电路。电路一般由电源、导线、开关和负载四部分组成，如图 1.1 所示。

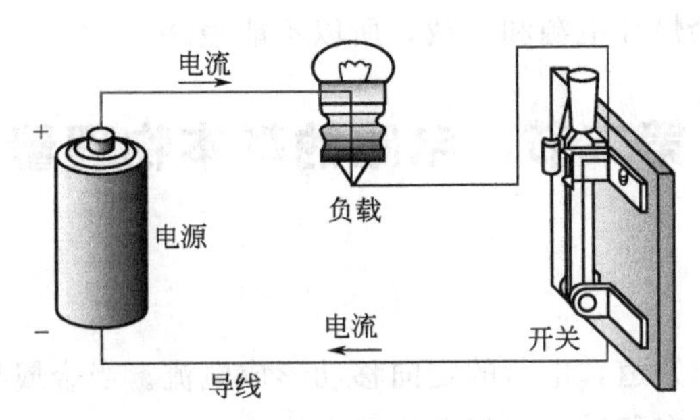

图 1.1　电路的组成

（1）电源：是提供电能的设备，它可以把非电能形式的能量转换成电能，例如发电机、电池等。

（2）负载：是将电能转换成非电能形式能量的用电设备，例如，电动机、照明灯、电炉等。

（3）导线：传送信号、传输电能。

（4）开关：接通或断开电路或保护电路，如刀开关、熔断器、漏电保护器等。

二、电路图

用规定的图形符号表示电路连接情况的图称为电路图。电路图不考虑电气元件的实际安装位置和实际连线情况，只是把各元件按顺序用符号画在平面上，用直线将各元件连接起来，如图 1.2 所示。

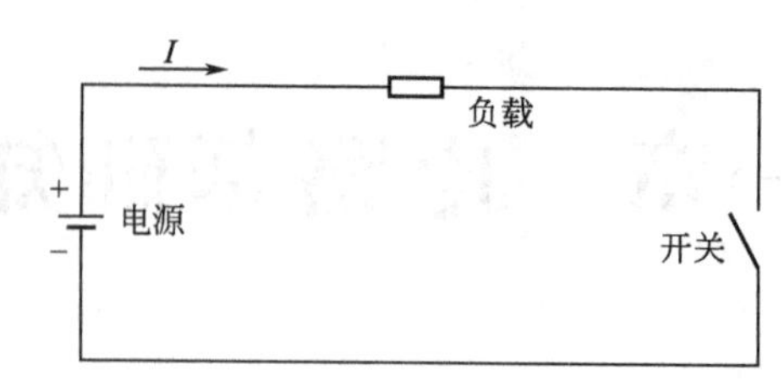

图 1.2 电路图

几种常见的图形符号如图 1.3 所示。

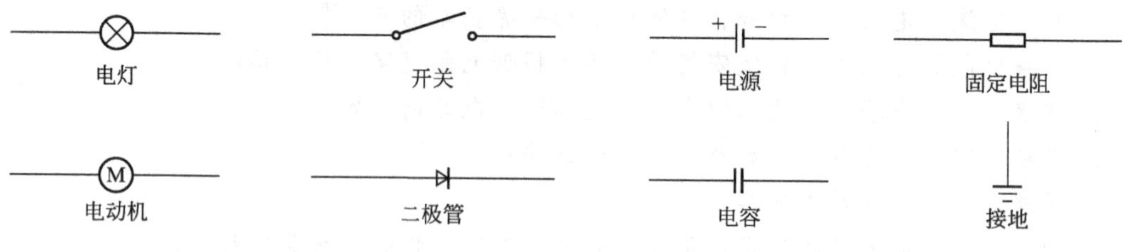

图 1.3 常见的图形符号

三、电路的状态

电路的状态一般有三种：通路、开路和短路。

（1）通路：电路中各元件连接成通路，电路中有电流通过。

（2）开路：电路断开，电路中没有电流通过，也称为断路。

（3）短路：电源两端用导线直接相连时，电路中的电流不经过负载，而是直接回到电源。短路时电流很大，会烧坏电源和负载，所以不能短路。

第二节 电路的基本物理量

一、电流

通过以前的学习可以知道，电荷的定向移动形成电流。当金属导体处于电场中时，自由电子受电场力的作用做定向移动，这就形成了电流。

单位时间内通过导体横截面的电量称为电流强度，简称电流，用公式表示为

$$I=\frac{q}{t} \tag{1.1}$$

式中 I——电流，基本单位是安培，简称安，符号为 A，实际中常用毫安、微安等单位，有 $1\text{A}=10^3\text{mA}=10^6\mu\text{A}$；

q——电荷量，单位是库仑，用 C 表示；

t——时间，单位是秒，用 s 表示。

电流的方向通常规定为正电荷定向移动的方向。在简单电路中，电流的方向可以由电源的极性确定，在复杂电路中，电流方向一般很难确定，为此引入了电流的参考方向这一概

念。参考方向是一种假定的方向，在进行计算时，任意选定某一方向作为电流的正方向，并以此进行计算，若计算结果为正值，说明电流的实际方向与选定的正方向相同；若计算结果为负值，说明电流的实际方向与选定的方向相反。如图 1.4 所示，假设流过电阻的实际电流方向从左往右，若选择如图 1.4(a) 所示的参考方向，则有 $I=2\text{A}$；若选择如图 1.4(b) 所示的参考方向，则有 $I=-2\text{A}$。

在分析电路时，必须在电路图中标明电流的参考方向，本书中如无特殊说明，电路图中标注的电流方向都是参考方向。

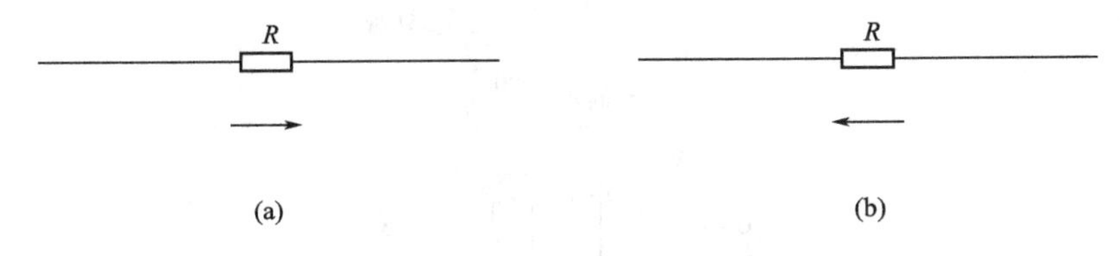

图 1.4　电流的参考方向

二、电压

电场力把单位正电荷从电场中的 A 点移到 B 点所做的功 W_{AB} 称为 A、B 间的电压，用 U_{AB} 表示。即

$$U_{\text{AB}}=\frac{W_{\text{AB}}}{q} \tag{1.2}$$

在国际单位制（SI）中，电压的基本单位是伏特，符号为 V。电场力把 1C 的电量从电场中的 A 点移到 B 点所做的功为 1J，则 A、B 间的电压为 1V。常用的单位还有 kV 和 mV，换算关系为：$1\text{kV}=10^3\text{V}$，$1\text{mV}=10^{-3}\text{V}$。

电压是相对于电路中的两点而言的，所以用双下标表示。前一个下标代表起点，后一个下标代表终点，电压的方向由起点指向终点。当电压的实际方向与参考方向相同时，电压为正值；当电压的实际方向与参考方向相反时，电压为负值。

三、电动势

为了使电路中有持续不断的电流，在电源内部存在一种力，把正电荷从电源的负极移到正极，这种克服电场力把单位正电荷由电源负极移到正极所做的功称为电动势。电动势用来表示电源把其他形式的能转换为电能的本领，用 E 表示，有

$$E=\frac{W_{\text{AB}}}{q} \tag{1.3}$$

电动势的单位也是伏特（V），其只存在于电源内部，实际方向与电压的方向相反，也就是由电源的负极指向正极，这样电源内部就形成了由电源负极到正极的电流。

四、电能和电功率

1. 电能

一段导体两端存在电压，导体内部就会产生电场，在电场力作用下自由电荷会定向移动，如果这段导体两端的电压为 U，在时间 t 内通过导体横截面的电量为 q，根据公式 (1.2) 计算电场力所做的功为

$$W=qU=UIt \tag{1.4}$$

式中，W 为电能，国际单位是焦耳，符号为 J。实际中常用千瓦时（kW·h）表示，1kW·h 俗称 1 度电。换算关系为

$$1\text{度}=1\text{kW}\cdot\text{h}=3.6\times10^{6}\text{J}$$

电能用电能表来测量，如图 1.5 所示。

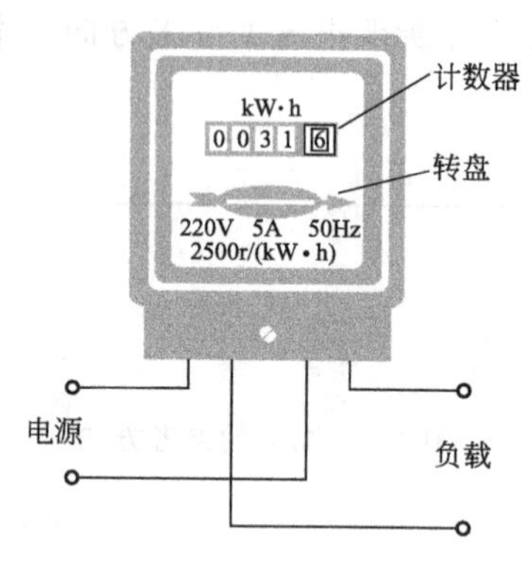

图 1.5 电能表及其接线

2. 电功率

电功率简称功率，等于单位时间内电路产生或消耗的电能，用 P 表示，即

$$P=\frac{W}{t}=\frac{UIt}{t}=UI \tag{1.5}$$

电功率用来衡量电路转换能量的快慢，其国际单位是瓦特，符号为 W。常用单位有 kW 和 MW，换算关系为 $1\text{MW}=10^{3}\text{kW}=10^{6}\text{W}$。

【例题 1.1】

一台电视机的额定功率是 100 W，每度电的电费为 0.55 元，每天工作 6h，求每月应付电费为多少？

【解】

每月用电时间为

$$t=6\text{h}\times30=180\text{h}$$

每月消耗电能为

$$W=Pt=0.1\text{kW}\times180\text{h}=18\text{kW}\cdot\text{h}$$

每月应付电费

$$0.55\text{元/度}\times18\text{度}=9.9\text{元}$$

五、电压源和电流源

1. 电压源

直流发电机和铅蓄电池都是电源，它们具有不变的电动势和较小的内阻，称其为电压源，如图 1.6(a) 所示。如果电源内阻 $R_0\approx0$，则端电压不随电流变化而变化，这是一种理想情况，把具有不变电动势且内阻为 0 的电源称为理想电压源或恒压源，如图 1.6(b) 所示。

理想电压源是一种理想模型，对任意一个用电设备来讲，在整个电力系统中，该用电设备以外的部分，可以近似看作是一个理想电压源。当电源电压稳定在一定范围内时，该电源可以看作是一个恒压源。当电源的内电阻远远小于负载电阻时，随着负载电阻的变化，电源

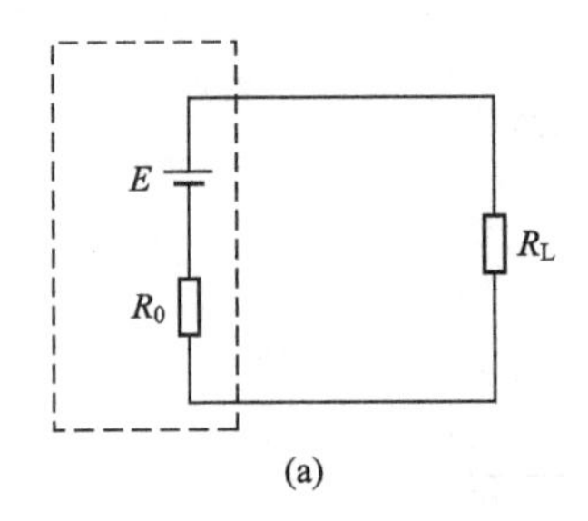

(a)

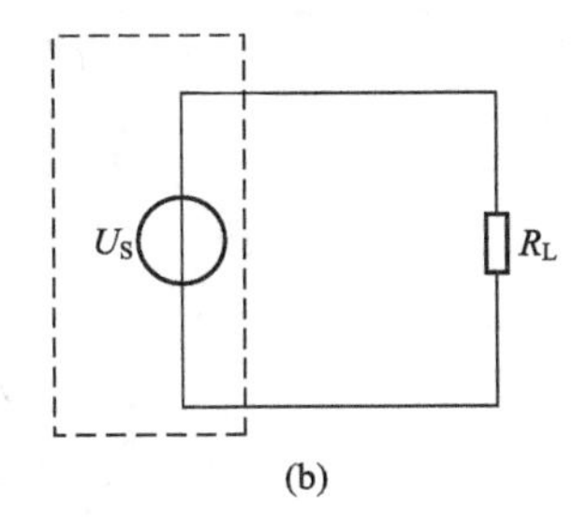

(b)

图 1.6 电压源

的端电压基本保持不变，此电源可以看作是恒压源。

2. 电流源

对于实际电源，可以建立另一种理想模型，叫电流源。如果电源输出电流的大小是恒定的，不会随负载的改变而变化，则这种电流源就叫理想电流源。理想电流源简称电流源或恒流源，如图 1.7 所示。

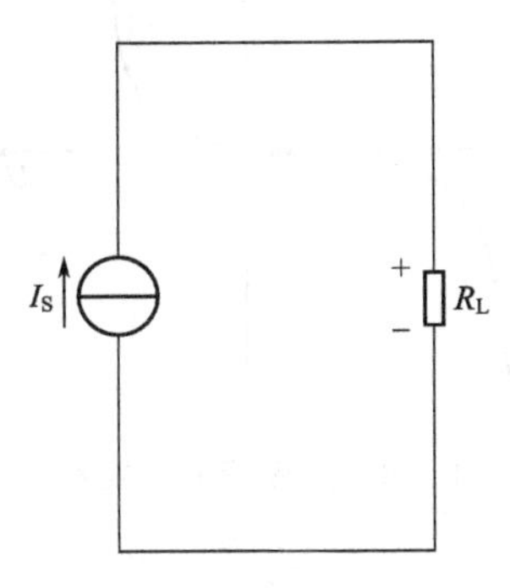

图 1.7 恒流源与负载连接

第三节 电阻元件

一、电阻

电流在导体中流动通常要受到阻碍作用，这种阻碍作用称为电阻。在电路图中，常用理想电阻元件来表示电阻对电流的这种阻碍作用。电阻用字母 R 来表示，国际单位是欧姆，符号为 Ω，常用单位有 kΩ 和 MΩ，换算关系有 $1\text{M}\Omega=10^3\text{k}\Omega=10^6\Omega$。

1. 电阻的分类

(1) 按照阻值特性可分为固定电阻和可变电阻；

(2) 按照制造材料可分为金属绕线式和膜式；

(3) 按照特性可分为光敏、热敏和压敏；

(4) 按照功能可分为负载电阻、采样电阻、分流电阻、保护电阻等。

2. 伏安特性

在温度一定的条件下，电阻两端的电压与通过电阻的电流之间的关系称为伏安特性。一般金属电阻在一定的温度下阻值是常数，这种电阻的特性是一条经过原点的直线，这种电阻称为线性电阻，如图 1.8 所示。

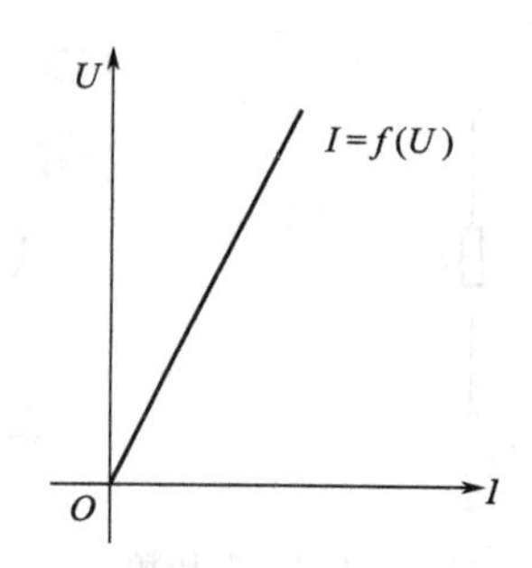

图 1.8 线性电阻的伏安特性

电阻的阻值随电压和电流的变化而变化，电压与电流的比值不是常数，这种电阻称为非线性电阻，例如半导体二极管，如图 1.9 所示。

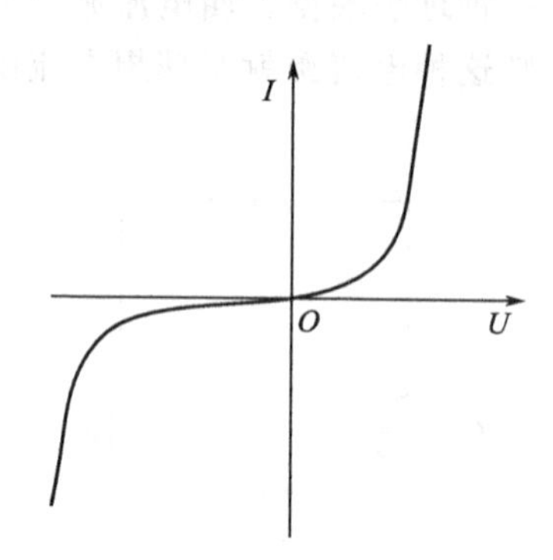

图 1.9 二极管的伏安特性

3. 电阻定律

线性电阻的阻值不仅与导体自身的材料有关，而且与导体的长度成正比，与导体的横截面积成反比，这个关系称为电阻定律。用公式表示为

$$R=\rho\frac{l}{S} \tag{1.6}$$

式中 ρ——导体的电阻率，反应材料导电性能的好坏，值越大，导电性能越差，Ω·m；

l——导体的长度，m；

S——导体的横截面积，m^2。

4. 电阻的标注方法

常用的电阻的标注方法主要有直标法和色标法。直标法是将电阻的主要参数直接标注在电阻表面上，色标法是将电阻的主要参数用颜色（色环）标注在电阻的表面上。

图 1.10 所示为电阻的色标法。电阻的色环通常为 4 道，其中 3 道距离较近，作为阻值

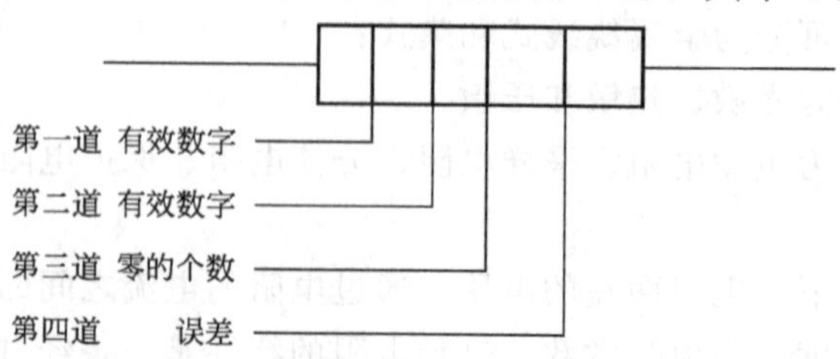

图 1.10 电阻的色标法

标注，另1道距离较远，作为误差标注。第一道、第二道各表示一位有效数字，第三道表示零的个数，第四道表示允许误差。

色环颜色与表示的数码对照如表1.1所示，色环颜色与误差对照如表1.2所示。

表1.1　色环颜色与表示的数码对照

颜色	棕	红	橙	黄	绿	蓝	紫	灰	白	黑
数码	1	2	3	4	5	6	7	8	9	0

表1.2　色环颜色与误差对照

颜色	金	银	无色
误差	±5%	±10%	±20%

例如，某色环电阻第一道为红色，第二道为蓝色，第三道为橙色，第四道为银色，则该电阻阻值为$2.6\times10^4\Omega$，允许误差为±10%。

二、电阻的连接

1. 电阻的串联

把电阻一个一个地按首尾顺序连接起来的连接方式称为电阻的串联，如图1.11所示。

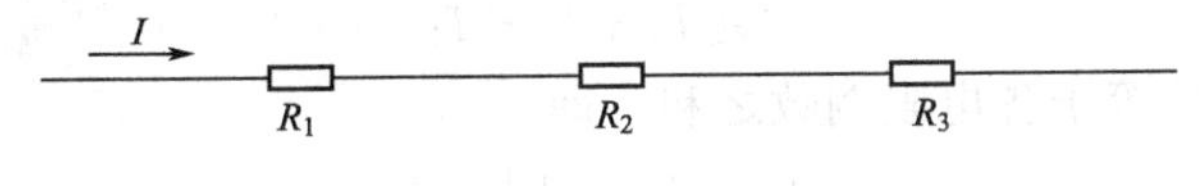

图1.11　电阻的串联

电阻串联电路的主要特点如下。

(1) 流过各电阻的电流相等，即

$$I=I_1=I_2=I_3 \tag{1.7}$$

(2) 总电阻等于各电阻之和，即

$$R=R_1+R_2+R_3 \tag{1.8}$$

(3) 总电压等于各电阻两端电压之和，即

$$U=U_1+U_2+U_3 \tag{1.9}$$

(4) 串联电路具有分压作用，即

$$U_1=\frac{R_1}{R}U;\ U_2=\frac{R_2}{R}U;\ U_3=\frac{R_3}{R}U \tag{1.10}$$

【例题1.2】

某220V/40W的照明灯要接到380V的电源上使用，为了该照明灯能正常使用，应串联多大的电阻？

【解】

照明灯的电阻为

$$R=\frac{U^2}{P}=\frac{220^2}{40}\Omega=1210\Omega$$

照明灯与电阻串联，其流过的电流相等，所以

$$\frac{U_1}{R_1}=\frac{U_2}{R_2}$$

串联电阻两端电压为$U_2=380\text{V}-220\text{V}=160\text{V}$，所以

$$R_2=\frac{U_2R_1}{U_1}=\frac{160\times1210}{220}\Omega=880\Omega$$

2. 电阻的并联

把电阻并列地接在电路中两个共同端点之间的连接方式称为电阻的并联，如图1.12所示。

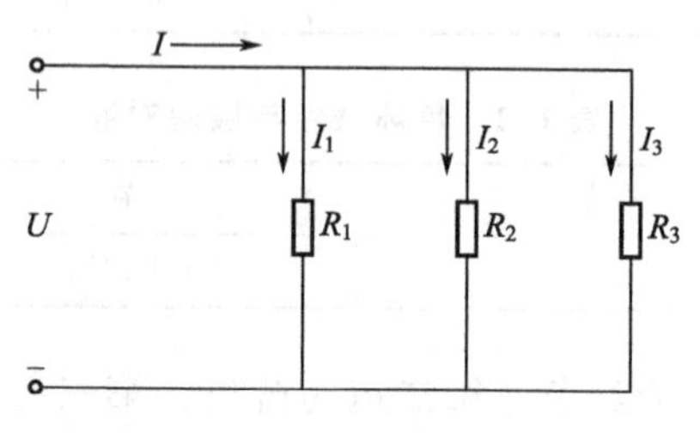

图1.12 电阻的并联

电阻并联电路的主要特点如下。

（1）各电阻两端的电压相等，即

$$U=U_1=U_2=U_3 \tag{1.11}$$

（2）总电流等于流过各电阻的电流之和，即

$$I=I_1+I_2+I_3 \tag{1.12}$$

（3）总电阻的倒数等于各电阻倒数之和，即

$$\frac{1}{R}=\frac{1}{R_1}+\frac{1}{R_2}+\frac{1}{R_3} \tag{1.13}$$

（4）并联电路具有分流作用，即

$$I_1=\frac{R}{R_1}I;\ I_2=\frac{R}{R_2}I;\ I_3=\frac{R}{R_3}I \tag{1.14}$$

【例题1.3】

有两盏220V/40W的照明灯并联接在220V电源上，求流过灯泡的电流、总电流和总电阻。

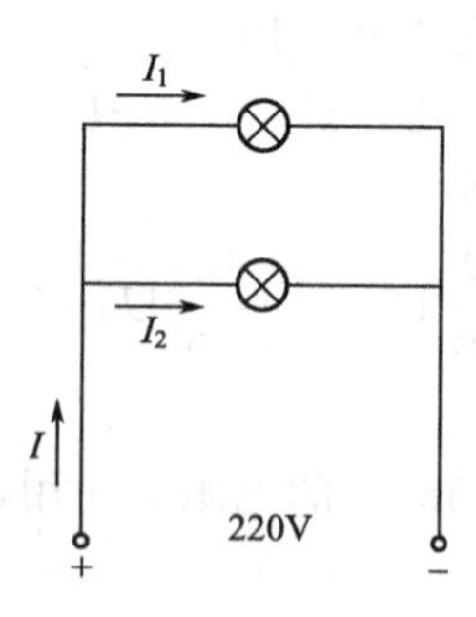

图1.13 例题1.3图

【解】

流过照明灯的电流

$$I_1=I_2=\frac{P}{U}=\frac{40}{220}\text{A}\approx0.18\text{A}$$

两盏照明灯为并联，总电流为

$$I=I_1+I_2\approx 0.18\text{A}+0.18\text{A}=0.36\text{A}$$

照明灯的电阻为

$$R=\frac{U^2}{P}=\frac{220^2}{40}\Omega=1210\Omega$$

两盏照明灯并联的总电阻为

$$\frac{1}{R}=\frac{1}{R_1}+\frac{1}{R_2}=\frac{1}{1210\Omega}+\frac{1}{1210\Omega}=\frac{1}{605\Omega}$$

即

$$R=605\Omega$$

第四节　电容元件

一、电容

在工程中，电容器的品种和规格有很多，但就其构成原理来说，都是由两块金属极板隔以不同的绝缘物质（如云母、绝缘纸、电解质等）所组成的。所以任何两个彼此靠近而且又相互绝缘的导体都可以构成电容器。这两个导体叫做电容器的极板，它们之间的绝缘物质叫做介质。

在电容器的两个极板间加上电源后，极板上分别积聚起等量的异性电荷，在介质中建立起电场，同时储存电场能量。电源移去后，电荷仍然聚集在极板上，电场继续存在。所以，电容器是一种能够储存电场能量的实际器件。电容元件就是实际电容器的理想化模型。

电容元件的图形符号如图 1.13 所示。图中$+q$ 和$-q$ 为该元件正、负极板上的电荷量。若规定其电压的参考方向由正极板指向负极板，则任何时刻正极板上的电荷量 q 与其两端的电压 U 都有以下关系：

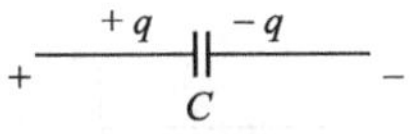

$+q$　$-q$
$+$　C　$-$

图 1.13　电容元件的图形符号

$$C=\frac{q}{U}\tag{1.15}$$

式中 C 称为电容元件的电容，它是用来衡量电容元件容纳电荷本领的一个物理量。C 是一个与电荷 q、电压 U 无关的正实数。

国际单位制中电容的单位为法拉，简称法，符号为 F；1F=1C/1V。实际上电容器的电容往往比 1F 小得多，因此通常采用微法（μF）和皮法（pF）作为其单位。其换算关系如下：

$$1\text{F}=10^6\mu\text{F}=10^{12}\text{pF}$$

为了叙述方便，把电容元件简称为电容。所以“电容”这个术语以及它的符号 C，一方面表示一个电容元件；另一方面也表示这个元件的参数。

二、电容的连接

1. 电容的并联

图 1.14(a) 所示为三个电容器并联的电路。

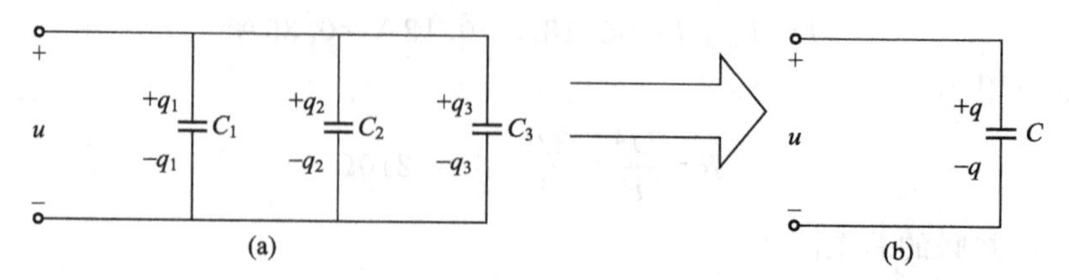

图 1.14 电容器的并联

C_1、C_2、C_3上加的是相同的电压 u，它们各自的电量为

$$q_1=C_1u, q_2=C_2u, q_3=C_3u$$

所以

$$q_1 : q_2 : q_3=C_1 : C_2 : C_3$$

即并联电容器所带的电量与各电容器的电容量成正比。

电容并联后所带的总电量为

$$q=q_1+q_2+q_3=C_1u+C_2u+C_3u=(C_1+C_2+C_3)u$$

其等效电容为［如图 1.14(b) 所示］

$$C=C_1+C_2+C_3 \tag{1.16}$$

电容器并联的等效电容等于并联的各电容器的电容量之和。当电路所需电容较大时，可以选用电容量适合的几个电容器并联。

由于每个电容器都有其耐压值（额定电压），电容器并联时加在各电容器上的电压相同，所以，电容器并联使用时，为了使各个电容器都能安全工作，所选择的电容器的最低耐压值不得低于电路的最高工作电压。

2. 电容器的串联

图 1.15(a) 所示为三个电容器串联的电路。

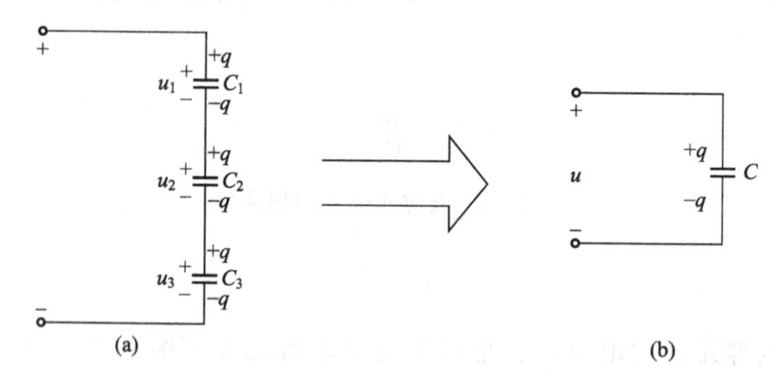

图 1.15 电容的串联

电压 u 加在电容组合体两端的两块极板上，使这两块与外电路相连的极板分别充有等量的异性电荷 q，中间的各个极板则由于静电感应而产生感应电荷，感应电荷量与两端极板上的电荷量相等，均为 q。所以，电容串联时，各电容所带的电量相等。即

$$q=C_1u_1=C_2u_2=C_3u_3$$

每个电容所带的电量为 q，而且等效电容所带的总电量也为 q。

串联电路的总电压为

$$u=u_1+u_2+u_3=\frac{q}{C_1}+\frac{q}{C_2}+\frac{q}{C_3}=q\left(\frac{1}{C_1}+\frac{1}{C_2}+\frac{1}{C_3}\right)$$

由图 1.15(b) 所示的串联电容的等效电容的电压与电量的关系知

$$u=\frac{q}{C}$$

等效条件为

$$\frac{1}{C}=\frac{1}{C_1}+\frac{1}{C_2}+\frac{1}{C_3} \tag{1.17}$$

即：电容串联时，其等效电容的倒数等于各串联电容的倒数之和。

各电容的电压之比为

$$u_1:u_2:u_3=\frac{q}{C_1}:\frac{q}{C_2}:\frac{q}{C_3}=\frac{1}{C_1}:\frac{1}{C_2}:\frac{1}{C_3}$$

即：电容串联时，各电容两端的电压与其电容量成反比。

从电容串联的性质可以看出，电容器串联后总的电容量减小，整体的耐压值升高。如果标称电压低于外加电压，可以采用电容串联的方法，但要注意，电容器串联之后一方面电容变小；另一方面，电容器的电压与电容量成反比，电容量小的承受的电压高，应该考虑标称电压是否大于电容器的耐压值。

【例题 1.4】

如图 1.16 所示，已知 $C_1=C_4=10\mu F$，$C_2=C_3=20\mu F$，求

(1) 当开关 S 打开时，ab 间的等效电容 C_{ab}；

(2) 当开关 S 关闭时，ab 间的等效电容 C_{ab}。

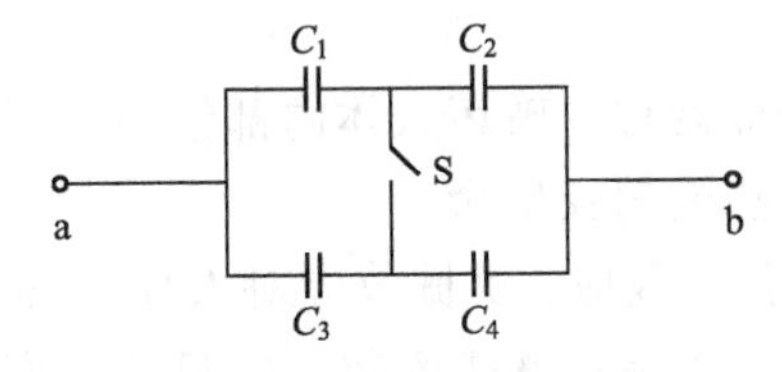

图 1.16　例题 1.4 图

【解】

(1) 当 S 打开时，C_1 与 C_2 串联，C_3 与 C_4 串联，两串联电路再并联，所以

$$C_{ab}=\frac{C_1C_2}{C_1+C_2}+\frac{C_3C_4}{C_3+C_4}=\frac{10\times20}{10+20}+\frac{20\times10}{20+10}\approx6.67+6.67=13.34\mu F$$

(2) 当 S 闭合时，C_1 与 C_3 并联，C_2 与 C_4 并联，并联之后再串联，所以

$$C_{ab}=\frac{(C_1+C_3)(C_2+C_4)}{C_1+C_3+C_2+C_4}=\frac{(10+20)(10+20)}{10+20+10+20}=15\mu F$$

第五节　电感元件

生活中常见的电动机、发电机、变压器等电气设备中的绕组就是电感元件，其图形符号如图 1.17 所示。

根据中学物理知识可以知道，当电流流过线圈时，会有磁通穿过线圈，磁通和电流的关系表示为

$$L=\frac{\Phi}{I} \tag{1.18}$$

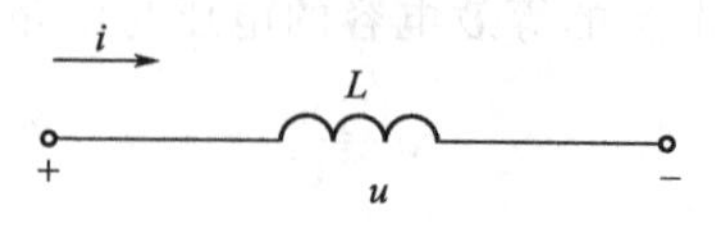

图 1.17 电感元件

式中，Φ 为穿过线圈的总磁通，等于每一匝的磁通和匝数的乘积，磁通的单位是 Wb；电流的单位是 A。

在国际单位制中电感的单位为亨利，符号为 H，1H＝1Wb/1A。常用单位有毫亨（mH）和微亨（μH），其换算关系为

$$1H=10^3mH=10^6\mu H$$

为了叙述方便，常把电感元件简称电感。所以"电感"这个术语以及它的符号 L，一方面表示一个电感元件；另一方面也表示这个元件的参数。

第六节 安全用电

一、触电的种类和形式

1. 触电的种类

触电是指人体接触到带电体，电流流过人的身体对人造成伤害，可分为电击和电伤两类。

电击是指电流通过人体内部器官，破坏人体内部组织，影响呼吸系统、心脏及神经系统的正常功能，使其受到伤害，甚至危及生命。

电伤是指电流的热效应、化学效应、机械效应对人体外部器官造成的局部伤害，包括电弧引起的灼伤、烧伤。电伤会在人体皮肤表面留下明显的伤痕，常见的有灼伤、电烙伤和皮肤金属化等现象。

2. 触电的形式

触电的形式有三种：单相触电、两相触电和跨步电压触电。

（1）单相触电：人体触及一根带电导体或接触到漏电的电气设备外壳，而又同时和大地接触，如图 1.18(a) 所示。

（2）两相触电：人体同时触及两相带电体，如图 1.18(b) 所示。

（3）跨步电压触电：电流流入电网接地点或防雷接地点时，电流在接地点周围地面中产生电压，当人体走进接地点时，人体两脚之间的电压称为跨步电压。由此引起的触电称为跨步电压触电。离接地点越近步距越大，跨步电压越大。一般 10m 以外就没有危险了，如图 1.18(c) 所示。

二、影响触电程度的因素

1. 电流的大小对人体的影响

流过人体的电流越大，人体的生理反应就越明显，引起心室颤动所需的时间就越短，致命的危害就越大。按照通过人体电流的大小分为下列三种。

（1）感觉电流：指能引起人的感觉的最小电流（1～3mA）。

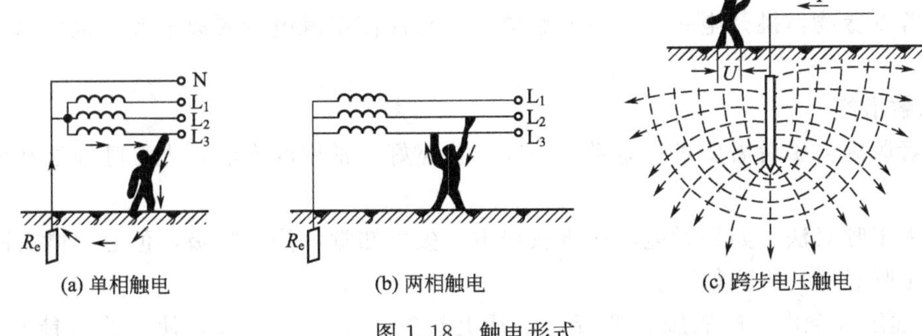

(a) 单相触电　(b) 两相触电　(c) 跨步电压触电

图 1.18　触电形式

(2) 摆脱电流：指人体触电后能自主摆脱电源的最大电流（10mA）。

(3) 致命电流：指在较短的时间内危及生命的最小电流（30mA）。

2. 与电流通过人体的路径有关

电流流过头部可使人昏迷；流过脊髓可能导致瘫痪；流过心脏会造成心跳停止，血液循环中断；流过呼吸系统会造成窒息。因此，从左手到胸部是最危险的电流路径，从手到手、从手到脚也是很危险的电流路径，而从脚到脚是危险性较小的电流路径。

3. 与电流的频率有关

人体对不同频率电流的生理敏感性是不同的，因而不同频率的电流对人体的伤害程度也是有区别的。工频（50Hz）交流电的危害性最为严重，直流电流对人体的伤害较轻。

4. 与电流的作用时间有关

人体触电，通过电流的时间越长，就越容易造成心室颤动，生命危险性就越大。据统计，触电 1～5min 内施行急救措施，有 90%的成功率，触电 10min 内实行急救措施，有 60%的成功率，超过 15min 希望甚微。

5. 与人体电阻大小以及人的情绪、身体状况有关

人体电阻的阻值是不确定的，影响人体电阻的因素很多，并因人而异。人体电阻主要集中在人的表皮角质层。当皮肤干燥时一般为 100kΩ 左右，当皮肤潮湿多汗或受伤时电阻就会大大降低。一个正常人的电阻约为 800Ω。人体不同，对电流的敏感程度也不一样。一般地说，儿童较成年人敏感，女性较男性敏感。患有心脏病者，触电后的死亡可能性就更大。

6. 与电压高低有关

安全电压是指人体不戴任何防护设备时，触及带电体不受电击或电伤的电压。人体触电的本质是电流流过人体产生了有害效应，触电的形式通常都是人体的两部分同时触及了带电体，而且这两个带电体之间存在着电位差。因此在电击防护措施中，要将流过人体的电流限制在无危险范围内，即将人体能触及的电压限制在安全的范围内。国家标准制定了安全电压系列，称为安全电压等级或额定值，这些额定值指的是交流有效值，分别为：42V、36V、24V、12V 等几种。其中应用最多的安全电压为 36V，绝对安全电压为 12V，主要是指工作环境特别恶劣，例如在周围金属粉尘比较多的区域或密闭容器内作业。

三、触电急救

1. 脱离电源

若发现有人触电，要尽快使触电者脱离电源。对于高压电源，立即通知有关部门停电；

对于低压电源，应立即切断电源，如果电线搭落在触电者身上或是压在触电者身下，可用干燥的木棍等绝缘物体挑开电线或是拉开触电者，从而使得触电者脱离电源，也可以通知供电部门停电。

2. 急救措施

触电者脱离电源后需要进行急救，时间越快越好，常用的方法是人工呼吸法和胸外心脏按压法。

(1) 人工呼吸法。如果触电者伤害较严重，失去知觉，停止呼吸，但心脏微有跳动，可以采用人工呼吸法，方法如下。

① 迅速解开触电者的衣服、裤带，松开上身的衣服和围巾等，使其胸部能自由扩张，不妨碍呼吸。

② 使触电者仰卧，不垫枕头，头先侧向一边清除其口腔内的血块、假牙及其他异物等。

③ 救护人员位于触电者头部的左边或右边，用一只手捏紧其鼻孔，不使漏气，另一只手将其下巴拉向前下方，使其嘴巴张开，嘴上可盖上一层纱布，准备接受吹气。

④ 救护人员做深呼吸后，紧贴触电者的嘴巴，向他大口吹气。同时观察触电者胸部隆起的程度，吹气者换气时，一般应以胸部略有起伏为宜。

⑤ 救护人员吹气至需换气时，应该迅速离开触电者的嘴，同时放开捏紧的鼻子，让其自动向外呼气。这时应注意观察触电者胸部的复原情况，倾听口鼻处有无呼吸声，从而检查呼吸是否阻塞，一般吹气 2s，呼气 3s，每分钟 15 次左右。

(2) 胸外心脏按压法。若触电人伤害得相当严重，心脏和呼吸都已停止，人完全失去知觉，则需同时采用人工呼吸法和胸外心脏按压法两种方法。如果现场仅有一个人抢救，可交替使用这两种方法，先胸外按压心脏 4～6 次，然后口对口呼吸 2～3 次，再按压心脏，反复循环进行操作。胸外心脏按压法的具体操作方法如下。

① 解开触电者的衣裤，清除口腔内异物，使其胸部能自由扩张。

② 使触电者仰卧，姿势与人工呼吸法相同，但背部着地处的地面必须牢固。

③ 救护人员位于触电者一边，最好是跨跪在触电者的腰部，将一只手的掌根放在心窝稍高一点的地方（掌根放在胸骨的下三分之一部位），中指指尖对准锁骨间凹陷处的边缘，如图 1.19 所示，另一只手压在那只手上，呈两手交叠状。

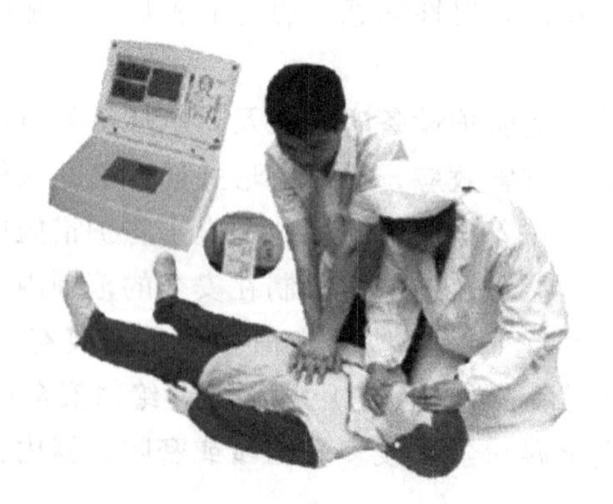

图 1.19 胸外心脏按压法

④ 施救人员找到触电者的正确压点，自上而下，垂直均衡地用力挤压，大约向下压 3～4cm。

⑤ 按压后，掌根迅速放松（但手掌不要离开胸部），使触电者胸部自动复原，心脏扩张，血液又回到心脏。按压和放松要有节奏，频率大约为每分钟 100 次。

四、安全保护措施

（1）在线路上作业或检修设备时，必须在停电后进行。

（2）验电，确定设备已经断电。

（3）悬挂标识牌，装设临时地线，如图 1.20 所示。

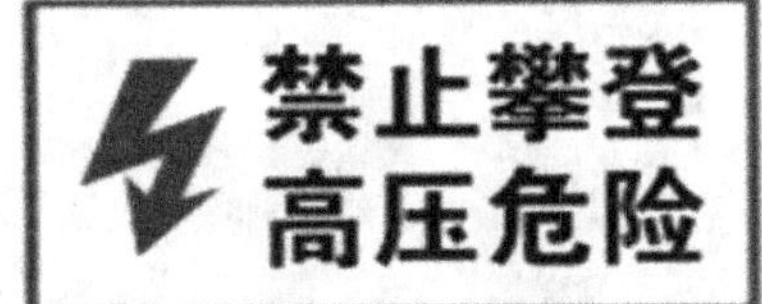

图 1.20 安全用电标识牌

（4）保护接地和保护接零。

① 保护接地。保护接地是指为保证人身安全，防止人体接触设备金属外露部分而触电的一种接地形式。在中性点不接地系统中，设备外露部分（金属外壳或金属构架），必须与大地进行可靠电气连接，即保护接地，如图 1.21(b) 所示。

接地装置由接地体和接地线组成，埋入地下直接与大地接触的金属导体，称为接地体，连接接地体和电气设备接地螺栓的金属导体称为接地线。接地体的对地电阻和接地线电阻的总和，称为接地装置的接地电阻。

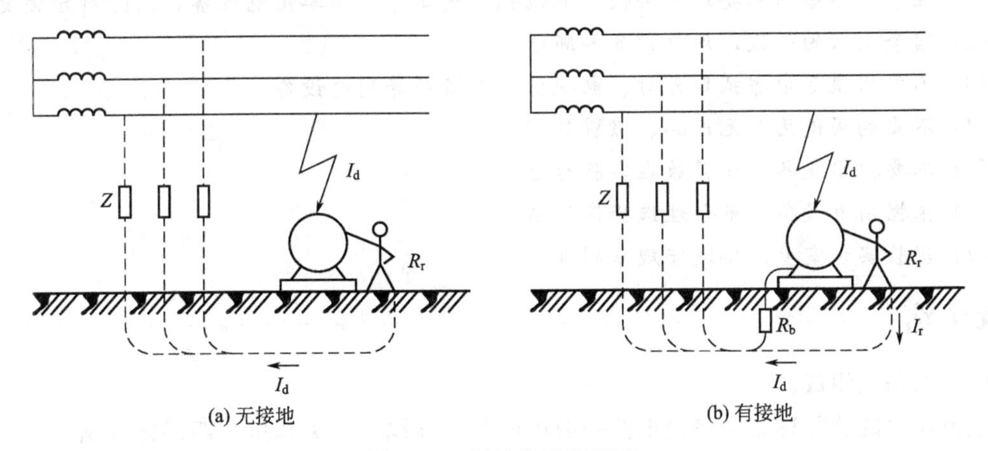

图 1.21 保护接地原理图

② 保护接零。保护接零是指在电源中性点接地的系统中，将设备需要接地的外露部分的金属部分与电源中性线直接连接，相当于设备外露部分与大地进行了电气连接，使保护设

备能迅速动作断开故障设备，减少了人体触电危险，如图 1.22 所示。

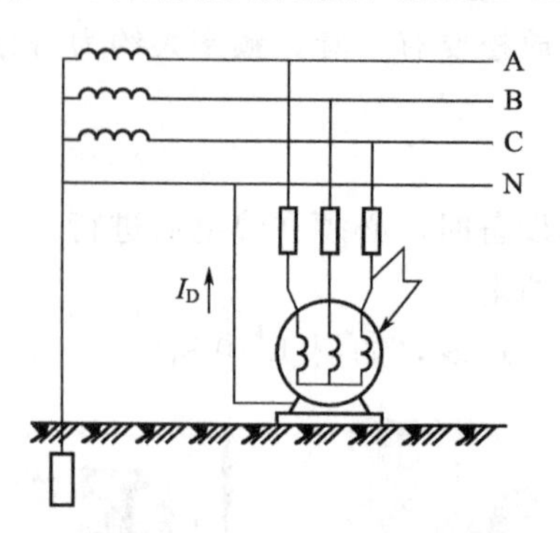

图 1.22 保护接零原理图

（5）在线路上采用断路器、漏电保护器以及熔断器等自动保护装置，如图 1.23 所示。

图 1.23 线路自动保护装置

拓展与提高

生活用电小常识

（1）在学生宿舍内不要用热得快、电饭锅、电炉等大功率用电设备，以防引起火灾。

（2）宿舍无人的时候，用电设备要断电。

（3）不要用湿毛巾擦拭日光灯、电视机、电风扇等用电设备。

（4）不要购买使用三无产品、假冒伪劣商品。

（5）不要把水及各种饮料放在实验台上。

（6）根据用电设备容量合理选择保险丝。

（7）实验实训室要严格遵守规章制度。

本章小结

（1）电路及组成。

电流通过的路径称为电路。电路一般由电源、导线、开关和负载四部分组成。

（2）电路的状态。

电路的状态一般有三种：通路、开路和短路。

（3）电路的基本物理量。

物理量	符号	单位	公式
电流	I	安培	$I=\frac{q}{t}$
电压	U_{AB}	伏特	$U_{AB}=\frac{W_{AB}}{q}$
电动势	E	伏特	$E=\frac{W_{AB}}{q}$
电能	W	焦耳	$W=qU=UIt$
电功率	P	瓦特	$P=\frac{W}{t}=\frac{UIt}{t}=UI$

(4) 电阻及电阻定律。

① 电流在导体中流动通常要受到阻碍作用，这种阻碍作用称为电阻。

② 伏安特性：温度一定的条件下，电阻两端的电压与通过电阻的电流之间的关系称为伏安特性。

③ 电阻定律：线性电阻的阻值不仅与导体自身的材料有关，而且与导体的长度成正比，与导体的横截面积成反比，这个关系称为电阻定律。用公式表示为

$$R=\rho\frac{l}{S}$$

④ 电阻的色标法。

(5) 电阻的连接。

① 电阻的串联及电阻串联电路的主要特点。

② 电阻的并联及电阻并联电路的主要特点。

(6) 电容元件及电容的连接。

(7) 安全用电。

① 触电的种类：电击和电伤。

② 触电的形式：单相触电、两相触电和跨步电压触电。

③ 影响触电程度的因素：电流大小、电流通过人体的路径、电流的频率、电流的作用时间、人体电阻的大小及身体状况、电压高低。

④ 触电急救：脱离电源及急救措施。

⑤ 安全保护措施。

复习题

一、填空题

1. 电流通过的路径称为__________。电路一般由__________、__________、开关和__________四部分组成。

2. 用规定的图形符号表示电路连接情况的图称为__________。

3. 电路的状态一般有三种：__________、__________和__________。

4. 电流的形成是__________，公式为__________，国际单位是__________。

5. 电流的方向规定为__________。

6. 1度电为__________J。

7. 在温度一定的条件下，电阻两端的电压与通过电阻的电流之间的关系称为________。

8. 一个色环电阻的四道色环分别为黄色、绿色、红色和金色，则这个电阻的阻值为__________，误差为__________。

9. 有两个阻值各为10Ω的电阻，串联时等效电阻为__________，并联时等效电阻为__________。

10. 两个阻值分别为5Ω和10Ω的电阻，串联时流过的电流比为__________，两端电压比为__________；并联时流过的电流比为__________，两端电压比为__________。

11. 两个分别为10μF的电容，串联时等效值为__________，并联时等效值为__________。

12. 触电的种类有__________和__________。

13. 触电的形式有__________、__________和__________。

14. 影响触电程度的因素有__________、__________、__________、__________等。

15. 单位换算：10mA = __________ A；0.01V = __________ mV；23pF = __________ F。

二、选择题

1. 一定温度下，电阻阻值的大小与（　　）无关。

A. 电阻的材料　　B. 电流　　C. 电阻的长度　　D. 电阻的横截面积

2. 某电阻元件的额定数据为“1kΩ、2.5W”，正常使用时允许流过的最大电流为（　　）。

A. 50mA　　B. 2.5mA　　C. 250mA　　D. 25mA

3. 有“220V、100W”和“220V、25W”白炽灯两盏，串联后接入220V电源上，其亮度情况是（　　）。

A. 100W灯泡亮　　B. 25W灯泡亮

C. 两只灯泡一样亮　　D. 无法确定

4. 有“220V、100W”和“220V、25W”白炽灯两盏，并联后接入220V电源上，其亮度情况是（　　）。

A. 100W灯泡亮　　B. 25W灯泡亮

C. 两只灯泡一样亮　　D. 无法确定

5. 直流电源中电动势的方向为（　　）。

A. 从正极指向负极　　B. 从负极指向正极　　C. 无法确定

三、计算题

1. 一个教室装有12盏标有220V/40W的日光灯，每天照明4h，每度电的电费是0.55元，计算：

(1) 流过教室的总电流；

(2) 所有日光灯的总电阻；

(3) 此教室一个月（按30天算）需要交纳的电费。

2. 把两盏标有220V/40W的照明灯安装在380V的电源上，问这两盏灯应该是串联还是并联连接？此时每盏灯的功率有多大？

第二章　直流电路分析

学习目标：

1. 掌握欧姆定律（全电路、部分电路欧姆定律）；
2. 掌握基尔霍夫定律及其运用；
3. 学会运用支路电流法分析计算简单的复杂电路（只含两个网孔）；
4. 掌握叠加定理及其应用。

第一节　欧姆定律

第一章讲述了电路的基本知识、电路的组成和相关物理量，在现实生活中，要分析电路是否运行良好，是通路、开路还是短路，需要能够分析电路的电流、电压等物理量。手电筒电路就是最简单的直流电路，如图 2.1 所示。

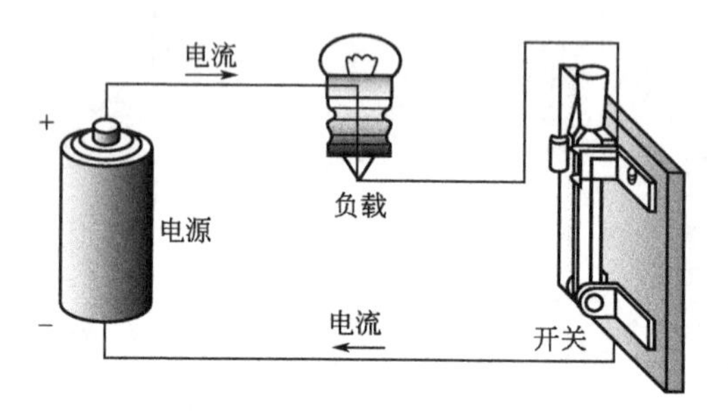

图 2.1　手电筒的实体电路

用国家标准统一规定的图形符号来表示电源、导线、开关、灯泡等元件之后，电路模型如图 2.2 所示。这种简单的直流电路，可以使用欧姆定律来分析。

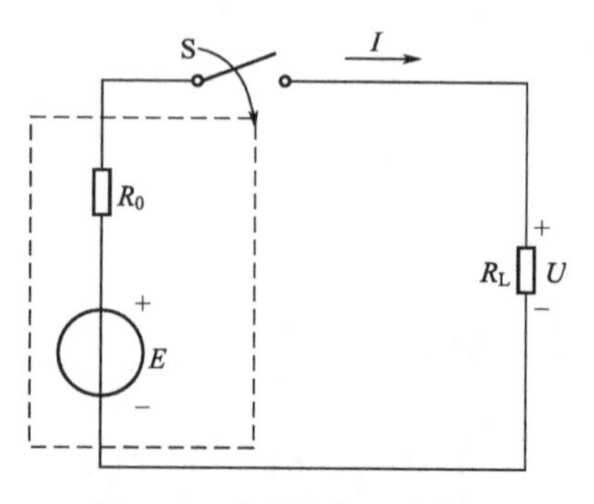

图 2.2　手电筒的电路模型

一、部分电路欧姆定律

当只关注电路中负载部分上的电压与电流时，电路如图 2.3 所示。

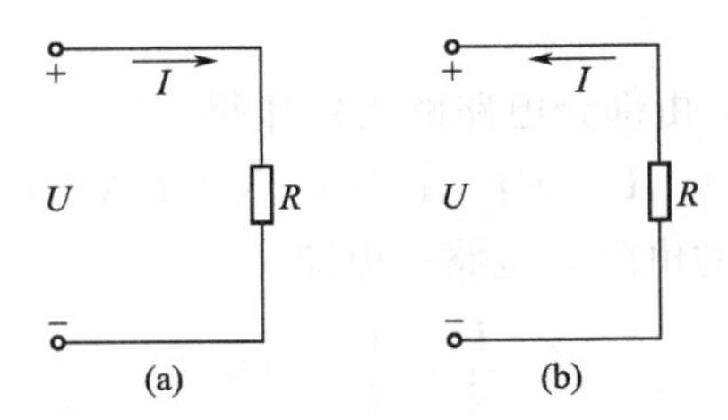

图 2.3　部分电路欧姆定律

计算电阻上的电压和电流时，可以考虑部分电路欧姆定律。当电阻一定时，导体中的电流跟这段导体两端的电压成正比，在电压不变的情况下，导体中的电流跟导体的电阻成反比。

如图 2.3(a) 所示，图中电阻 R 上的电压参考方向与电流参考方向是一致的，称为关联参考方向。此时，部分电路欧姆定律可以用公式表示为

$$I=\frac{U}{R} \tag{2.1}$$

如图 2.3(b) 所示，图中电阻 R 上的电压参考方向与电流参考方向是不一致的（U、I 参考方向相反），称为非关联参考方向。此时，部分电路欧姆定律可以用公式表示为

$$I=-\frac{U}{R} \tag{2.2}$$

式中“－”号切不可漏掉。

【例题 2.1】

试求图 2.4(a) 所示电路中的电流，图中电压为 1.5V，电阻为 1Ω。

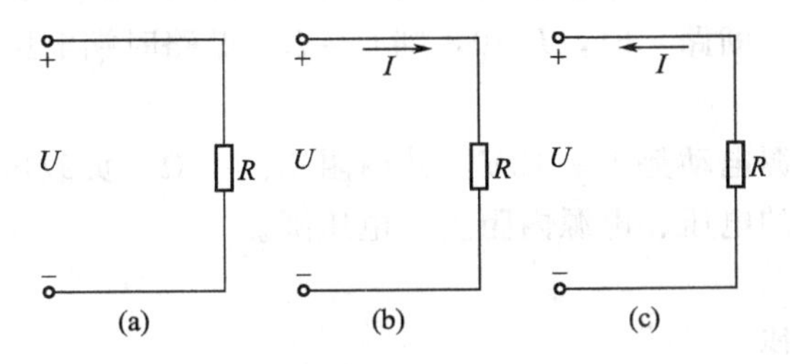

图 2.4　例题 2.1 图

【解】

图 2.4(a) 所示电路中没有标出电流方向，可以设定其参考方向如图 2.4(b) 所示，电压和电流参考方向一致，那么

$$I=\frac{U}{R}=\frac{1.5}{1}\text{A}=1.5\text{A}$$

若按图 2.4(c) 设定其参考方向，由于电压和电流参考方向不一致，那么

$$I=-\frac{U}{R}=-\frac{1.5}{1}\text{A}=-1.5\text{A}$$

计算结果 $I<0$，说明图 2.4(c) 设定的电流方向与实际方向相反。

【例题 2.2】

某段电路的电压是一定的，当接上 10Ω 的电阻时，电路中产生的电流是 1.5A；若用 25Ω 的电阻代替 10Ω 的电阻，电路中的电流为多少？

【解】

当电路中电阻为 10Ω 时，由部分电路欧姆定律得

$$U=RI=10\times1.5\text{V}=15\text{V}$$

用 25Ω 的电阻代替 10Ω 的电阻，电路中电流 I'为

$$I'=\frac{U}{R'}=\frac{15}{25}\text{A}=0.6\text{A}$$

二、全电路欧姆定律

全电路是一个由电源和负载组成的闭合电路。手电筒电路模型就是一个全电路，如图 2.2 所示。对这样的全电路进行分析研究时，必须考虑电源的内阻。图中 R_L 为负载的电阻、E 为电源电动势、R_0为电源的内阻。

全电路欧姆定律可用公式表示为

$$I=\frac{E}{R_L+R_0} \tag{2.3}$$

式中 E——电源电动势，单位是伏特，简称伏，符号为 V；

R_L——负载电阻，单位是欧姆，简称欧，符号为 Ω；

R_0——电源内阻，单位是欧姆，简称欧，符号为 Ω；

I——闭合电路中的电流，单位是安培，简称安，符号为 A。

闭合电路欧姆定律说明：闭合电路中的电流与电源电动势成正比，与电路的总电阻（内电路电阻与外电路电阻之和）成反比。

外电路电压U又叫路端电压或端电压，$U=E-R_0I$。当 R 增大时，I 减小，R_0I 减小，U 增大。当 $R\sim\infty$（断路）时，$I\sim0$，则 $U=E$，断路时端电压等于电源电动势。

【例题 2.3】

有一闭合电路，电源电动势 $E=12\text{V}$，其内阻 $R_0=2\Omega$，负载电阻 $R=10\Omega$，试求：电路中的电流、负载两端的电压、电源内阻上的电压降。

【解】

根据全电路欧姆定律

$$I=\frac{E}{R+R_0}=\frac{12}{10+2}\text{A}=1\text{A}$$

由部分电路欧姆定律，可求负载两端电压

$$U_{外}=RI=10\times1\text{V}=10\text{V}$$

电源内阻上的电压降为

$$U_{内}=R_0I=2\times1\text{V}=2\text{V}$$

第二节　基尔霍夫定律

第一节中，对简单的直流电路使用欧姆定律能够分析其电压、电流等物理量。对于复杂

电路，比如混联电路，不止一个电源，无法直接用串联和并联电路的规律求出整个电路的电阻，如图 2.5 所示。应该使用什么方法进行电路分析？下面将具体介绍。

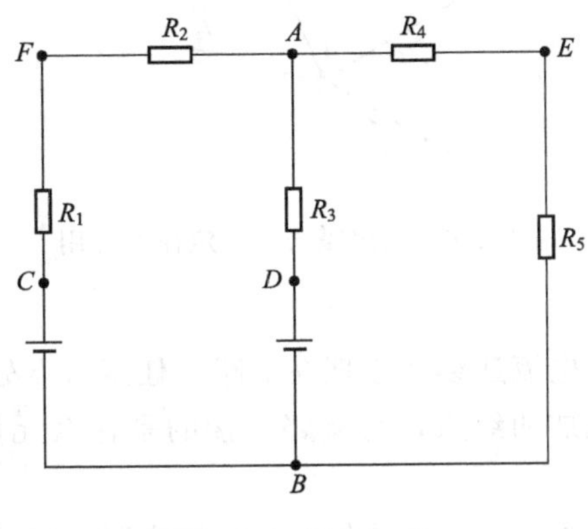

图 2.5　复杂电路

一、几个基本概念

(1) 支路：电路中流过同一电流的每一个分支叫支路。

流过支路的电流，称为支路电流。含有电源的支路叫有源支路，不含电源的支路叫无源支路。

(2) 节点：三条或三条以上支路的连接点叫做节点，如图 2.5 中的 A、B 两点。

(3) 回路：电路中任何一个闭合路径叫做回路，如图 2.5 中的 $AFCBDA$ 回路、$ADBEA$ 回路和 $AFCBEA$ 回路。

(4) 网孔：中间无支路穿过的回路叫网孔，如图 2.5 中的 $AFCBDA$ 回路和 $ADBEA$ 回路都是网孔。

二、基尔霍夫电流定律（KCL）

基尔霍夫第一定律又称节点电流定律、基尔霍夫电流定律（KCL）。

KCL 定律指出：在任一瞬间通过电路中任一节点的电流代数和恒等于零。即

$$\sum i(t)=0$$

在直流电路中，写作

$$\sum I=0 \tag{2.4}$$

假设流出节点的电流为正，流入节点的电流为负，如图 2.6 所示，可列出节点 a 的电流方程：

$$-I_1+I_2+I_3-I_4+I_5=0 \quad ①$$

对式①进行变形可得：

$$I_2+I_3+I_5=I_1+I_4 \quad ②$$

对式②加以分析可以看出，

$$\sum I_{入}=\sum I_{出}$$

这也是基尔霍夫电流定律的另一种表述方式：在任一时刻，对电路中的任一节点，流入节点的电流之和等于流出节点的电流之和。

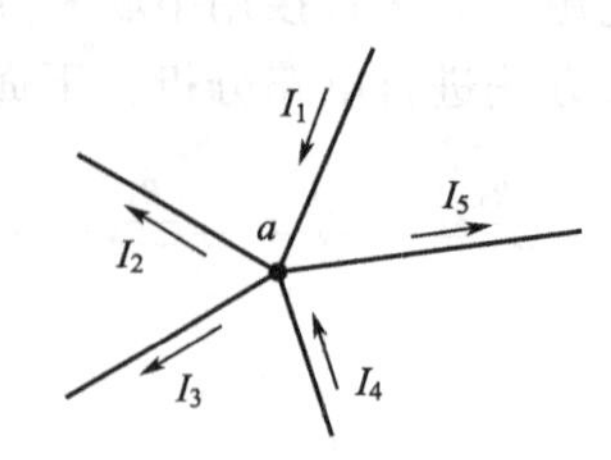

图 2.6 基尔霍夫第一定律的应用

需要明确的是：

（1）KCL 是电荷守恒和电流连续性原理在电路中任意节点处的反映；

（2）KCL 是对支路电流加的约束，与支路上接的是什么元件无关，与电路是线性还是非线性无关；

（3）KCL 方程是按电流参考方向列写的，与电流实际方向无关。

【例题 2.4】

列写出图 2.7 所示电路中节点 A 的基尔霍夫电流定律表达式。

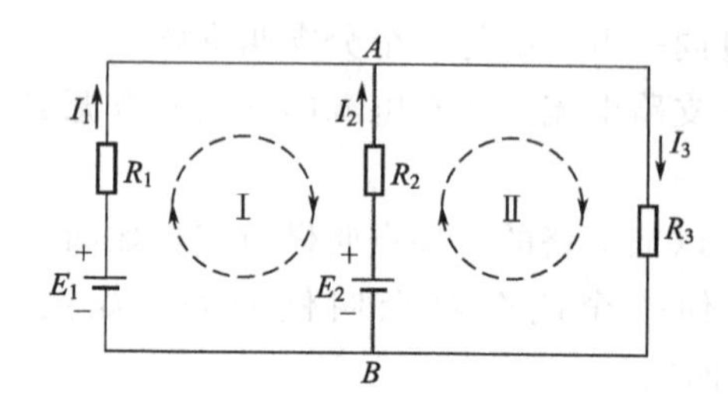

图 2.7 具有两个节点的电路

【解】

对于节点 A 上的电流，假设流入节点的电流为正，流出节点的电流为负。那么

$$I_1+I_2+(-I_3)=0$$

或

$$I_1+I_2=I_3$$

可见，基尔霍夫电流定律也可描述为流入节点电流的代数和等于流出节点电流的代数和。

三、基尔霍夫电压定律（KVL）

基尔霍夫第二定律又称回路电压定律、基尔霍夫电压定律（KVL）。

KVL 定律指出：在任一时刻，对任一闭合回路，沿回路绕行方向上的各段电压代数和为零，其数学表达式为

$$\sum u(t)=0$$

在直流电路中，表述为：

$$\sum U=0 \tag{2.5}$$

【例题 2.5】

如图 2.8 所示，对于回路 $ABCD$ 写出回路电压方程。

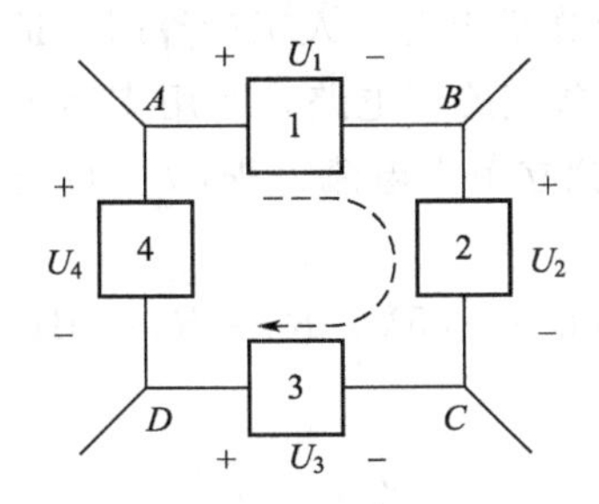

图 2.8　基尔霍夫第二定律的应用

【解】

标定各元件电压参考方向，选定回路绕行方向——顺时针，对图中回路列 KVL 方程有

$$U_1+U_2-U_3-U_4=0$$

应当指出：在列写回路电压方程时，首先要标定电压参考方向，其次为回路选取一个回路“绕行方向”。通常规定，对参考方向与回路“绕行方向”相同的电压取正号，同时对参考方向与回路“绕行方向”相反的电压取负号。

需要明确的是：

(1) KVL 的实质是反映了电路遵从能量守恒定律；

(2) KVL 是对回路电压加的约束，与回路各支路上接的是什么元件无关，与电路是线性还是非线性无关；

(3) KVL 方程是按电压参考方向列写的，与电压实际方向无关。

第三节　支路电流法

一、支路电流法的步骤

支路电流法是以支路电流变量为未知量，利用基尔霍夫定律和欧姆定律所决定的两类约束关系，建立数目足够且相互独立的方程组，解出支路电流，进而再根据电路有关的基本概念求解电路其他响应的一种电路分析计算方法。

对于一个具有 n 个节点、b 条支路的电路，利用支路电流法分析计算电路的一般步骤如下。

(1) 在电路中假设出各支路（b 条）电流的变量，且选定其参考方向及网孔回路的绕行方向。

(2) 根据基尔霍夫电流定律列出独立的节点电流方程。电路有 n 个节点，那么只有 $n-1$ 个独立的节点电流方程。

(3) 根据基尔霍夫电压定律列出独立的回路电压方程，可以列写出 $l=b-(n-1)$ 个回路电压方程。为了保证方程的独立，一般选择网孔来列方程。

(4) 联立求解上述所列的 b 个方程，从而求解出各支路电流变量，进而求解出电路中的其他变量。

二、支路电流法的应用

支路电流法列写的是基尔霍夫电流方程和基尔霍夫电压方程，所以方程列写方便、直观，但方程数较多，宜于利用计算机求解。人工计算时，适用于支路数不多的电路。

对于一个具有 n 个节点、b 条支路的电路，利用支路电流法分析求解电路时可以列出 b 个独立方程［包括：$(n-1)$ 个独立节点电流方程，$b-(n-1)$ 个回路电流方程］。

【例题 2.6】

在图 2.9 所示电路中，已知 $U_{S1}=25V$，$R_1=R_2=5\Omega$，$U_{S2}=10V$，$R_3=15\Omega$，求各支路电流。

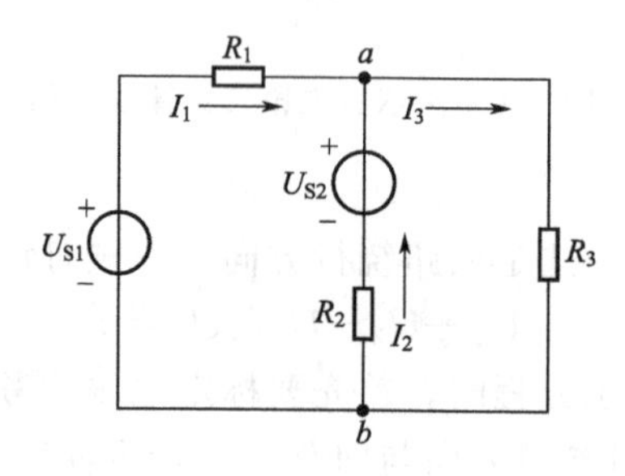

图 2.9 例题 2.6 图

【解】

如图所示参考方向，节点 A 的 KCL 方程为

$$I_1+I_2=I_3$$

按照顺时针方向，两个网孔的 KVL 方程分别为

$$R_1I_1-R_2I_2-U_{S1}+U_{S2}=0$$

$$R_2I_2+R_3I_3-U_{S2}=0$$

联立方程得方程组

$$\begin{cases}-I_1-I_2+I_3=0\\5I_1+10-5I_2-25=0\\5I_2+15I_3-10=0\end{cases}$$

解方程组得

$$I_1=2A,\ I_2=-1A,\ I_3=1A$$

第四节 叠加定理

一、线性电路的概念

叠加定理是反映线性电路基本性质的一个重要定理。

这里线性电路的概念必须明确：仅由线性电路元件和独立电源（电压源和电流源）组成的电路为线性电路。线性电路的参数不随外加电压及通过其中的电流的变化而变化，即电压和电流成正比。

二、叠加定理的内容

如图 2.10(a) 所示，现有一个双电源电路为一个负载供电，一个是 10V 电源，一个是 20V 电源，作用在一个阻值是 5Ω 的电阻上，电流是 $I=\frac{(10+20)\ V}{5\Omega}=6A$。如果两个电源分别为负载供电，如图 2.10(b) 所示，10V 电源产生的电流是 $I_1=\frac{10\text{V}}{5\Omega}=2\text{A}$，如图 2.10(c) 所示，20V 电源产生的电流是 $I_2=\frac{20\text{V}}{5\Omega}=4\text{A}$，总电流 $I=I_1+I_2=2\text{A}+4\text{A}=6\text{A}$。这可以理解为两个电源叠加之后作用在电阻上，进而总结出叠加定理。

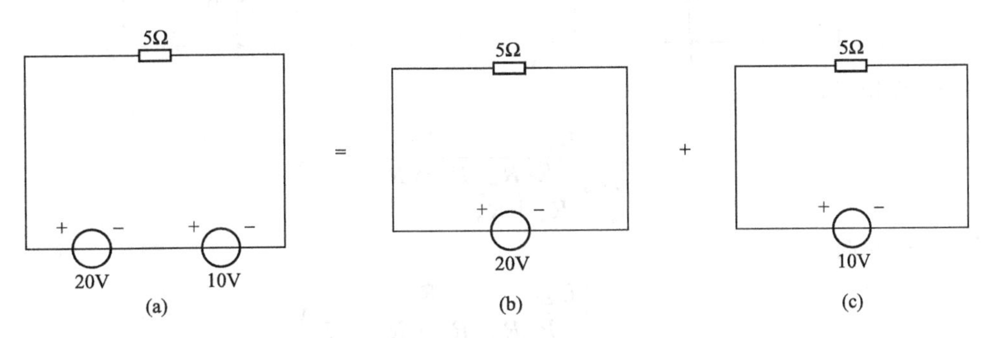

图 2.10　叠加定理

叠加定理表述为：在线性电路中，任一支路的电流（或电压）都可以看成是电路中每一个独立电源单独作用于电路时，在该支路产生的电流（或电压）的代数和。

三、叠加定理的应用

应用叠加定理解题时，应该注意：

(1) 叠加定理仅适用于线性电路，不适用于非线性电路；仅适用于电压、电流的计算，不适用于功率的计算。

(2) 当某一独立电源单独作用时，其他独立源的参数都应置为零，即电压源代之以短路，电流源代之以开路。

(3) 应用叠加定理求电压、电流时，应特别注意各分量的符号。若分量的参考方向和原电路中的参考方向一致，则该分量取正号，反之则取负号。

(4) 叠加的方式是任意的，可以一次使一个独立源单独作用，也可以一次使几个独立源同时作用，方式的选择取决于对分析计算问题的简便与否。

【例题 2.7】

在图 2.11 所示电路中，已知 $U_{S1}=25\text{V}$，$R_1=R_2=5\Omega$，$U_{S2}=10\text{V}$，$R_3=15\Omega$，求电流 I_3。

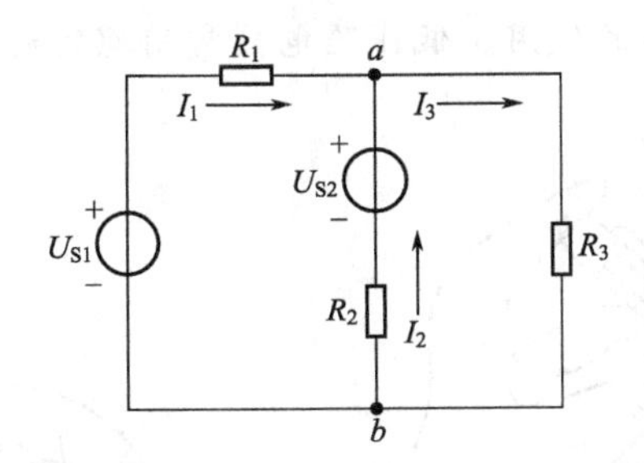

图 2.11　例题 2.7 图

【解】

应用叠加定理求解。首先画出分电路图，如下图所示。

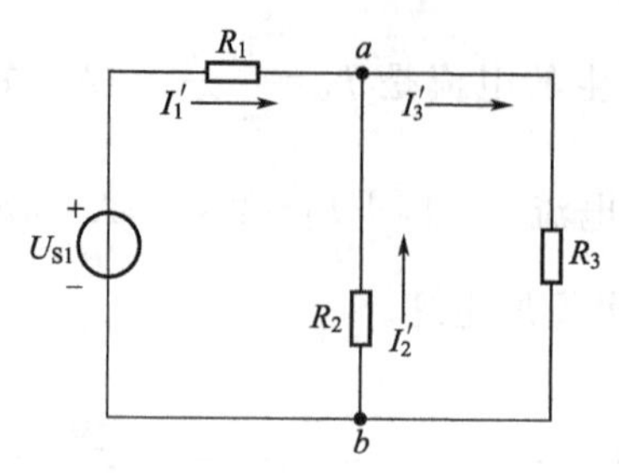

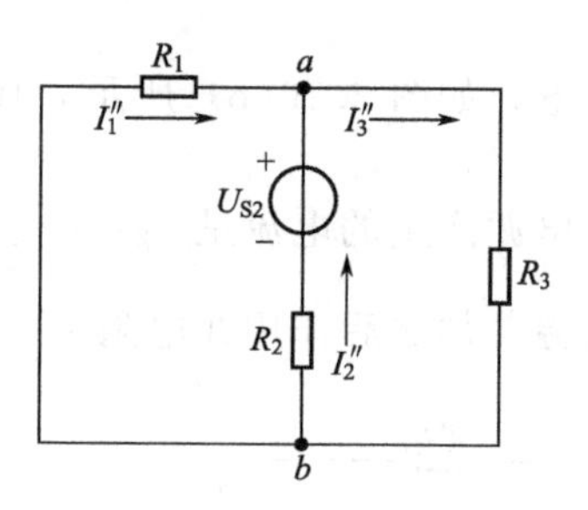

当U_{S1}作用时：

$$I_3'=\frac{U_{S1}}{R_1+\frac{R_2R_3}{R_2+R_3}}\frac{R_2}{R_2+R_3}=\frac{5}{7}\text{A}$$

当U_{S2}作用时：

$$I_3''=\frac{U_{S2}}{R_2+\frac{R_1R_3}{R_1+R_3}}\frac{R_1}{R_1+R_3}=\frac{2}{7}\text{A}$$

则所求电流：

$$I_3=I_3'+I_3''=\frac{5}{7}\text{A}+\frac{2}{7}\text{A}=1\text{A}$$

学习小提示：

（1）叠加定理的含义：在线性电路中，几个电源共同作用下的各条支路电流或各元件上的电压，等于这几个电源分别单独作用下的各支路电流或各元件电压的代数和。

（2）叠加定理适用范围：只适用于线性电路中计算电流和电压。

拓展与提高

常用电工工具的使用

1. 验电笔的使用方法

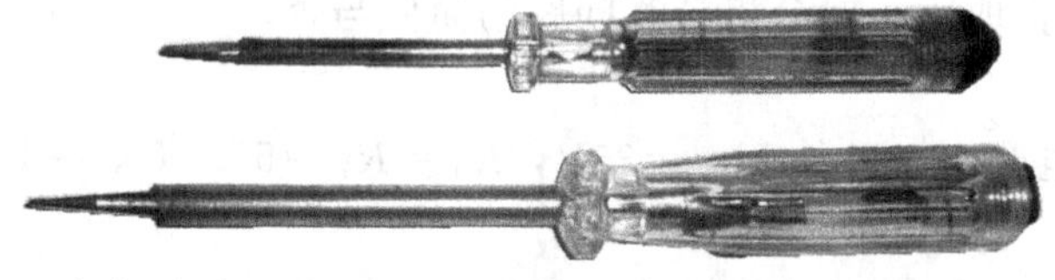

下面主要介绍低压验电器的使用。低压验电器常用螺钉旋具式验电器和验电笔，它们的正确握法如下图所示。

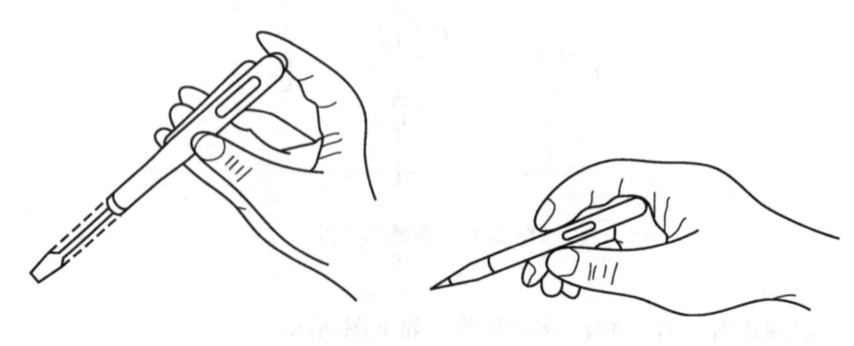

低压验电器能检查低压线路和电气设备外壳是否带电。为便于携带，低压验电器通常做成笔状，前段是金属探头，内部依次装有安全电阻、氖管和弹簧。弹簧与笔尾的金属体相接触。使用时，手应与笔尾的金属体相接触。测电笔的检测电压范围为 60～500V（严禁测高压电）。使用前，务必先在正常电源上验证氖管能否正常发光，以确认测电笔验电可靠。由于氖管发光微弱，在明亮的光线下测试时，应当避光检测。

检测线路或电气设备外壳是否带电时，应用手指触及其尾部金属体，氖管背光朝向使用者，以便验电时观察氖管辉光情况。

当被测带电体与大地之间的电位差超过 60V 时，用验电笔测试带电体，验电笔中的氖管就会发光。对验电器的使用要求如下。

① 验电器使用前应在确有电源处测试检查，确认验电器良好后方可使用。

② 验电时应将电笔逐渐靠近被测体，直至氖管发光。只有在氖管不发光时，并在采取防护措施后，才能与被测物体直接接触。

2. 电工刀的用途及操作方法

电工刀在电工安装维修中主要用来切削导线的绝缘层、电缆绝缘、木槽板等。普通的电工刀由刀片、刀刃、刀把、刀挂等构成。不用时，应把刀片收缩到刀把内。

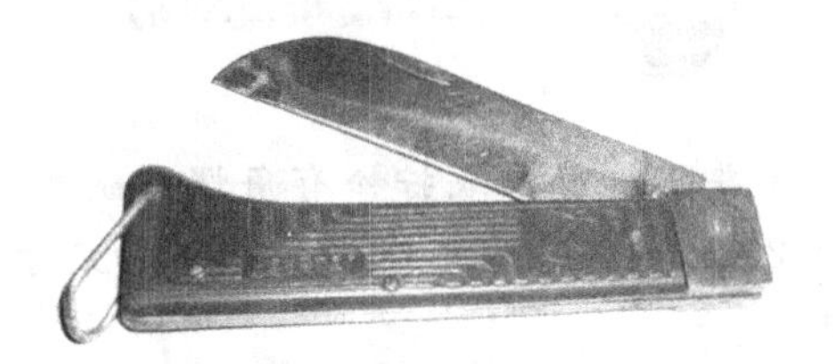

电工刀的规格有大号、小号之分。六号刀片长 112mm；小号刀片长 88mm。有的电工刀上带有锯片和锥子，可用来锯小木片和锥孔。电工刀没有绝缘保护，禁止带电作业。

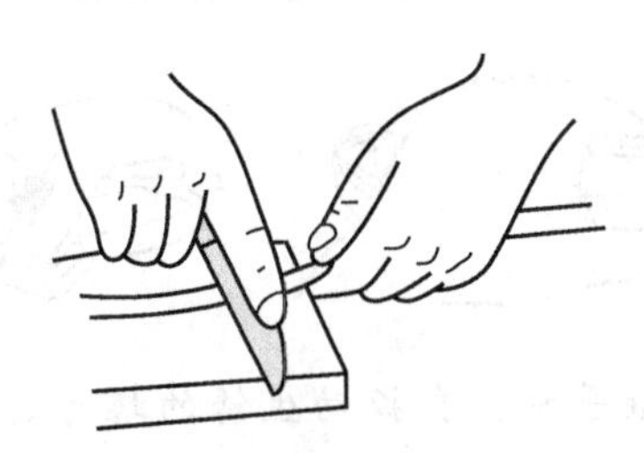

电工刀在使用时应避免切割坚硬的材料，以保护刀口。刀口用钝后，可用油石磨。如果刀刃部分损坏较重，可用砂轮磨，但须防止退火。

使用电工刀时，切忌面向人体切削，如上图所示。用电工刀剖削电线绝缘层时，可把刀略微翘起一些，用刀刃的圆角抵住线芯。切忌把刀刃垂直对着导线切割绝缘层，因为这样容易割伤电线线芯。电工刀刀柄无绝缘保护，不能接触或剖削带电导线及器件。新电工刀刀口较钝，应先开启刀口然后使用。电工刀使用后应随即将刀身折进刀柄，注意避免伤手。

3. 剥线钳的用途及操作方法

剥线钳是内线电工、电机修理、仪器仪表电工常用的工具之一。剥线钳适用于直径 3mm 及以下的塑料或橡胶绝缘电线、电缆芯线的剥皮。

剥线钳的使用方法是：将待剥皮的线头置于钳头的某相应刃口中，用手将两钳柄果断地

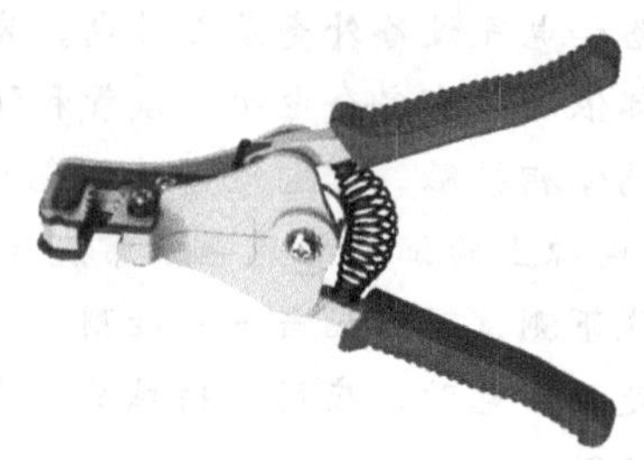

一捏，随即松开，绝缘皮便与芯线脱开了。

剥线钳外形如右上图所示。它由钳口和手柄两部分组成。剥线钳钳口分有 0.5～3mm 的多个直径切口，用于与不同规格的芯线直径相匹配，剥线钳也装有绝缘套。

剥线钳在使用时要注意选好刀刃孔径，当刀刃孔径选大时难以剥离绝缘层，若刀刃孔径选小时又会切断芯线，只有选择合适的刀刃孔径才能达到剥线钳的使用目的。

4. 活络扳手

下图所示为活络扳手实物图。

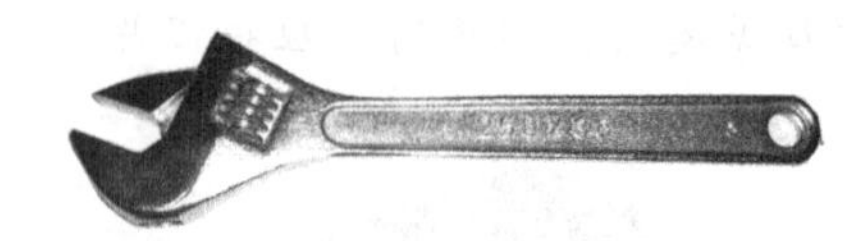

活络扳手又叫活扳手，主要用来旋紧或拧松有角螺钉或螺母，也是常用的电工工具之一。电工常用的活络扳手有 200mm、250mm、300mm 三种尺寸，实际应用中应根据螺钉或螺母的大小选配合适的活扳手。

下图所示为活络扳手的使用方法图例：左图所示为一般握法，显然手越靠后，扳动起来越省力。右图是调整扳口大小示例。用右手大拇指调整蜗轮，不断地转动蜗轮扳动小螺母，根据需要调节出扳口的大小，调节时手应握在靠近呆扳唇的位置。

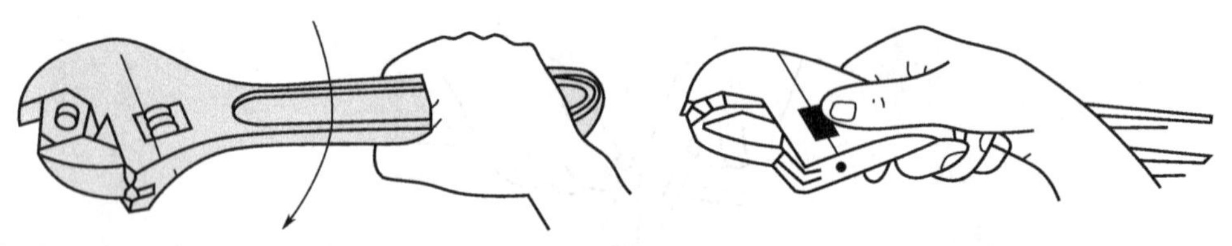

使用活络扳手时，应右手握手柄，在扳动生锈的螺母时，可在螺母上滴几滴煤油或机油，这样就好拧动了。若拧不动螺母，切不可采用钢管套在活络扳手的手柄上来增加扭力，因为这样极易损伤活络扳唇。不可把活络扳手当锤子用，以免损坏。

本章小结

（1）部分电路欧姆定律。

当电阻一定时，导体中的电流跟这段导体两端的电压成正比，在电压不变的情况下，导体中的电流跟导体的电阻成反比，公式为

$$I=\frac{U}{R} \quad （关联参考方向）$$

$$I=-\frac{U}{R} \quad （非关联参考方向）$$

（2）全电路欧姆定律。

闭合电路中的电流与电源电动势成正比，与电路的总电阻成反比，公式为

$$I=\frac{E}{R+R_0}$$

（3）基尔霍夫定律。

① KCL：在任一瞬间通过电路中任一节点的电流代数和恒等于零。

② KVL：在任一时刻，对任一闭合回路，沿回路绕行方向上的各段电压代数和为零。

（4）支路电流法及其应用。

（5）叠加定理及其应用。

复习题

一、填空题

1. 电路中的电压参考方向与电流参考方向是一致的，称为＿＿＿＿＿＿。

2. 部分电路欧姆定律公式为＿＿＿＿＿＿，全电路欧姆定律公式为＿＿＿＿＿＿。

3. 计算结果 $I<0$，说明电路中设定的电流参考方向与实际方向＿＿＿＿＿＿，如果相同，则 I ＿＿＿＿＿＿ 0。

4. ＿＿＿＿＿＿称为复杂电路。

5. 电路中流过同一电流的每一个分支叫＿＿＿＿＿＿，流过支路的电流，称为＿＿＿＿＿＿，＿＿＿＿＿＿叫有源支路，＿＿＿＿＿＿叫无源支路。

6. 对于一个具有 n 个节点、b 条支路的电路，利用支路电流法分析求解电路时可以列＿＿＿＿＿＿个独立节点电流方程，＿＿＿＿＿＿个回路电压方程。

7. 叠加定理仅适用于＿＿＿＿＿＿，仅适用于电压、电流的计算，不适用于＿＿＿＿＿＿的计算。

8. 元件上电压和电流关系成正比变化的电路称为＿＿＿＿＿＿电路。

9. 线性电阻元件上的电压、电流关系，任意瞬间都受＿＿＿＿＿＿定律的约束；电路中各支路电流任意时刻均遵循＿＿＿＿＿＿；回路上各电压之间的关系则受＿＿＿＿＿＿的约束。

二、计算题

1. 在图 2.12 所示电路中，有几条支路和几个节点？

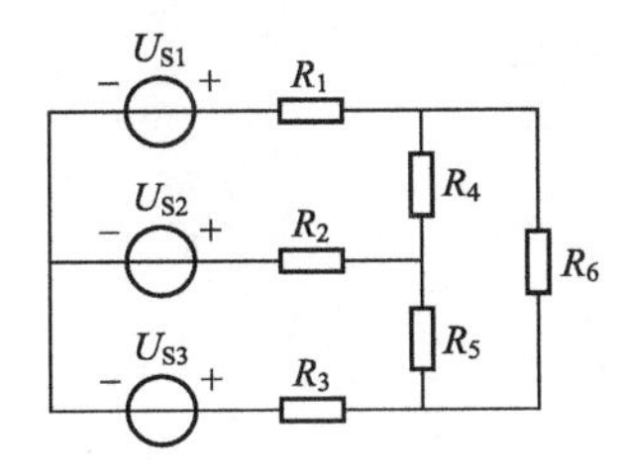

图 2.12　计算题第 1 题图

2. 已知图 2.13(a) 中，$I_2=3\text{A}$，$I_3=10\text{A}$，$I_4=-5\text{A}$，$I_6=10\text{A}$，$I_7=-2\text{A}$。图 2.13 (b) 中，$I_1=20\text{A}$，$I_2=-4\text{A}$，$I_3=9\text{A}$，$I_4=-30\text{A}$，试求电路中的未知电流。

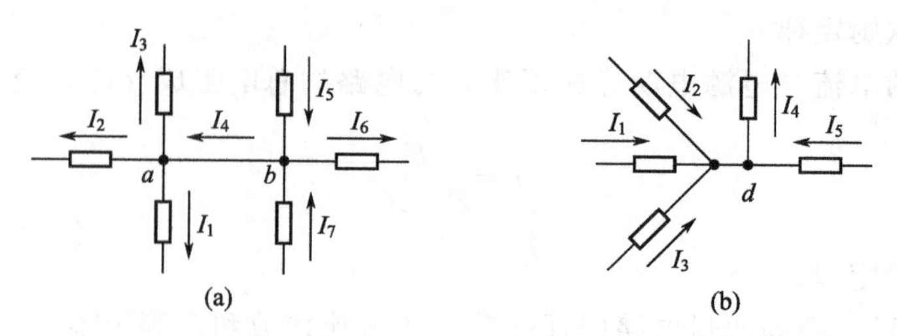

图 2.13 计算题第 2 题图

3. 用支路电流法求图 2.14 所示电路中各支路电流 I 及电压 U。

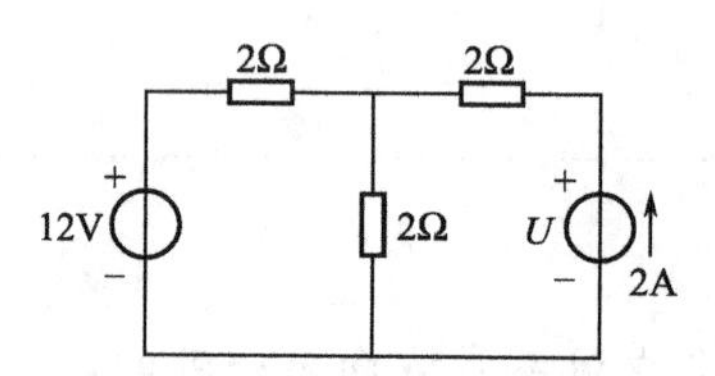

图 2.14 计算题第 3 题图

4. 用叠加定理求图 2.15 所示电路中的 U。

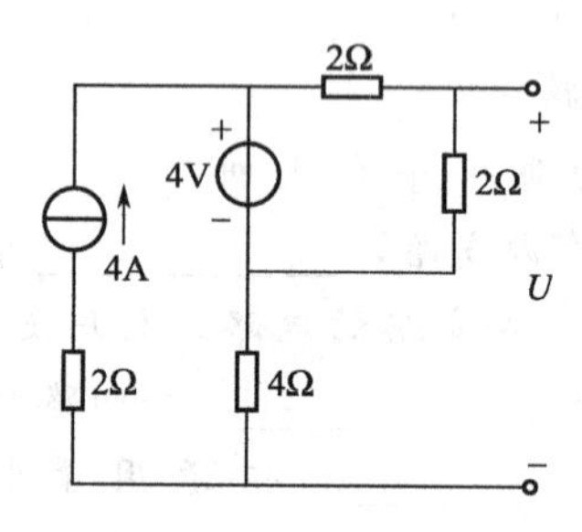

图 2.15 计算题第 4 题图

第三章　单相正弦交流电路

学习目标：

1. 了解正弦交流电的产生；
2. 理解正弦量解析式、波形图、三要素、有效值、相位、相位差的概念；
3. 掌握正弦量的周期、频率、角频率的关系，掌握同频率正弦量的相位比较；
4. 掌握纯电阻电路电压、电流间的关系及有功功率；
5. 掌握纯电容电路中电容元件电压与电流的关系；
6. 掌握容抗、有功功率与无功功率；
7. 掌握纯电感电路中电感元件电压与电流的关系；
8. 掌握感抗、有功功率与无功功率；
9. 理解 RL 串联电路的分析方法；
10. 掌握 RL 串联电路中的阻抗及电压三角形和阻抗三角形的概念。

第一节　基本概念

一、正弦交流电的概念

交流电与直流电的区别在于：直流电的方向不随时间变化，而交流电的大小和方向随时间作周期性变化，如果其变化按正弦规律进行，则它在一个周期内的平均值为零。图 3.1 画出了直流电和几种交流电的波形。

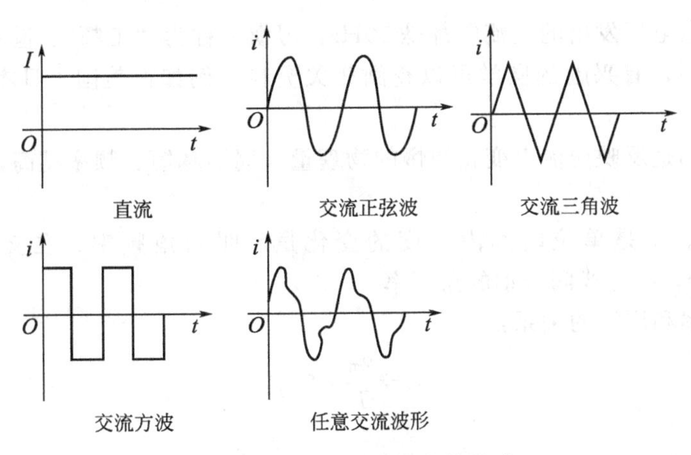

图 3.1　直流电和交流电的波形

与直流电情形相同，为了确定交流电在某一瞬间的实际方向，必须选定其参考方向。一般规定，当交流电的实际方向与参考方向一致时，其值为正，在波形图上为正半周期；当交流电实际方向与参考方向相反时，其值为负，在波形图上为负半周期。

二、正弦交流电的三要素

一个正弦量在数学中可用相应的表达式来表示，常用 e、u、i 分别表示正弦交流电的电动势、电压、电流的瞬时值。

1. 变化的快慢

正弦交流电的变化快慢可以通过以下三个量中的任何一个量来表示。

(1) 周期。正弦交流电流波形图如图 3.2 所示。交流电完成一次周期性变化所用的时间，叫做周期。用 T 表示，单位是 s（秒）。在图中，横坐标轴上从 $0 \sim T$ 的这段时间就是一个周期。

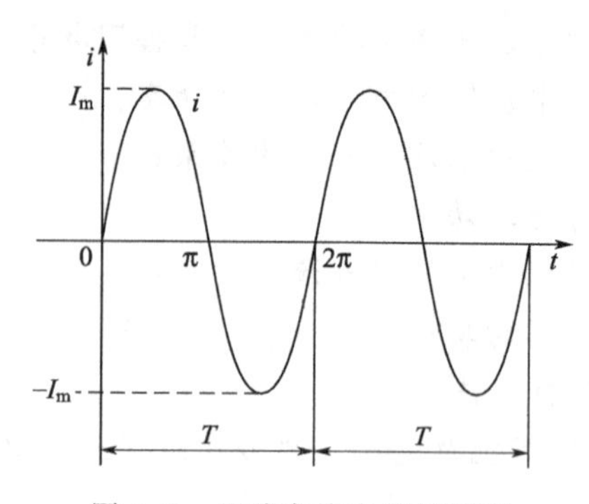

图 3.2 正弦交流电流波形图

(2) 频率。交流电在单位时间（1s）内完成的周期性变化的次数，叫做频率。用字母 f 表示，单位是赫兹，符号为 Hz。常用单位还有千赫（kHz）和兆赫（MHz），换算关系如下。

$$1\text{kHz}=10^3\text{Hz} \qquad 1\text{MHz}=10^6\text{Hz} \tag{3.1}$$

周期与频率为互为倒数的关系，即

$$T=\frac{1}{f} \tag{3.2}$$

注意：我国发电厂发出的交流电都是 50Hz，习惯上称为“工频”。世界各国所采用的交流电频率并不相同，有兴趣的同学可以查阅相关资料（例如：美国、日本采用的市电均为 60Hz，110V）。

周期与频率都是反映交流电变化快慢的物理量。周期越短、频率越高，那么交流电变化越快。

(3) 角频率。ω 是单位时间内角度的变化量，叫做角频率。在交流电解析式 $e=E_m\sin(\omega t+\varphi_0)$ 中，ω 是线圈转动的角频率。

角频率、频率和周期的关系：

$$\omega=\frac{2\pi}{T}=2\pi f \tag{3.3}$$

2. 相位

(1) 相位和初相位。正弦交流电的表达式中 $\omega t+\varphi_0$ 称为交流电的相位。$t=0$ 时，$\omega t+\varphi_0=\varphi_0$ 称为初相位，这是确定交流电初始状态的物理量。在波形上，φ_0 表示零点到 $t=0$

的计时起点之间所对应的最小电角度，如图 3.3 所示。不知道 φ_0 就无法画出交流电的波形图，也写不出完整的表达式。

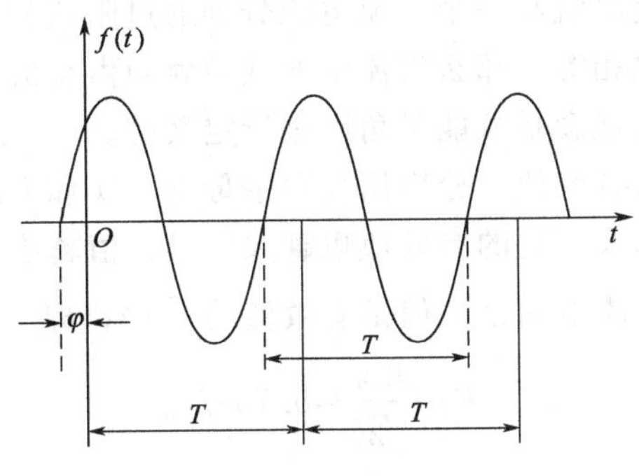

图 3.3　正弦交流电波形图

（2）相位差。如图 3.4 所示，两个同频率正弦交流电，任一瞬间的相位之差就叫做相位差，用符号 $\Delta\varphi$ 表示。即：

$$\Delta\varphi=(\omega t+\varphi_{01})-(\omega t+\varphi_{02})=\varphi_{01}-\varphi_{02} \tag{3.4}$$

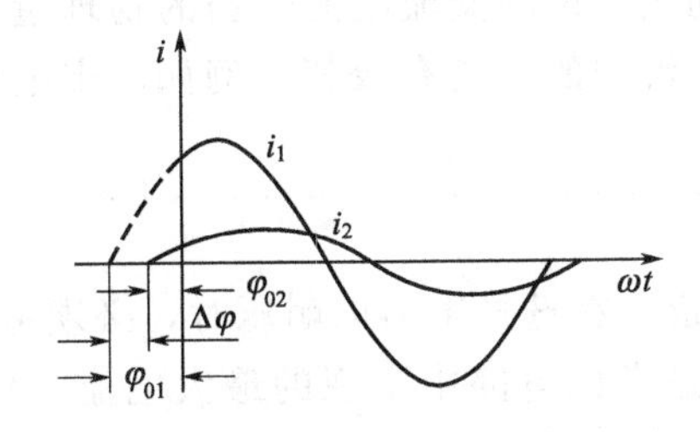

图 3.4　同频电流 i_1 和 i_2 的相位差

可见，两个同频率的正弦交流电的相位差，就是初相之差。它与时间无关，在正弦量变化过程中的任一时刻都是一个常数。它表明了两个正弦量之间在时间上的超前或滞后关系。

在实际应用中，规定用绝对值小于 π 的角度表示相位差。以图 3.4 所示为例，相位差与波形关系如表 3.1 所示。

表 3.1　相位差与波形关系

$\Delta\varphi=\varphi_{01}-\varphi_{02}$	常用表述
$\Delta\varphi<0$	i_1 滞后 i_2 或者 i_2 超前 i_1
$\Delta\varphi=0$	i_1 与 i_2 同相
$\Delta\varphi>0$	i_1 超前 i_2 或者 i_2 滞后 i_1
$\Delta\varphi=\frac{\pi}{2}$	i_1 与 i_2 正交
$\Delta\varphi=\pi$	i_1 与 i_2 反相

3. 交流电的大小

交流电的大小有三种表示方式：瞬时值、最大值和有效值。

（1）瞬时值。瞬时值指任一时刻交流电的大小。例如 e、u 和 i，都用小写字母表示，它们都是时间的函数。

（2）最大值。最大值指交流电量在一个周期中最大的瞬时值，它是交流电波形的振幅。如 E_m、U_m 和 I_m，通常用大写并加注下标 m 表示。

（3）有效值。一个直流电流与一个交流电流分别通过阻值相等的电阻，如果通电的时间相同，电阻上产生的热量也相等，那么直流电的数值就叫做交流电的有效值。

注意：交流电有效值的概念是从能量角度进行定义的。

电动势、电压、电流的有效值，分别用大写字母 E、U 和 I 来表示。

正弦交流电的最大值越大，它的有效值也越大；最大值越小，它的有效值也越小。理论和实验都可以证明，正弦交流电的最大值是有效值的$\sqrt{2}$倍，即

$$E=\frac{E_m}{\sqrt{2}}\approx 0.707E_m$$

$$U=\frac{U_m}{\sqrt{2}}\approx 0.707U_m \tag{3.5}$$

$$I=\frac{I_m}{\sqrt{2}}\approx 0.707I_m$$

有效值和最大值是从不同角度反映交流电流强弱的物理量。通常所说的交流电的电流、电压、电动势的值，不作特殊说明的都是有效值。例如，市电电压是 220V，是指其有效值为 220V。

学习小提示：

通过前面的学习可以知道，在选择电器的耐压时，必须考虑电路中电压的最大值；选择最大允许电流时，同样也是考虑电路中出现的最大电流。例如：耐压为 220V 的电容，不能接到电压有效值为 220V 的交流电路上，因为电压的有效值为 220V，对应最大值为 311V，会使电容器因击穿而损坏。

如果已知正弦交流电的振幅、频率（或者周期、角频率）和初相，则就可以用解析式或波形图将该正弦交流电唯一确定下来了。因此，振幅、频率（或周期、角频率）、初相叫做正弦交流电的三要素。

【例题 3.1】

已知正弦交流电 $i_1=10\sqrt{2}\sin(100\pi t)$ A，$i_2=20\sin\left(100\pi t+\frac{2\pi}{3}\right)$A，分别求出它们的：（1）振幅；（2）周期；（3）频率。

【解】

（1）从 $i_1=10\sqrt{2}\sin(100\pi t)$ A 可知

$$I_{1m}=10\sqrt{2}\text{A}$$

$$\omega_1=100\pi\text{rad/s}$$

从 $i_2=20\sin(100\pi t+\frac{2\pi}{3})$ A 可知

$$I_{2m}=20\text{A}$$

$$\omega_2=100\pi\text{rad/s}$$

（2）由 $\omega=\frac{2\pi}{T}$得

$$T_1=\frac{2\pi}{\omega_1}=\frac{2\pi}{100\pi}=0.02\text{s}$$

$$T_2=\frac{2\pi}{\omega_2}=\frac{2\pi}{100\pi}=0.02\text{s}$$

(3) 由 $f=\frac{1}{T}$得

$$f_1=\frac{1}{T_1}=50\text{Hz}$$

$$f_2=\frac{1}{T_2}=50\text{Hz}$$

三、正弦交流电的表示方法

1. 波形图表示法

波形图表示正弦交流电，如图 3.5 所示。图中直观地表达出了被表示的正弦交流电压的最大值 U_m、初相 φ_0 和角频率 $\omega(\omega=2\pi f)$。

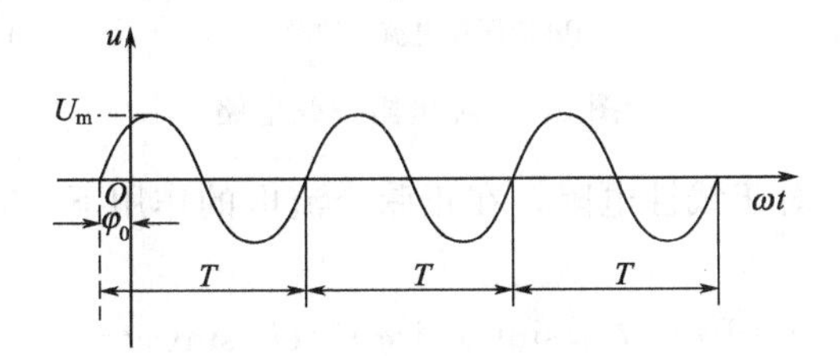

图 3.5 正弦交流电的波形表示法

2. 解析式表示法

用解析式表示正弦交流电

$$u=U_m\sin(\omega t+\varphi_0)$$

式中 $\varphi=\omega t+\varphi_0$，$\varphi$ 为该正弦交流电压的相位（ω 为角频率，φ_0 为初相角），U_m 为最大值。

3. 旋转矢量表示法

旋转矢量表示正弦交流电，如图 3.6 所示。

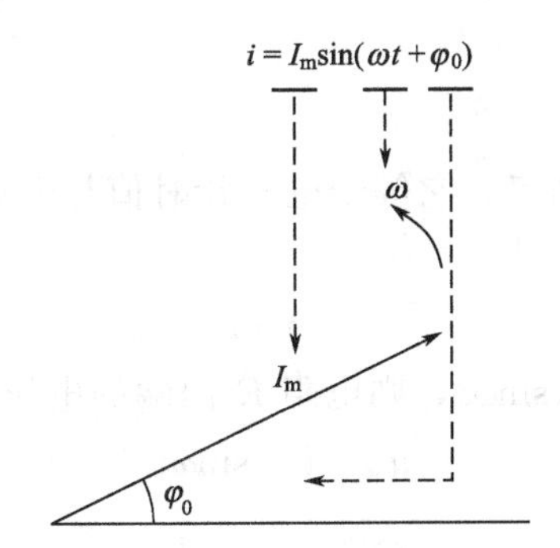

图 3.6 正弦交流电的矢量表示

图中矢量的长度表示正弦交流电的有效值；矢量与横轴的夹角表示初相，$\varphi_0>0$ 在横轴的上方，$\varphi_0<0$ 在横轴的下方；矢量以角频率 ω 逆时针旋转。

第二节　纯电阻正弦电路

一、电流与电压的关系

纯电阻正弦电路是指以电阻元件作为单一参数的电源作用下的电路，如图 3.7 所示。下面讨论电流与电压的关系。设

$$i=I_{m}\sin(\omega t+\varphi)$$

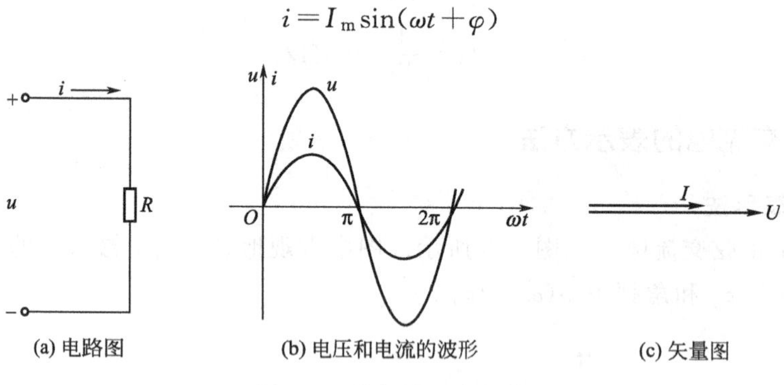

图 3.7　纯电阻正弦电路

在关联参考方向下，对于线性电阻，在正弦交流电的作用下，其伏安关系在任一瞬间都服从欧姆定律。

$$u=Ri=RI_{m}\sin(\omega t+\varphi)=U_{m}\sin(\omega t+\varphi)$$

最大值
$$U_{m}=I_{m}R \text{ 或 } I_{m}=\frac{U_{m}}{R} \tag{3.6}$$

有效值
$$U=IR \text{ 或 } I=\frac{U}{R} \tag{3.7}$$

由此得到以下结论：

（1）电压、电流为同频率的正弦量。

（2）纯电阻正弦电路中，电压与电流同相位。

（3）电压与电流的最大值、有效值和瞬时值之间都服从欧姆定律。

二、电路的功率

1. 瞬时功率

某一时刻的功率叫做瞬时功率，它等于电压瞬时值与电流瞬时值的乘积。瞬时功率用小写字母 p 表示，即

$$p=ui$$

以电流为参考正弦量 $i=I_{m}\sin\omega t$，则电阻 R 两端的电压为

$$u_{R}=U_{m}\sin\omega t$$

功率为

$$p=ui=U_{m}\sin(\omega t)I_{m}\sin\omega t=UI-UI\cos2\omega t$$

2. 平均功率

瞬时功率在一个周期内的平均值称为平均功率，用大写字母 P 表示。

$$P=UI \tag{3.8}$$

根据欧姆定律，平均功率还可以表示为

$$P=UI=I^2R=\frac{U^2}{R} \tag{3.9}$$

式中　U——电阻两端电压的有效值，V；

I——流过电阻的电流的有效值，A；

R——用电器的电阻值，Ω；

P——电阻消耗的平均功率，W。

【例题 3.2】

将一个阻值为 55Ω 的电阻丝，接到电压 $u=311\sin\left(100\pi t-\frac{\pi}{3}\right)$V 的电源上，通过电阻丝的电流是多少？写出电流的解析式。

【解】

由电源电压 $u=311\sin\left(100\pi t-\frac{\pi}{3}\right)$V 可知

$$U_m=311\text{V}$$

电阻两端的电压有效值为

$$U=\frac{U_m}{\sqrt{2}}=\frac{311}{1.414}\text{V}\approx 220\text{V}$$

流过电阻丝的电流的有效值为

$$I=\frac{U}{R}=\frac{220}{55}\text{A}=4\text{A}$$

由于电压与电流同相，电流的解析式为

$$i=4\sqrt{2}\sin\left(100\pi t-\frac{\pi}{3}\right)\text{A}$$

第三节　纯电容正弦电路

一、电流与电压的关系

纯电容正弦电路是指以电容元件作为单一参数的电源作用下的电路，如图 3.8 所示。下面讨论电流与电压的关系。

设

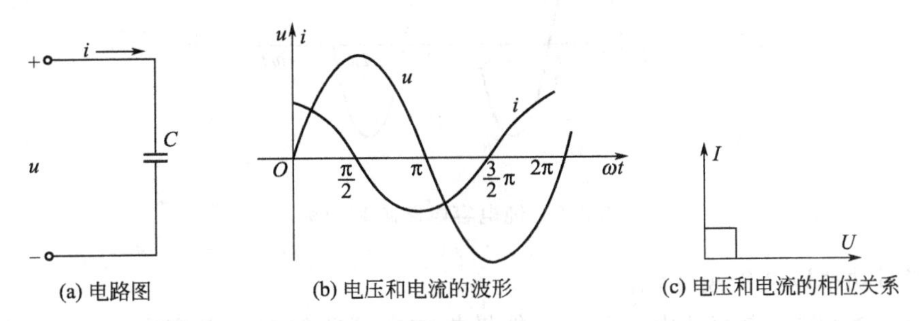

(a) 电路图　(b) 电压和电流的波形　(c) 电压和电流的相位关系

图 3.8　纯电容正弦电路

$$u=U_{\mathrm{m}}\sin(\omega t+\varphi_{\mathrm{u}})$$

当电压、电流均为参考方向时

$$i=C\frac{\mathrm{d}u}{\mathrm{d}t}=\omega CU_{\mathrm{m}}\cos(\omega t+\varphi_{\mathrm{u}})=I_{\mathrm{m}}\sin(\omega t+\varphi_{\mathrm{i}})$$

$$\frac{U}{I}=\frac{1}{\omega C}=\frac{1}{2\pi fC}=X_{\mathrm{C}} \tag{3.10}$$

其中 X_{C} 为容抗，其物理意义为电容对交流电的阻碍作用，即在含电容元件的交流电路中，当 C 一定，频率越高，X_{C} 越小，表明电容对交流的阻碍作用越小，反之亦然。当 $f=0$ 时，$X_{\mathrm{C}}\rightarrow\infty$，可见，电容元件在直流电路中可视为开路元件。

由此得到以下结论：

(1) 电流和电压的频率相同，即同频。

(2) 电流和电压的相位互差 $\frac{\pi}{2}$，电流在相位上超前电压 $\frac{\pi}{2}$，即电压在相位上滞后电流 $\frac{\pi}{2}$。

(3) 电流和电压的最大值之间和有效值之间的关系为

$$U_{\mathrm{m}}=X_{\mathrm{C}}I_{\mathrm{m}} \text{ 或 } I_{\mathrm{m}}=\frac{U_{\mathrm{m}}}{X_{\mathrm{C}}} \tag{3.11}$$

$$U=X_{\mathrm{C}}I \text{ 或 } I=\frac{U}{X_{\mathrm{C}}} \tag{3.12}$$

式中 $X_{\mathrm{C}}=\frac{1}{\omega C}=\frac{1}{2\pi fC}$ 称为电容的电抗，简称容抗，单位为欧姆（Ω）。而

$$\varphi_{\mathrm{i}}=\varphi_{\mathrm{u}}+\frac{\pi}{2} \tag{3.13}$$

二、电路的功率

1. 瞬时功率

$$p=ui=U_{m}\sin\omega tI_{\mathrm{m}}\sin\left(\omega t+\frac{\pi}{2}\right)=U_{\mathrm{m}}I_{\mathrm{m}}\sin\omega t\cos\omega t=UI\sin2\omega t \tag{3.14}$$

变化曲线如图 3.9 所示。

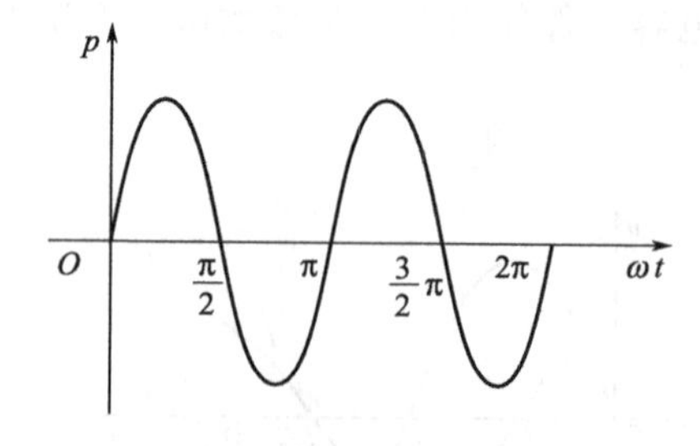

图 3.9 纯电容电路瞬时功率

(1) 瞬时功率以 2 倍频变化。

(2) 当 $p>0$ 时，电容从电源吸收电能转换成电场能储存在电容中；当 $p<0$ 时，电容

中储存的电场能转换成电能送回电源。

(3) 电容不消耗电能，是储能元件。

2. 有功功率

纯电容电路有功功率为零。这说明电容元件不耗能，只是将能量不停地吸收和释放。即

$$P=0$$

3. 无功功率

电容的无功功率为

$$Q=UI=X_C I^2=\frac{U^2}{X_C} \tag{3.15}$$

其单位是乏（var）。

【例题 3.3】

电容器的电容 $C=40\mu F$，把它接到 $u=220\sqrt{2}\sin\left(314t-\frac{\pi}{3}\right)V$ 的电源上。试求：

(1) 电容的容抗；

(2) 电流的有效值；

(3) 电流瞬时值表达式；

(4) 电路的无功功率。

【解】

由 $u=220\sqrt{2}\sin\left(314t-\frac{\pi}{3}\right)V$ 可以看出

$$U_m=220\sqrt{2}V \qquad \omega=314rad/s \qquad \varphi_u=-\frac{\pi}{3}$$

(1) 电容的容抗为

$$X_C=\frac{1}{\omega C}=\frac{1}{314\times40\times10^{-6}}\Omega\approx80\Omega$$

(2) 电压的有效值

$$U=\frac{U_m}{\sqrt{2}}=\frac{220\sqrt{2}}{\sqrt{2}}V=220V$$

则电流的有效值为

$$I=\frac{U}{X_C}=\frac{220}{80}A=2.75A$$

(3) 在纯电容电路中，电流超前电压 $\frac{\pi}{2}$

$$\varphi_i-\varphi_u=\frac{\pi}{2}$$

则

$$\varphi_i=\varphi_u+\frac{\pi}{2}=-\frac{\pi}{3}+\frac{\pi}{2}=\frac{\pi}{6}$$

则电流的瞬时值表达式为

$$i=2.75\sqrt{2}\sin\left(314t+\frac{\pi}{6}\right)A$$

（4）电路的无功功率为

$$Q_C=UI=220\times 2.75\text{var}=605\text{var}$$

第四节　纯电感正弦电路

一、电流与电压的关系

纯电感正弦交流电路是指以电感元件作为单一参数的电源作用下的电路，如图 3.10 所示。下面讨论电流与电压的关系。设

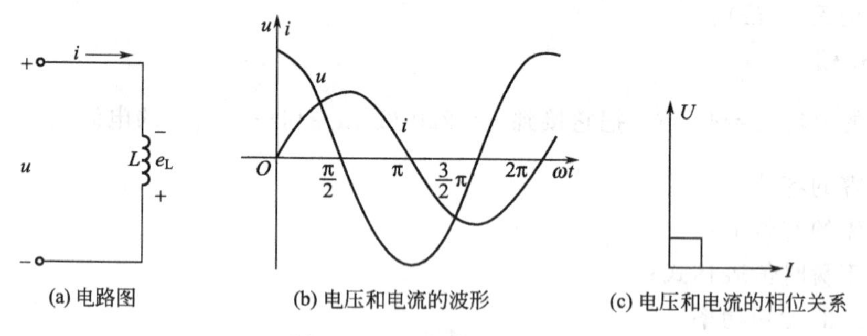

(a) 电路图　(b) 电压和电流的波形　(c) 电压和电流的相位关系

图 3.10　纯电感正弦电路

$$i=I_m\sin(\omega t+\varphi_i)$$

当电压、电流和电动势均采用关联参考方向时

$$u_L=-e$$

$$=L\frac{di_L}{dt}$$

$$=\omega LI_m\sin\left(\omega t+\varphi_i+\frac{\pi}{2}\right)$$

$$=U_m\sin(\omega t+\varphi_u)$$

其中

$$U_m=\omega LI_m \text{ 或 } U=\omega LI \tag{3.16}$$

$$X_L=\omega L=2\pi fL \tag{3.17}$$

X_L 称为感抗，其物理意义为电感对交流电的阻碍作用。即在含电感元件的正弦电路中，当 f 增大时，其感抗也增大，反之亦然。在直流电路中，X_L 为零，可见，电感元件在直流电路中可以视为短路。

而

$$\varphi_u=\varphi_i+\frac{\pi}{2} \tag{3.18}$$

由此可以得到以下结论：

（1）电压和电流的频率相同，即同频。

（2）电压和电流的相位差为$\frac{\pi}{2}$，电压在相位上超前电流$\frac{\pi}{2}$［其波形如图 3.10(b) 所示］。

（3）电压和电流的最大值之间和有效值之间的关系分别为

$$U_m=\omega LI_m \text{ 或 } I_m=\frac{U_m}{\omega L} \tag{3.19}$$

$$U=\omega LI \text{ 或 } I=\frac{U}{\omega L} \tag{3.20}$$

式中 $X_L=\omega L=2\pi fL$ 称为电感的电抗，简称感抗，感抗的单位是欧姆（Ω）。

二、电路的功率

1. 瞬时功率

$$p=ui=U_m\sin\left(\omega t+\frac{\pi}{2}\right)I_m\sin\omega t=U_mI_m\cos\omega t\sin\omega t$$

$$p=UI\sin 2\omega t \tag{3.21}$$

变化曲线如图 3.11 所示。

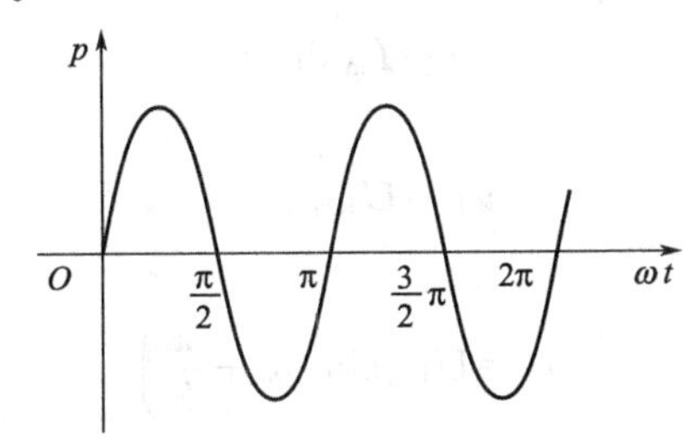

图 3.11　纯电感电路瞬时功率

（1）瞬时功率以电流或电压的 2 倍频率变化。

（2）当 $p>0$ 时，电感从电源吸收电能转换成磁场能储存在电感中；当 $p<0$ 时，电感中储存的磁场能转换成电能送回电源。

（3）瞬时功率 p 的波形在横轴上、下的面积是相等的，所以电感不消耗能量，是个储能元件。

2. 有功功率

电感的有功功率根据理论计算可得：

$$P=0 \tag{3.22}$$

电感有功功率为零，说明它并不耗能，只是将能量不停地吸收和释放。

3. 无功功率

电感与电源之间有能量的往返互换，这部分功率没有消耗掉。互换功率的大小用其瞬时功率最大值来衡量。

$$Q=UI=X_LI^2=\frac{U^2}{X_L} \tag{3.23}$$

无功功率的单位是乏（var）。

【例题 3.4】

有一个电感为 4.4mH 的电感线圈，将它接到电压有效值为 220V，角频率为 10^5 rad/s 的交流电源上。求线圈的感抗和通过线圈的电流的有效值。

【解】

线圈的感抗

$$X_L=\omega L=10^5\times 4.4\times 10^{-3}=440\Omega$$

通过线圈电流的有效值为

$$I=\frac{U}{\omega L}=\frac{220}{440}\text{A}=0.5\text{A}$$

第五节 RL 串联电路

一、RL 串联电路的电压关系

由于纯电阻电路中电压与电流同相，纯电感电路中电压的相位超前电流$\frac{\pi}{2}$，又因为串联电路中电流处处相等，所以 RL 串联电路各电压间相位不相同，电流与总电压的电位也不相同。

以正弦电流为参考正弦量，即

$$i=I_{\mathrm{m}}\sin\omega t$$

则电阻两端电压为

$$u_{\mathrm{R}}=U_{\mathrm{Rm}}\sin\omega t \tag{3.24}$$

电感线圈两端的电压为

$$u_{\mathrm{L}}=U_{\mathrm{Lm}}\sin\left(\omega t+\frac{\pi}{2}\right) \tag{3.25}$$

电路的总电压 u 为

$$u=u_{\mathrm{L}}+u_{\mathrm{R}} \tag{3.26}$$

作出电压的旋转矢量图，如图 3.12 所示。u、u_{L} 和 u_{R} 构成直角三角形，可以得到电压间的数量关系为

$$U=\sqrt{U_{\mathrm{L}}^2+U_{\mathrm{R}}^2} \tag{3.27}$$

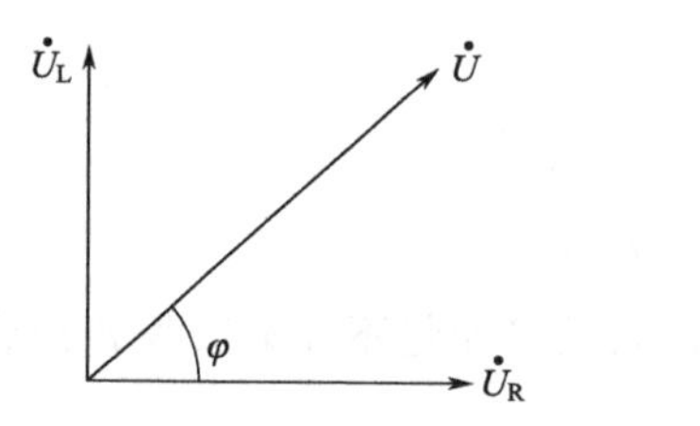

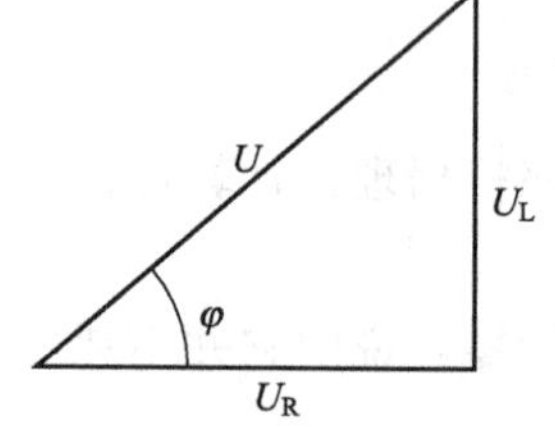

图 3.12 RL 串联电路旋转矢量和电压三角形

以上分析表明：总电压的相位超前电流

$$\varphi=\arctan\frac{U_{\mathrm{L}}}{U_{\mathrm{R}}} \tag{3.28}$$

从电压三角形中，还可以得到总电压和各部分电压之间的关系

$$\begin{aligned}U_{\mathrm{R}}&=U\cos\varphi\\U_{\mathrm{L}}&=U\sin\varphi\end{aligned} \tag{3.29}$$

二、RL 串联电路的阻抗

$$I=\frac{U}{|Z|} \tag{3.30}$$

式中　U——电路总电压的有效值，V；

I——电路中电流的有效值，A；

$|Z|$——电路的阻抗，Ω。

其中

$$|Z|=\sqrt{R^2+X_L^2} \tag{3.31}$$

$|Z|$叫做阻抗，它表示电阻和电感串联电路对交流电呈现的阻碍作用。阻抗的大小决定于电路参数 R、L 和电源频率。

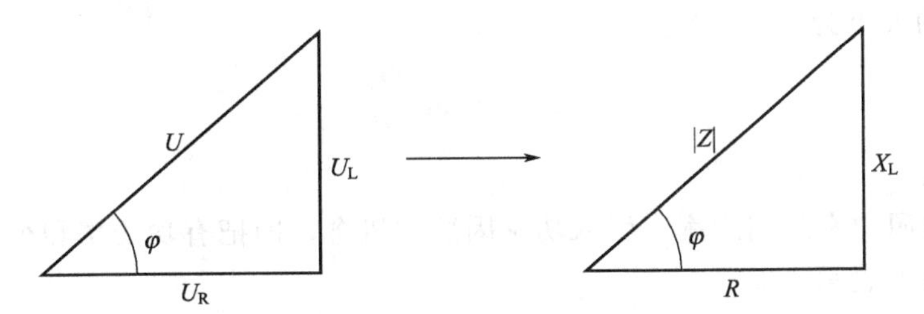

图 3.13　阻抗三角形

如图 3.13 所示，阻抗三角形与电压三角形是相似三角形，阻抗三角形中的$|Z|$与 R 的夹角，等于电压三角形中电压与电流的夹角 φ，φ 叫做阻抗角，也就是电压与电流的相位差。

$$\varphi=\arctan\frac{X_L}{R} \tag{3.32}$$

φ 的大小只与电路参数 R、L 和电源频率有关，与电压大小无关。

三、RL 串联电路的功率

将电压三角形三边（分别代表 U_R、U_L、U）同时乘以 I，就可以得到由有功功率、无功功率和视在功率（总电压有效值与电流的乘积）组成的三角形，如图 3.14 所示。

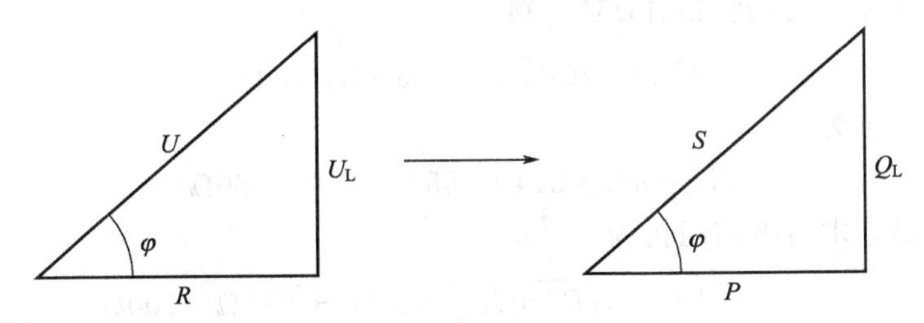

图 3.14　功率三角形

1. 有功功率

RL 串联电路中只有电阻 R 消耗功率，即有功功率，其公式为：

$$P=UI\cos\varphi \tag{3.33}$$

上式说明 RL 串联电路中，有功功率的大小不仅取决于电压 U、电流 I 的乘积，还取决于阻抗角的余弦 $\cos\varphi$ 的大小。当电源供给同样大小的电压和电流时，$\cos\varphi$ 大，有功功率大；$\cos\varphi$ 小，有功功率小。

2. 无功功率

电路中的电感不消耗能量，它与电源之间不停地进行能量变换，感性无功功率为

$$Q_L=UI\sin\varphi \tag{3.34}$$

3. 视在功率

视在功率表示电源提供总功率（包括 P 和 Q_L）的能力，即交流电源的容量。视在功率用 S 表示，它等于总电压和电流的乘积，即

$$S=UI \tag{3.35}$$

视在功率 S 的单位为伏·安，符号是 V·A。

从功率三角形还可得到有功功率 P、无功功率 Q_L 和视在功率 S 之间的关系，即

$$S=\sqrt{P^2+Q_L^2} \tag{3.36}$$

阻抗角 φ 的大小为

$$\varphi=\arctan\frac{Q_L}{P} \tag{3.37}$$

4. 功率因数

为了反映电源功率的利用率，引入功率因数的概念，即把有功功率和视在功率的比值叫做功率因数，用 λ 表示，即

$$\lambda=\cos\varphi \tag{3.38}$$

上式表明，当视在功率一定时，在功率因数越大的电路中，用电设备的有功功率越大，电源输出功率的利用率就越高。

【例题 3.5】

将电感为 255mH、电阻为 60Ω 的线圈接到 $u=220\sqrt{2}\sin(314t)$V 的电源上。试求：

(1) 电路中的阻抗；

(2) 电路中的电流有效值；

(3) 电路中的有功功率、无功功率和视在功率；

(4) 功率因数。

【解】

由电压解析式 $u=220\sqrt{2}\sin 314t$V 可得

$$U_m=220\sqrt{2}\text{V} \qquad \omega=314\text{rad/s}$$

(1) 线圈的感抗为

$$X_L=\omega L=314\times255\times10^{-3}\Omega\approx80\Omega$$

由阻抗三角形，求得电路阻抗为

$$|Z|=\sqrt{R^2+X_L^2}\approx\sqrt{60^2+80^2}\Omega=100\Omega$$

(2) 电压的有效值为

$$U=\frac{U_m}{\sqrt{2}}=\frac{220\sqrt{2}\text{V}}{\sqrt{2}}=220\text{V}$$

则电路中的电流有效值为

$$I=\frac{U}{|Z|}=\frac{220}{100}\text{A}=2.2\text{A}$$

(3) 电路中的有功功率为

$$P=I^2R=2.2^2\times60\text{W}=290.4\text{W}$$

电路的无功功率为

$$Q_L=I^2X_L=2.2^2\times80\text{var}=387.2\text{var}$$

电源提供的视在功率为

$$S=UI=220\times2.2\mathrm{V\cdot A}=484\mathrm{V\cdot A}$$

（4）功率因数为

$$\lambda=\frac{P}{S}=\frac{R}{|Z|}=\frac{60}{100}=0.6$$

拓展与提高

提高功率因数的意义及方法

在生产和生活中使用的电气设备大多属于感性负载，它们的功率因数都较低。如供电系统的功率因数是由用户负载的大小和性质决定的，在一般情况下，供电系统的功率因数总是小于1。例如，变压器容量为1000kV·A，$\lambda=1$时能提供1000kW的有功功率，而$\lambda=0.7$时只能提供700kW的有功功率。在交流电路中，负载从电压接收到的有功功率$P=UI\cos\varphi$，显然与功率因数有关。

一、提高功率因数的实际意义

1. 提高供电设备的能量利用率

在电力系统中，功率因数是一个重要指标。每个供电设备都有额定容量，即视在功率$S=UI$。在电路正常工作时是不允许超过额定值的，否则会损坏供电设备。对于非电阻性负载电路，供电设备输出的总功率S中，一部分为有功功率$P=UI\cos\varphi$，另一部分为无功功率$Q_L=UI\sin\varphi$。如果功率因数λ越小，电路的有功功率就越小，而无功功率就越大，电路中能量互换的规模也就越大。为了减小电路中能量互换规模，提高供电设备所提供的能量利用率，就必须提高功率因数。

2. 减小输电线路上的能量损失

功率因数低，还会增加发电机绕组、变压器和线路的功率损失。当负载电压和有功功率一定时，电路中的电流与功率因数成反比，即

$$I=\frac{P}{U\cos\varphi}$$

功率因数越低，电路中的电流就越大，线路上的压降也就越大，电路的功率损失也就越大。这样，不仅使电能白白消耗在线路上，而且使得负载两端的电压降低，影响负载的正常工作。

由以上两方面的分析可知，提高功率因数能使发电设备的容量得到充分利用，同时能节约大量电能。

二、提高功率因数的方法

无功功率反映的是感性负载、容性负载与电源间交换能量的规模大小，有些设备需要无功功率才能工作，如变压器、电动机；但多数设备不需要无功功率做功，功率因数越小，造成的能量浪费越多。下面介绍两种常用的提高功率因数的方法，第二种方法尤为常见。

1. 提高用电设备本身的功率因数

采用降低用电设备无功功率的措施，可以提高功率因数。例如，正确选用异步电动机和电力变压器的容量，由于它们轻载或空载时功率因数低，满载时功率因数较高。所以，选用变压器和电动机的容量不宜过大，并尽量减少轻载运行。

2. 在感性负载上并联电容器提高功率因数

提高感性负载功率因数的常用方法，是用适当容量的电容器与感性负载并联，如图

3.15 所示。

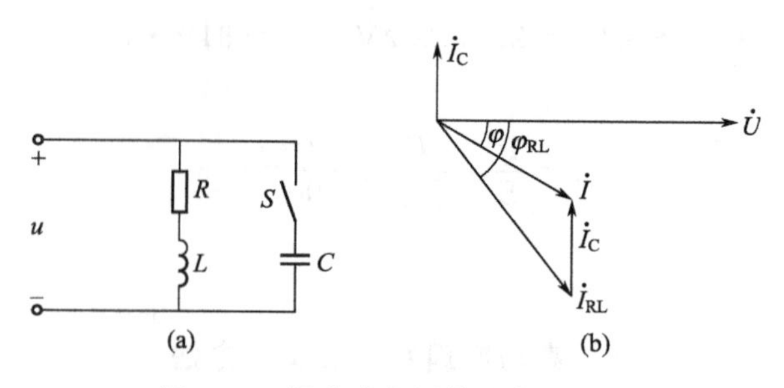

图 3.15 提高功率因数的常用方法

这样就可以使电感中的磁场能量与电容器的电场能量进行交换，从而减少电源与负载间能量的互换。在感性负载两端并联一个适当的电容后，对提高电路的功率因数十分有效。

借助相量图分析方法容易证明：对于额定电压为 U、额定功率为 P、工作频率为 f 的感性负载 RL 来说，将功率因数从 $\lambda_1=\cos\varphi_1$ 提高到 $\lambda_2=\cos\varphi_2$，所需并联的电容为

$$C=\frac{P}{2\pi fU^2}(\tan\varphi_1-\tan\varphi_2)$$

其中 $\varphi_1=\arccos\lambda_1$，$\varphi_2=\arccos\lambda_2$，且 $\varphi_1<\varphi_2$，$\lambda_1<\lambda_2$。

本章小结

1. 正弦交流电的基本概念

(1) 交流电是大小和方向都随时间作周期性变化的电流。

(2) 正弦交流电的三要素：振幅、周期或频率、初相位。

(3) 正弦交流电的表示方法：波形图表示法、解析式表示法、旋转矢量表示法。

2. 纯电阻正弦电路

(1) 纯电阻正弦电路中电压与电流的关系。

(2) 纯电阻正弦电路中瞬时功率、平均功率的计算。

3. 纯电容正弦电路

(1) 纯电容正弦电路中电压与电流的关系。

(2) 纯电容正弦电路中瞬时功率、有功功率、无功功率的计算。

4. 纯电感正弦电路

(1) 纯电感正弦电路中电压与电流的关系。

(2) 纯电感正弦电路中瞬时功率、有功功率、无功功率的计算。

5. RL 串联电路

(1) RL 串联电路中的电压关系 $u=u_L+u_R$。

(2) RL 串联电路的阻抗 $|Z|=\sqrt{R^2+X_L^2}$。

(3) RL 串联电路的功率：

有功功率 $P=UI\cos\varphi$

无功功率 $Q_L=UI\sin\varphi$

视在功率 $S=UI=\sqrt{P^2+Q_L^2}$

功率因数 $\lambda=\cos\varphi$

复习题

一、填空题

1. 交流电的三要素是指________、________、________。

2. 已知交流电流的最大值 $I_m=3A$，频率 $f=50Hz$，初相位 $\varphi_0=30°$，则有效值 $I=$________，角频率 $\omega=$________，周期 $T=$________，瞬时值表达式为 $i=$________。

3. 市用照明电的电压是220V，这是指电压的________值，接入一盏标有"220V、100W"的白炽灯，灯丝上通过的电流的有效值是________，电流的最大值是________。

4. 已知 $u_1=100\sin(100\pi t-30°)V$，$u_2=200\sin(100\pi t+60°)V$，$u_2$ 的初相为________，u_2 ________（超前或滞后）u_1 ________。

5. 在纯电感电路中，已知电压 $u=\sqrt{2}U\sin\omega t V$，电感为 L，则电流 $I=$________，电流与电压的相位差 $\varphi=$________。

6. 已知电路中的电流 $i=10\sqrt{2}\sin(314t+30°)A$，写出电路的电压表达式：在纯电阻电路中（$R=20\Omega$），$u_R=$________；在纯电感电路中（$L=0.05H$），$u_L=$________；在纯电容电路中（$C=5000\mu F$），$u_C=$________。

7. 将一个电感线圈接在6V直流电源上，通过的电流为0.4A，改接在50Hz、6V的交流电源上，电流为0.3A，此线圈的电阻和电感分别为________、________。

8. 已知 $u_1=311\sin(100\pi t+160°)V$，$u_2=36\sqrt{2}\sin(100\pi t-130°)V$，则有效值 $U_1=$________，$U_2=$________，周期 $T_1=$________，$T_2=$________，频率 $f_1=$________，$f_2=$________，相位差 $\varphi_{12}=$________。

9. 在工厂中使用的电动机很多，电感 L 很大，则可采用________提高功率因数。

10. 两正弦量 u、i，已知 $u=U_m\sin(\omega t+\varphi_u)$，$i=I_m\sin(\omega t+\varphi_i)$，$\varphi=\varphi_u-\varphi_i$，当________时，$u$、$i$ 同相；当________时，u、i 正交；当________时，u、i 反相。

二、判断题

1. 两个频率相同的正弦交流电的相位之差为一常数。（　）

2. 正弦量的相位表示交流电变化过程的一个角度，它和时间无关。（　）

3. 正弦交流电的有效值指交流电在变化过程中所能达到的最大值。（　）

4. 直流电流为10A和正弦交流电流最大值为14A的两电流，在相同的时间内分别通过阻值相同的两电阻，则两电阻的发热量是相等的。（　）

5. 在纯电感正弦交流电路中，电流相位滞后于电压90°。（　）

6. 在正弦交流电路中，感抗与频率成正比，即电感具有通低频阻高频的特性。（　）

7. 在纯电容的正弦交流电路中，电流相位滞后于电压90°。（　）

8. 在正弦交流电路中，电容的容抗与频率成正比。（　）

9. 在直流电路中，电感的感抗为无限大，所以电感可视为开路。（　）

10. 在直流电路中，电容的容抗为0，所以可视为短路。（　）

11. 纯电感元件不吸收有功功率。（　）

12. 在单相交流电路中，日光灯管两端电压和镇流器两端的电压之矢量和应大于电源电

压。（　　）

13. 在感性电路中，并联电容后，可提高功率因数，使电流和有功功率增大。（　　）

14. 在正弦交流电路中，总的视在功率等于各支路视在功率之和。（　　）

15. 在正弦交流中，电路消耗的总有功功率等于各支路有功功率之和。（　　）

三、选择题

1. 正弦量的三要素（　　）。

A. 最大值、角频率、初相角　　B. 周期、频率、角频率

C. 最大值、有效值、频率　　D. 最大值、周期、频率

2. 已知正弦电压 $u_1=100\sin(100\pi t+60°)$V，$u_2=100\sin(100\pi t-150°)$V，则 u_1 超前 u_2（　　）。

A. $-90°$　　B. 210°　　C. $-150°$　　D. $-120°$

3. 已知一正弦交流电压 $u=\sqrt{2}\sin 314t$V，作用于 $R=10\Omega$ 的电阻上，则电阻消耗的功率为（　　）W。

A. 100　　B. 10　　C. 20　　D. 1000

4. 无功功率的单位为（　　）。

A. 伏安　　B. 瓦特　　C. 乏　　D. 度

5. 已知一正弦交流电流 $I=10$A 作用于感抗为 10Ω 的电感上，则无功功率为（　　）乏。

A. 100　　B. 1000　　C. 1　　D. 10

6. 两个电阻 R_1 和 R_2 串联，接入电压为 $u=100\sqrt{2}\sin 314t$V 的电源上，用电压表测得 R_1 上的电压为 80V，则 R_2 上的电压为（　　）V。

A. 60　　B. 20　　C. 180　　D. 100

7. 在纯电感正弦交流电路中，下列说法正确的是（　　）。

A. 电流超前电压 90°　　B. 电流滞后电压 90°

C. $I_L=\dfrac{U_{Lm}}{X_L}$　　D. 消耗的功率为有功功率

8. 一日光灯负载，为提高功率因数，应在（　　）。

A. 负载两端并联电容　　B. 负载中串联电容　　C. 负载中串联电感

9. 已知正弦电动势 $e=311\sin(314t+30°)$V，其频率为（　　）。

A. 314rad/s　　B. 50Hz　　C. 311rad/s　　D. $\sin(314t+30°)$

10. 已知正弦交流电流 $i=10\sin(314t+30°)$A，其初相位为（　　）。

A. 30°　　B. $314t+30°$　　C. 10rad/s　　D. $\sin(314t+30°)$

四、计算题

1. 在纯电感电路中，$U=220$V，$f=50$Hz，线圈中的 $L=0.01$H，试求：(1) 感抗 X_L；(2) 电流 I_L；(3) 有功功率 P；(4) 无功功率 Q_L。

2. 在纯电容电路中，$U=220$V，$f=50$Hz，电容器的电容量 $C=20\mu$F，试求：(1) 容抗 X_C；(2) 电流 I_C；(3) 有功功率 P；(4) 无功功率 Q_C。

3. 有一个具有电阻的电感线圈，当把它接在直流电路中时，测得线圈中通过的电流为 8A，线圈两端的电压为 48V，当把它接在频率为 50Hz 的交流电路中时，测得线圈通过的电流为 12A，加在线圈两端的电压为 12V，试求出线圈的电阻和电感。

第四章　三相正弦交流电路

学习目标：

1. 了解三相交流电的产生、优点、表示方法；
2. 掌握三相交流电源的连接方式及电压、电流的关系；
3. 掌握三相负载的连接方式及电压、电流的关系；
4. 学会计算三相电路的功率。

第一节　三相交流电源简介

一、三相交流电源的产生

在工业生产中，广泛采用三相交流电路，日常生活中应用的单相正弦交流电路也取自三相交流电路。

三相交流电源是由三个最大值相等、频率相同、相位彼此相差120°的单相交流电源按照一定的方式组合而成的电源，它是由三相发电机产生的，如图4.1所示是最简单的三相交流发电机的原理结构图。它主要由电枢和磁极两部分组成，电枢上装有三个同样的绕组U_1U_2、V_1V_2、W_1W_2。三相绕组的首端分别用U_1、V_1、W_1表示，三相绕组的末端分别用U_2、V_2、W_2表示。如图4.2为三相绕组示意图。

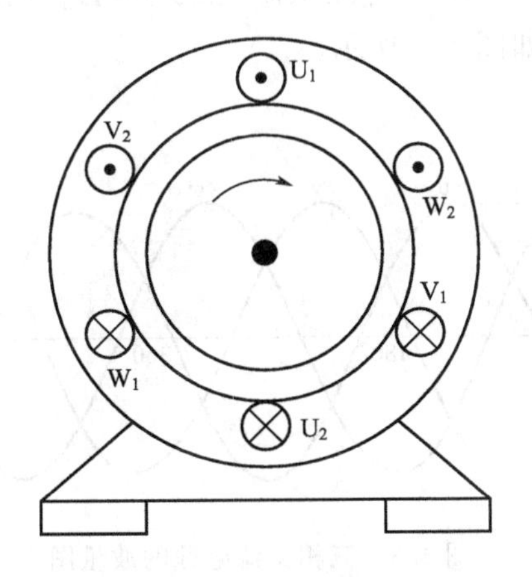

图4.1　三相交流发电机原理结构图

当电枢以角速度ω旋转时，就可以从发电机中输出幅值相等、频率相同、相位彼此相差120°的对称的电动势，这种电源称为三相对称电源。

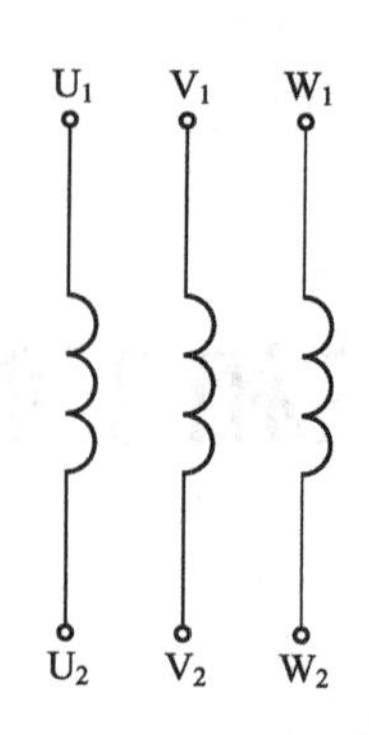

图 4.2 三相绕组示意图

二、三相交流电源的优点

相对于单相交流电源来讲，三相交流电源具有如下优点。

(1) 三相交流发电机比功率相同的单相交流发电机体积小、重量轻、成本低且运行稳定；

(2) 在距离、功率、电压、输电效率等相同情况下，三相输电线路比单相输电线路节省材料，降低输电成本；

(3) 常用的三相异步电动机比单相电动机，具有结构简单、性能良好、运行可靠、维护方便等优点。

三、三相交流电源的表示方法

三相交流电源可以用瞬时值表达式、波形图和相量图来表示。假设 U 相电动势的初相位为 0°，则三个电动势的三角函数表达式分别为

$$\begin{aligned} e_U &= E_m \sin\omega t \\ e_V &= E_m \sin(\omega t - 120°) \\ e_W &= E_m \sin(\omega t - 240°) = E_m \sin(\omega t + 120°) \end{aligned} \tag{4.1}$$

三相交流电源的波形图如图 4.3 所示。

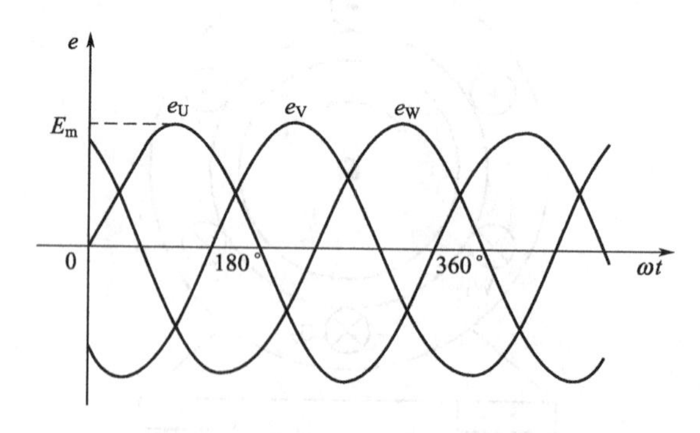

图 4.3 三相交流电源的波量图

从图中可以看出，三相交流电源在任一瞬间三个电动势的代数和为 0，即

$$e_U + e_V + e_W = 0 \tag{4.2}$$

三个电动势达到最大值的先后次序称为相序。在图 4.3 中，先达到最大值的是 e_U，其

次是 e_V，最后是 e_W，所以它们的相序就是 U-V-W-U，这个相序称为正相序。相序 U-W-V-U 称为负相序，若无特殊说明，三相电源都是指正相序。

三相交流电源的相量图如图 4.4 所示。

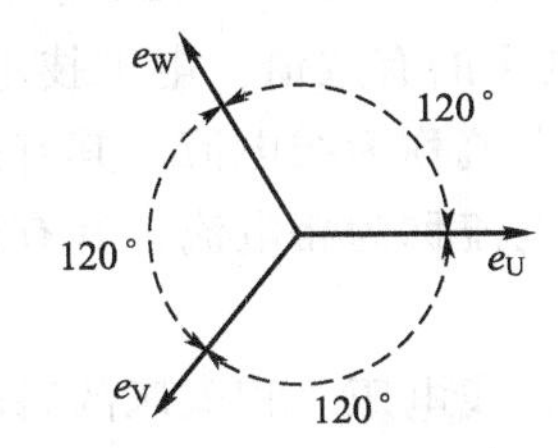

图 4.4　三相交流电源的相量图

从图中可以看出，三相交流电源的相量和也等于 0，即

$$\dot{E}_U+\dot{E}_V+\dot{E}_W=0 \tag{4.3}$$

第二节　三相电源的连接

三相发电机绕组有 6 个端子，实际应用中不是把 6 个端子单独与负载连接，而是采用两种基本的连接方式星形（Y）连接和三角形（△）连接，以较少的输出线给负载供电。

一、三相电源的星形连接

1. 电源绕组的连接方式

将三相电源绕组的末端 U_2、V_2、W_2 连接在一起，形成一个公共点 N，此点称为中性点。从三相绕组的首端 U_1、V_1、W_1 和中性点分别引出一个端子，这种连接方式称为星形（Y）连接，如图 4.5 所示。

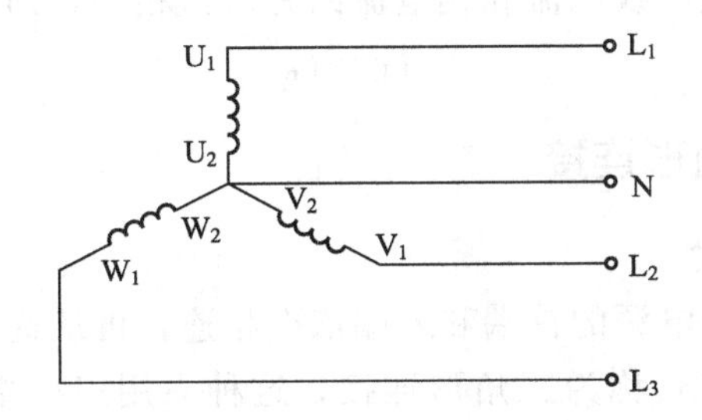

图 4.5　三相电源的星形连接

从电源首端 U_1、V_1、W_1 引出的线 L_1、L_2、L_3 称为火线或端线，从中性点 N 引出的线称为零线或中线。像这种供电方式称为三相四线制。

2. 基本概念

（1）线电压：三相电源任意两根火线之间的电压称为线电压，用 u_{UV}、u_{VW}、u_{WU} 表示，下标字母的顺序为电压的参考方向。U_{UV}、U_{VW}、U_{WU} 表示线电压的有效值。电工技术中常用 U_L 表示线电压的有效值。

（2）相电压：每相绕组两端的电压或各相线与中性线之间的电压称为相电压，用 u_U、u_V、u_W 表示，参考方向为从绕组的首端指向末端。各相电压的表达式为

$$u_U=\sqrt{2}U_U\sin\omega t$$
$$u_V=\sqrt{2}U_V\sin(\omega t-120°) \tag{4.4}$$
$$u_W=\sqrt{2}U_W\sin(\omega t-240°)=\sqrt{2}U_W\sin(\omega t+120°)$$

式中，U_U、U_V、U_W 为各相电压的有效值。电工技术中常用 U_p 表示相电压的有效值。

(3) 线电流：流过每相端线的电流称为线电流，其有效值为 I_U、I_V、I_W。

(4) 相电流：流过每相绕组的电流称为相电流，其有效值为 I_{U2U1}、I_{V2V1}、I_{W2W1}。

3. 电压及电流关系

(1) 电压关系：如图 4.5 所示，线电压、相电压的瞬时关系为：

$$u_{UV}=u_U-u_V$$
$$u_{VW}=u_V-u_W \tag{4.5}$$
$$u_{WU}=u_W-u_U$$

利用相量图可以得到

$$U_{UV}=\sqrt{3}U_U$$
$$U_{VW}=\sqrt{3}U_V \tag{4.6}$$
$$U_{WU}=\sqrt{3}U_W$$

当三相电源对称时，线电压与相电压的关系表示为

$$U_L=\sqrt{3}U_p \tag{4.7}$$

在低压供电系统中，线电压为 380V，相电压为 220V。

(2) 电流关系：如图 4.5 所示，线电流与相电流的关系为

$$I_U=I_{U2U1}$$
$$I_V=I_{V2V1} \tag{4.8}$$
$$I_W=I_{W2W1}$$

上式表明，在星形连接中线电流和相电流的有效值相等，即

$$I_L=I_p \tag{4.9}$$

二、三相电源的三角形连接

1. 电源绕组的连接方式

如图 4.6 所示，把三相电源的首端和末端依次相连，再从这三个连接点引出三根端线向用电设备供电，这种连接方式称为三角形连接，这种只用三根端线供电的方式称为三相三线制。

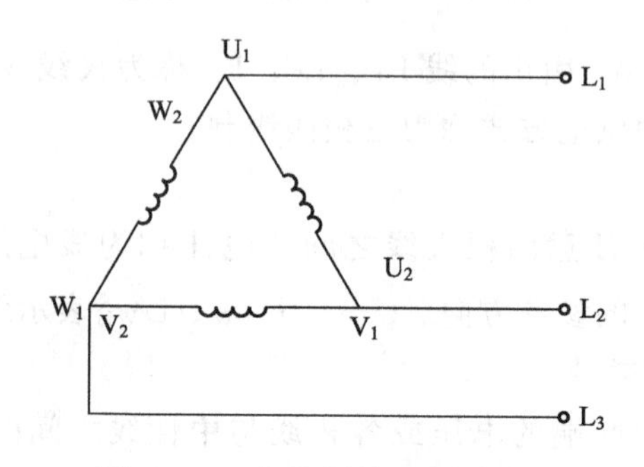

图 4.6 三相电源的三角形连接

2. 电压电流关系

(1) 电压关系。由图 4.6 可知，三相电源作三角形连接时，线电压和相电压的有效值相等，即

$$U_{UV}=U_U$$
$$U_{VW}=U_V \qquad (4.10)$$
$$U_{WU}=U_W$$

若三相电源对称，可表示为

$$U_L=U_p \qquad (4.11)$$

(2) 电流关系。由图 4.6 可知，三相电源作三角形连接时，线电流和相电流的关系为

$$I_L=\sqrt{3}I_p \qquad (4.12)$$

第三节　三相负载的连接

三相负载由三部分组成，每一部分称为一相负载，三相负载可以是一个整体，也可以是三个独立的单相负载。三相负载也有两种连接方式：星形（Y）连接和三角形（△）连接。

一、三相负载的星形（Y）连接

负载的星形连接跟电源的星形连接相似，是将三相负载的末端连接在一起，形成一个公共点 N，此点称为中性点，三相负载的首端 U、V、W 分别接到电源上，如图 4.7 所示。图中 $|Z_U|$、$|Z_V|$、$|Z_W|$ 为各相负载的阻抗值。

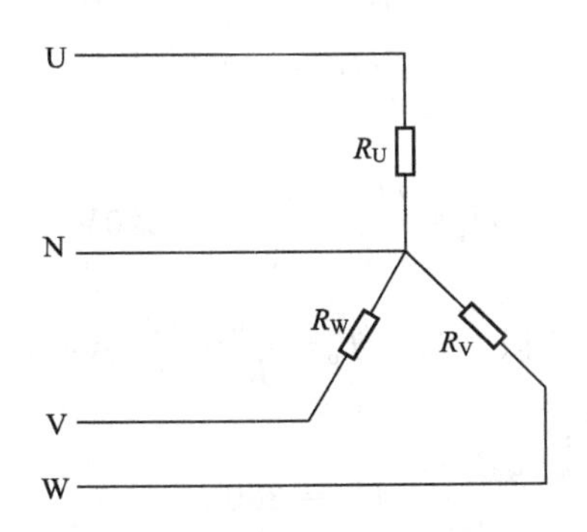

图 4.7　三相负载的星形连接

三相负载的线电压即为电源的线电压，也就是两根相线之间的电压；每相负载两端的电压称作负载的相电压。如图 4.7 所示，负载的相电压等于电源的相电压，根据公式(4.7) 有

$$U_L=\sqrt{3}U_p$$

流过每根相线的电流为线电流，流过每相负载的电流为相电流，则有线电流与相电流相等，即

$$I_L=I_p \qquad (4.13)$$

二、三相负载的三角形（△）连接

三相负载的三角形连接，是把每相负载依次接在两根相线之间组成一个三角形，三角形的三个点分别与电源相连接，如图 4.8 所示。

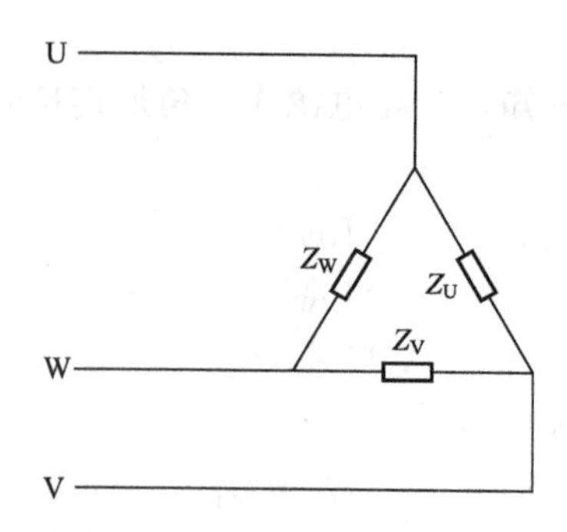

图 4.8 三相负载的三角形接法

三角形连接的三相负载接在两根相线之间，负载的线电压等于相电压，对于三相对称负载来说，根据公式(4.11) 可得

$$U_L = U_p \tag{4.14}$$

根据公式(4.12) 可得

$$I_L = \sqrt{3} I_p \tag{4.15}$$

【例题 4.1】

将三个阻值各为 50Ω 的电阻，分别连接成星形和三角形，接在线电压为 380V 的三相对称电源上。求负载的线电压、线电流、相电压、相电流。

【解】

(1) 负载作星形连接时：

负载的线电压为

$$U_L = 380\text{V}$$

负载的相电压为

$$U_p = \frac{U_L}{\sqrt{3}} = \frac{380}{\sqrt{3}}\text{V} \approx 220\text{V}$$

由于线电流等于相电流，所以 $I_L = I_p = \frac{U_p}{R} \approx \frac{220}{50}\text{A} = 4.4\text{A}$

(2) 负载作三角形连接时：

负载的线电压为 $U_L = 380\text{V}$

由于相电压等于线电压，所以 $U_L = U_p = 380\text{V}$

负载的相电流为 $I_p = \frac{U_p}{R} = \frac{380}{50}\text{A} = 7.6\text{A}$

负载的线电流为 $I_L = \sqrt{3} I_p = \sqrt{3} \times 7.6\text{A} \approx 13.16\text{A}$

【例题 4.2】

三相对称负载，每相负载电阻 $R = 5\Omega$，感抗 $X_L = 12\Omega$，接在星形连接电压瞬时值为 $u = 380\sqrt{2}\sin(\omega t + 60°)$ V 的电源上，负载分别作星形连接和三角形连接，求负载的线电压、相电压、线电流、相电流。

【解】

由已知条件知电源的线电压为 $U_L = 380\text{V}$，每相负载的阻抗为

$$|Z| = \sqrt{R^2 + X_L^2} = \sqrt{5^2 + 12^2}\,\Omega = 13\Omega$$

（1）三相对称负载作星形连接时：

线电压为 $$U_L=380V$$

则相电压为 $$U_p=\frac{U_L}{\sqrt{3}}=\frac{380}{\sqrt{3}}V\approx 220V$$

线电流等于相电流为 $$I_L=I_p=\frac{U_p}{|Z|}=\frac{220}{13}A\approx 16.9A$$

（2）三相对称负载作三角形连接时：

线电压等于相电压为 $$U_L=U_p=380V$$

相电流为 $$I_p=\frac{U_p}{|Z|}=\frac{380}{13}A\approx 29.2A$$

线电流为 $$I_L=\sqrt{3}I_p\approx\sqrt{3}\times 29.2A\approx 50.6A$$

【例题 4.3】

将三个阻值为 10Ω 的电阻接入三相四线制电路中，电源线电压为 380V，求：

（1）流过中性线的电流。

（2）如果 U 相断开，各相电流各为多少？

（3）如果 U 相断开，中性线也断开，则各相负载的电压和电流各为多少？

【解】

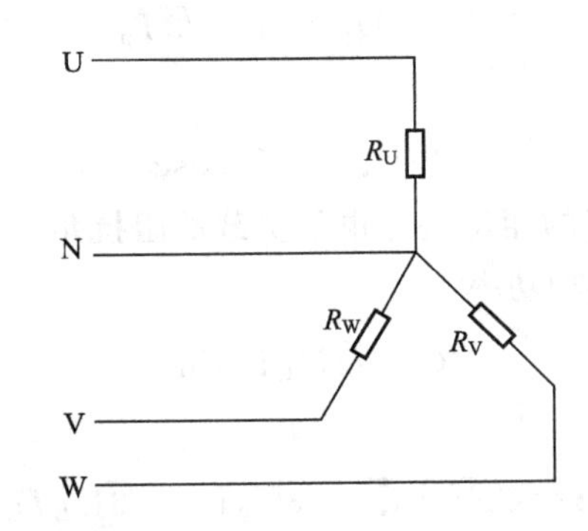

三相电源的相电压为 $U_p=\frac{U_L}{\sqrt{3}}=\frac{380}{\sqrt{3}}V\approx 220V$

（1）如图所示，由于三相负载对称，所以中性线中流过的电流 $I_N=0$。

（2）如果 U 相断开，V 相和 W 相负载的相电压都是 220V，有

$$I_U=0$$

$$I_V=\frac{U_V}{R}=\frac{220}{10}A=22A$$

$$I_W=\frac{U_W}{R}=\frac{220}{10}A=22A$$

（3）如果 U 相断开，中性线也断开，则 V 相和 W 相负载串联接在 V 相和 W 相之间，有

$$I_U=0$$

$$I_V=I_W=\frac{380}{10+10}A=19A$$

各相负载的电压分别为

$$U_U=0$$
$$U_V=U_W=190V$$

第四节　三相电路的功率

三相交流电路的功率是指三相电路的总功率，包括有功功率、无功功率和视在功率。

在三相交流电路中，三相负载消耗的有功功率为每相负载消耗的有功功率之和，即

$$P=P_U+P_V+P_W=U_UI_U\cos\varphi_U+U_VI_V\cos\varphi_V+U_WI_W\cos\varphi_W \tag{4.16}$$

如果三相负载对称，则有

$$P=3U_pI_p\cos\varphi \tag{4.17}$$

式中，U_p、I_p、φ 分别为每相的电压的有效值、相电流的有效值、相电压和相电流之间的相位差。

在工程实际中，有功功率的计算公式常用线电流和线电压来表示。电路采用星形连接时，有

$$U_L=\sqrt{3}U_p \quad I_L=I_p$$

电路采用三角形连接时，有

$$U_L=U_p \quad I_L=\sqrt{3}I_p$$

代入公式(4.17)，得到

$$P=\sqrt{3}U_LI_L\cos\varphi \tag{4.18}$$

式中 φ 为相电压与相电流的相位差，也是负载的阻抗角。

同理，三相对称负载的无功功率为

$$Q=\sqrt{3}U_LI_L\sin\varphi \tag{4.19}$$

视在功率为

$$S=\sqrt{P^2+Q^2}=3U_pI_p=\sqrt{3}U_LI_L \tag{4.20}$$

【例题 4.4】

三相对称负载，每相负载电阻 $R=30\Omega$，感抗 $X_L=40\Omega$，接到线电压为 380V、作星形连接的电源上，当负载分别作星形连接和三角形连接时，有功功率、无功功率和视在功率分别是多少？

【解】

每相负载的阻抗为

$$|Z|=\sqrt{R^2+X_L^2}=\sqrt{30^2+40^2}\,\Omega=50\Omega$$

阻抗角为

$$\varphi=53°$$

(1) 三相对称负载作星形连接时，线电压为

$$U_L=380V$$

相电压为

$$U_p=\frac{U_L}{\sqrt{3}}=\frac{380}{\sqrt{3}}V=220V$$

线电流等于相电流为

$$I_L=I_p=\frac{U_p}{|Z|}=\frac{220}{50}A=4.4A$$

有功功率为

$$P=\sqrt{3}U_L I_L\cos\varphi=\sqrt{3}\times380\times4.4\times0.6W\approx1737.5W$$

无功功率为

$$Q=\sqrt{3}U_L I_L\sin\varphi=\sqrt{3}\times380\times4.4\times0.8var\approx2316.7var$$

视在功率为

$$S=\sqrt{3}U_L I_L=\sqrt{3}\times380\times4.4V\cdot A\approx2895.9V\cdot A$$

(2) 三相对称负载作三角形连接时，线电压等于相电压为

$$U_L=U_p=380V$$

相电流为

$$I_p=\frac{U_p}{|Z|}=\frac{380}{50}A=7.6A$$

线电流为

$$I_L=\sqrt{3}I_p=\sqrt{3}\times7.6A\approx13.2A$$

有功功率为

$$P=\sqrt{3}U_L I_L\cos\varphi\approx\sqrt{3}\times380\times13.2\times0.6W\approx5212.6W$$

无功功率为

$$Q=\sqrt{3}U_L I_L\sin\varphi\approx\sqrt{3}\times380\times13.2\times0.8var\approx6950.2var$$

视在功率为

$$S=\sqrt{3}U_L I_L\approx\sqrt{3}\times380\times13.2V\cdot A\approx8687.7V\cdot A$$

拓展与提高

新型发电技术简介

1. 垃圾发电

社会的不断发展和进步，使得垃圾问题成为了各个城市的难题。一个城市，每天产生垃圾几千吨，这些垃圾大部分都被送到固体废弃物处置场所，不但占用了宝贵的土地资源，如果处理不当还会散发出恶臭，滋生苍蝇、病菌等，造成二次污染。现在，我国每年因垃圾运输、处理等造成的损失近300亿元，但是将其合理利用会创造2500亿元的效益。

垃圾发电是把各种垃圾收集后，进行分类处理，对燃烧值较高的进行高温焚烧，产生的热能转换为高温蒸汽，推动涡轮机转动，使发电机发电，同时消灭了病原性生物和腐蚀性有机物；对不能燃烧的有机物进行发酵、厌氧处理、干燥脱硫，产生沼气，再燃烧把热能转化为蒸汽，推动涡轮机转动，使得发电机发电。

垃圾发电仍然存在难题。首先，发电厂焚烧垃圾会产生国际公认的剧毒物质二噁英，对周边环境产生污染；其次，发电厂周边会有恶臭，滋生病菌、蚊子、苍蝇等。

2. 海流发电

海流发电依靠海流的冲击力使水轮机转动，然后带动发电机发电。海流发电站通常浮在海面上，整个电站迎着海流方向漂浮在海面上，像献给客人的花环一样，被称为花环式海流发电站。由于海流速度慢，单位体积内具有的能量小，因此发电能力小，一般只能为灯塔和

灯船提供电力。

驳船式海流发电站是由美国人设计的，这种发电站被称为发电船，船舷两侧装着巨大的水轮，在海流推动下不断转动，从而带动发电机发电。这种发电船的发电能力可以达到50000kW，电力可以通过海底电缆输送。

20世纪70年代末期诞生的伞式海流发电站，是将50个降落伞串在154m长的绳子上，以便集聚海流能量。绳子的两端相连，形成一个环形，然后将绳子套在锚泊于海流中的船尾处的两个轮子上，置于海流中串联的50个降落伞由海流推动。在绳子的一侧，海流像风一样把伞撑开，顺着海流方向运动，另一侧，绳子牵引着伞顶向船运动，伞不张开。这样，绳子在海流作用下往复运动，带动两个轮子转动，使得发电机发电。

本章小结

(1) 三相交流电源的产生及优点。

(2) 三相交流电源的表示方法：瞬时值表达式、波形图和相量图。

(3) 三相电源星形连接及电压、电流的关系：

$$U_L=\sqrt{3}U_p \quad I_L=I_p$$

(4) 三相电源三角形连接及电压、电流的关系：

$$U_L=U_p \quad I_L=\sqrt{3}I_p$$

(5) 三相负载星形连接及电压、电流的关系：

$$U_L=\sqrt{3}U_p \quad I_L=I_p$$

(6) 三相负载三角形连接及电压、电流的关系：

$$U_L=U_p \quad I_L=\sqrt{3}I_p$$

(7) 三相电路功率的计算。

① 有功功率：$P=\sqrt{3}U_L I_L\cos\varphi$。

② 无功功率：$Q=\sqrt{3}U_L I_L\sin\varphi$。

③ 视在功率：$S=\sqrt{P^2+Q^2}=3U_p I_p=\sqrt{3}U_L I_L$。

复习题

一、填空题

1. 三相交流电源是由三个________、________、________的单相交流电源按照一定的方式组合而成的电源。

2. 三相交流电源的表示方法有________、________和________。

3. 由发电机绕组首端引出的输电线称为________，由电源绕组尾端中性点引出的输电线称为________。

4. 三相电源的连接方式有________和________。

5. 三相四线制供电线路可以提供________种电压，火线与火线之间的电压叫________，火线与零线之间的电压叫________。

6. 三相对称电源星形连接时，线电压的有效值是相电压的________倍，目前，我国低压三相四线制供配电系统中线电压是________V，相电压是________V。

7. 对称三相负载星形连接时，线电压与相电压的关系是________，线电流与相电流的关系是____________；对称三相负载三角形连接时，线电压与相电压的关系是__________，线电流与相电流的关系是__________。

8. 对称三相电路中，用线电压的有效值、线电流的有效值表示的公式：有功功率__________，无功功率__________，视在功率__________。

9. 对称三相电源U相的电压为 $u_U=380\sqrt{2}\sin(\omega t+60°)$V，则V相电压为__________。

二、选择题

1. 下面关于三相正弦交流电的说法错误的是（　　）。

A. 频率相等　B. 最大值相等　C. 相位相差120°　D. 初相位相同

2. 对称三相电路是指（　　）。

A. 三相电源对称的电路

B. 三相负载对称的电路

C. 三相电源和三相负载都是对称的电路

D. 三相电源和三相负载都不对称的电路

3. 在电源对称的三相四线制电路中，若三相负载不对称，则该负载各相电压（　　）。

A. 不对称　B. 仍然对称　C. 不一定对称　D. 一定不对称

4. 下面关于三相正弦电路的功率的说法错误的是（　　）。

A. 三相电路的功率等于各相功率之和

B. 三相负载对称时，三相有功功率等于一相有功功率的3倍

C. 视在功率等于有功功率与无功功率之和

D. 有功功率、无功功率和视在功率，遵循三角形法则

三、计算题

1. 将三个阻值各为100Ω的电阻，分别连接成星形和三角形，接在相电压为220V的三相对称电源上，求电路的线电压、线电流、相电压、相电流。

2. 三相对称负载每相负载电阻 $R=4\Omega$，感抗 $X_L=3\Omega$，接在线电压为380V的对称三相电源上，负载分别作星形连接和三角形连接，求负载的线电压、相电压、线电流、相电流。

3. 三相对称负载，每相负载电阻 $R=10\Omega$，感抗 $X_L=10\Omega$，接在线电压为380V的对称三相电源上，负载分别作星形连接和三角形连接，求负载的有功功率。

第五章 电工测量

学习目标：

1. 了解直流电流和交流电流的测量方法；
2. 了解直流电压和交流电压的测量方法；
3. 知道扩大电流表、电压表量程的方法；
4. 掌握伏安法测电阻的原理和测量方法；
5. 掌握指针式万用表的使用方法及注意事项。

电工测量是应用适当的电工仪器、仪表对电流、电压、电阻和功率等电路参数进行测量，常见的应用有电工电子产品、电气设备的生产、调试、检测、维修等。

第一节 电流的测量

电流的测量是电工测量中最基本的测量，测量电流的仪表称为电流表，根据被测电流的大小，电流表分为微安表、毫安表、安培表和千安表。

测量电流时应将电流表串联在被测电路中，电流表存在内阻会产生测量误差，所以要选用内阻远小于电路负载电阻的电流表。

一、直流电流的测量

测量直流电流要选用直流电流表，直流电流表具有极性，在两个接线端处标有“+”“－”或只标有“－”，正端标有电流表量程。在接线时要使被测电流从“+”端流进，从“－”端流出，要是接反了会损坏电流表，如图 5.1 所示。

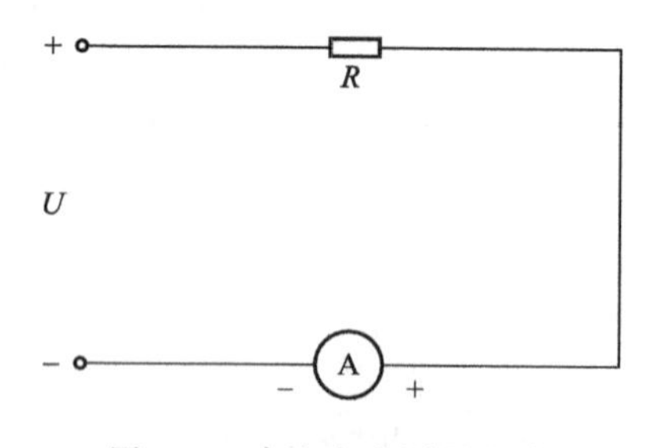

图 5.1 直流电流测量电路

电流表满刻度偏转时的数值称为量程，被测量必须小于量程，否则会损坏电流表。有的电流表有好几个挡位供选择，在测量时应根据被测量的大小选择合适的量程，以提高测量的准确度。在无法估计被测量的大小时，先选用大量程挡位进行测量。

如果被测量超过电流表的量程，可以在电流表上并联一个电阻进行分流，从而扩大电流表的量程，如图 5.2 所示。

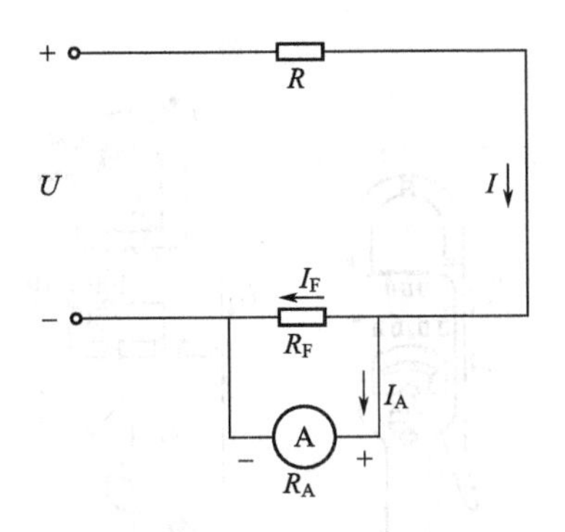

图 5.2　扩大电流表量程测量电路

R_A 为电流表内阻，n 为扩大电流表量程的倍数，则分流电阻 R_F（分流器）的阻值为

$$R_F=\frac{R_A}{n-1} \tag{5.1}$$

【例题 5.1】

一个量程为 100mA 的电流表内阻为 45Ω，要把它改为量程为 1A 的电流表，需要连接多大的电阻，是串联还是并联？

【解】

根据题意，扩大电流表的量程，需要电阻与电流表并联。

根据公式(5.1) 得出电阻值为

$$R_F=\frac{R_A}{n-1}=\frac{45}{10-1}\Omega=5\Omega$$

即需要并联 5Ω 的电阻。

二、交流电流的测量

测量交流电路一般采用交流电流表，交流电流表的接线不分极性，两个接线端子可以任意连接，如图 5.3 所示。

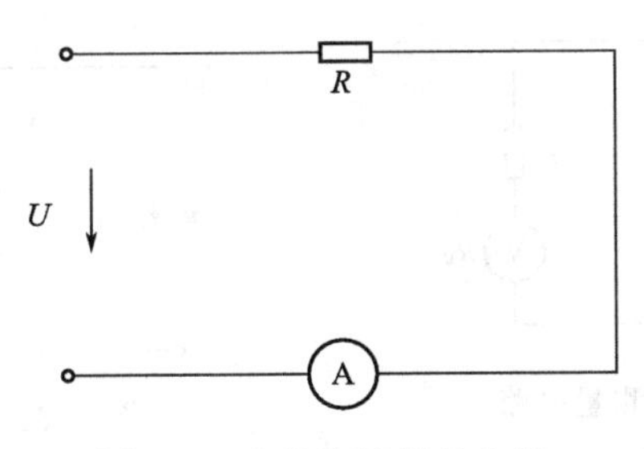

图 5.3　交流电流测量电路

三、钳形电流表

钳形电流表简称钳形表，是一种便携式仪表，它不需要断开被测电路就可以进行交流电流的测量，因此在实际工作中得到了普遍应用。

如图 5.4 所示，钳形电流表上有量程选择开关，测量时候必须选择合适的量程，当不能估计被测电流大小时，应先选择大量程。打开铁芯把被测导线放在铁芯中央，根据指针偏转情况，选择合适的量程。

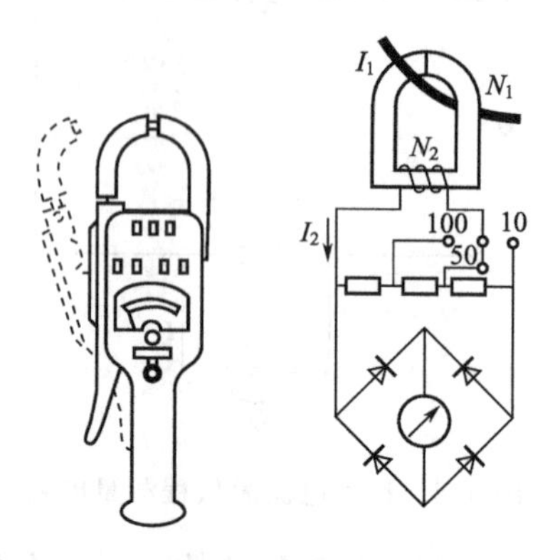

图 5.4 钳形电流表

值得注意的是，被测电流不能超过所选的钳形电流表的量程，以免损坏设备，测量完成后，应将量程开关转换到最大量程处，以便下次安全使用。

第二节 电压的测量

测量电路中两点间的电压时，应将电压表两端与被测电路两端并联。为了减小由于电压表本身电阻引起的测量误差，应选用内阻远大于被测电路电阻的电压表。

一、直流电压的测量

测量直流电压应选用直流电压表，电压表与被测电路并联使用。直流电压表也具有极性，测量时电压表的“＋”端接被测电路的高电位，电压表的“－”端接被测电路的低电位，否则会损坏仪表。

电压表也要选择合适的量程，如果需要测量超过量程的电压，可以给电压表串联一个电阻进行分压，从而扩大电压表的量程，如图 5.5 所示。

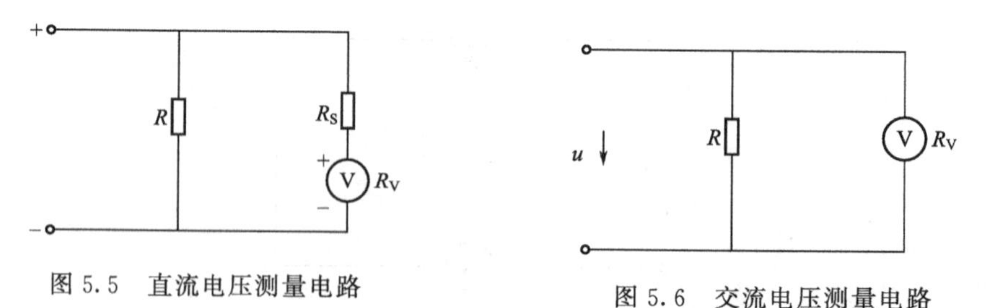

图 5.5 直流电压测量电路

图 5.6 交流电压测量电路

R_V 为电压表内阻，m 为扩大电压表的倍数，则分压电阻（分压器）R_S 的电阻值为

$$R_S=(m-1)R_V \tag{5.2}$$

【例题 5.2】

一个量程为 10V 的电压表内阻为 30kΩ，要把它改为量程为 100V 的电压表，需要连接多大的电阻，是串联还是并联？

【解】

根据题意，扩大电压表的量程，需要电阻与电压表串联。

根据公式(5.2) 得出电阻值为

$$R_s=(m-1)R_V=\left(\frac{100}{10}-1\right)\times 30\text{k}\Omega=270\text{k}\Omega$$

即需要串联 270kΩ 的电阻。

二、交流电压的测量

测量交流电压采用交流电压表，交流电压表与被测电路并联使用。交流电压表没有极性，两个接线端子可以任意交换，如图 5.6 所示。

第三节　电阻的测量

根据欧姆定律，如果测量出被测电阻两端的电压和流过电阻的电流，就可以求出被测电阻值，这种测量方法称为伏安法。伏安法测电阻有两种测量电路，一种为电流表内接测量电路，一种为电流表外接测量电路，如图 5.7 所示。

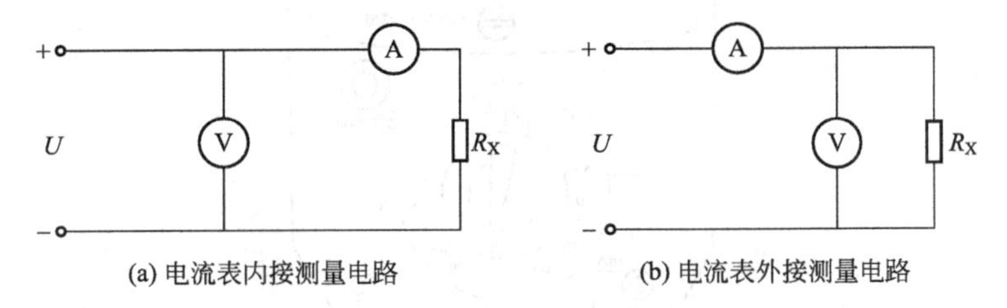

图 5.7　伏安法测电阻

在电流表内接电路中，电流表测量的电流为 I，是流过被测电阻 R_X 的电流，电压表测量出的电压 U 是被测电阻 R_X 和电流表两端电压之和，因此

$$U=I(R_X+R_A)$$

式中 R_A 为电流表的内阻。只有当 $R_A \ll R_X$ 时，才有

$$R_X\approx\frac{U}{I}$$

由此可见，电流表内接法只能测量阻值远大于电流表内阻的电阻，也就是说适用于测量大电阻，否则会产生较大的测量误差。

电流表外接测量电路中，电压表测量的电压为 U，是被测电阻 R_X 两端的电压，电流表测量出的电流 I 是流过被测电阻 R_X 中的电流 I_X 和流过电压表的电流 I_V 之和，即

$$I=I_X+I_V=U\left(\frac{1}{R_X}+\frac{1}{R_V}\right)=U\frac{R_X+R_V}{R_XR_V}=\frac{U}{R_X}\times\frac{R_X+R_V}{R_V}$$

只有当 $R_X \ll R_V$ 时，才有

$$R_X\approx\frac{U}{I}$$

由此可见，电流表外接法只能测量阻值远小于电压表内阻的电阻，也就是说适用于测量小电阻，否则会产生较大的测量误差。

第四节 万用表的使用

万用表又称为复用表、多用表，是电工电子行业不可缺少的测量仪表，一般用以测量电压、电流和电阻等。

一、万用表的结构组成

万用表由表头、测量电路、转换开关三个基本部分组成。表头用来指示被测量的数值，测量电路用来把被测量转换为适合表头测量的直流微小电流，转换开关实现对不同电路的选择，从而测量各种被测量。

1. 表头

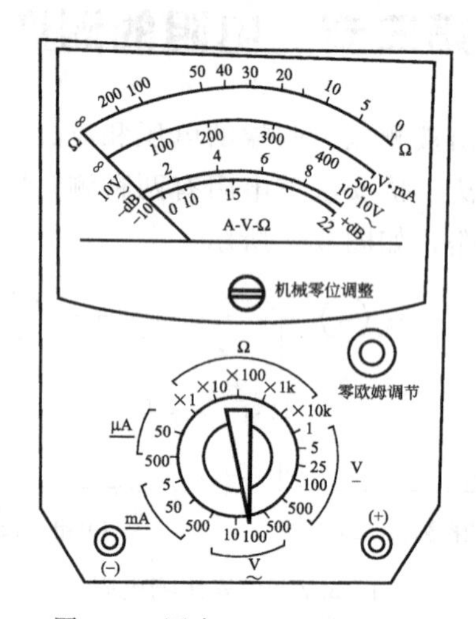

图 5.8 国产 MF30 型万用表

如图 5.8 所示，万用表的表头一般选用高灵敏度的磁电式测量机构，其满偏电流为几微安到几百微安，准确度高。万用表的面板上有带有标度尺的标度盘，每一条标度尺都对应一个被测量。万用表的外壳上装有转换开关的旋钮、机械零位调节旋钮、欧姆调零旋钮、插孔等。

2. 测量电路

万用表的测量电路如图 5.9 所示。

万用表的测量电路由多量程的直流电流表、直流电压表、交流电流表、交流电压表、欧姆表、晶体管放大倍数等测量电路组成。

3. 转换开关

转换开关用来切换不同的测量电路，选择合适的量程。转换开关大多由固定触点和可动触点组成机械接触式结构，随着转换开关的旋转，完成各种测量电路的种类和量程的选择。

二、万用表的使用方法

① 插孔的选择。在测量之前，要将红色测试棒的表笔插入标有“+”的插孔里，将黑色测试棒的表笔插入标有“—”的插孔里。

② 挡位的选择。在测量之前，根据测试对象的不同，将转换开关旋转到相应的位置，

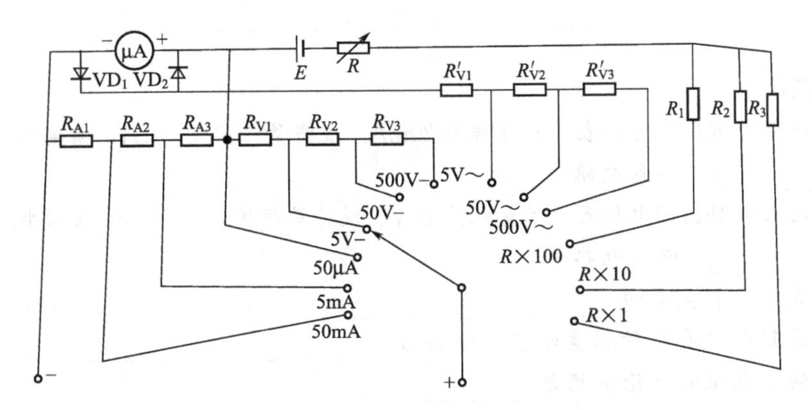

图 5.9　磁电式万用表结构

否则会损坏仪表。

③ 量程的选择。测量之前应该估计被测量的大小，并选择合适的量程进行测量。若测量前无法估计被测量的大小，应先选用大量程，再转换到合适的量程进行测量。

④ 正确读数。读数时应从万用表表盘上找到相应被测量类型的标尺，并根据所选择的量程，准确读出测量值。

三、欧姆挡测量的注意事项

① 机械调零。每次测量前看万用表的指针是否指在标尺的 0 点，若不在 0 点，则要进行机械调零。

② 欧姆调零。每次测量电阻前，尤其是改变量程时，需要重新进行欧姆调零。

③ 断电操作。测量电阻时，被测电路要断电测量，严禁带电测量电阻，否则会烧坏万用表。

④ 万用表使用完毕，应将转换开关旋转到交流电压的最高挡位。

拓展与提高

自己动手，用万用表测量电压、电流、电阻等常见物理量。

本章小结

(1) 电流的测量。

① 直流电流的测量。

② 交流电流的测量。

③ 钳形电流表的使用。

(2) 电压的测量。

① 直流电压的测量。

② 交流电压的测量。

(3) 电阻的测量。

学会伏安法测电阻，掌握电流表内接测量电路和电流表外接测量电路的区别。

(4) 万用表的使用及注意事项。

复习题

一、填空题

1. 有一内阻为20Ω的电流表，其量程为20mA。现将量程扩大为1A，需要把________Ω的电阻________连到电路中。

2. 有一内阻为1kΩ的电压表，其量程为20V。现将量程扩大为100V，需要把________Ω的电阻________连到电路中。

3. 指针式万用表主要由________、________、________组成。

4. 伏安法测电阻有两种测量电路，分别为________和________。

5. 伏安法测电阻的理论依据是________。

6. 万用表测量直流电流时，两表笔应________连在电路中，红表笔接________端，黑表笔接________端。

7. 万用表测量直流电压时，两表笔应________连在电路中，红表笔接________端，黑表笔接________端。

二、选择题

1. 直流电压表可以（　）。

A. 直接测量直流电流　　B. 直接测量直流电压

C. 直接测量交流电流　　D. 直接测量交流电压

2. 测量电阻时，若用手同时接触被测电阻两端，读数将（　）。

A. 变大　　B. 变小　　C. 不变　　D. 无法确定

3. 用伏安法测量较小电阻时，应采用（　）。

A. 电流表内接法　　B. 电流表外接法

C. 两种方法一样　　D. 无法确定

4. 指针式万用表使用完毕，转换开关应该置于（　）。

A. 交流电压最高挡　　B. 交流电流最高挡

C. 直流电压最高挡　　D. 交流电压最低挡

5. 关于指针式万用表的使用，错误的是（　）。

A. 正确选择量程　　B. 测量前要调零

C. 转换开关旋转到合适位置　　D. 测量电阻时可以带电测量

三、计算题

1. 一个量程为20mA的电流表内阻为50Ω，要把它改为量程为1A的电流表，需要连接多大的电阻，是串联还是并联？

2. 一个量程为20V的电压表内阻为25kΩ，要把它改为量程为100V的电压表，需要连接多大的电阻，是串联还是并联？

3. 有一个内阻为100Ω的表头，额定电压为30mV。

(1) 若将它改为量程是15V的电压表，需要多大的电阻，是串联还是并联？

(2) 若将它改为量程是15mA的电流表，需要多大的电阻，是串联还是并联？

第六章　模拟电路基础

学习目标：

1. 了解半导体的基本知识；
2. 了解二极管的型号、分类，掌握其主要特性；
3. 了解三极管的基本结构和分类，掌握三极管的主要作用；
4. 掌握基本放大电路的性能指标，能够对放大电路进行静态分析和动态分析；
5. 知道静态工作点的意义，并能分析对放大电路的影响；
6. 掌握反馈的概念、类型及判别方法，掌握负反馈对放大电路的影响。

第一节　二　极　管

一、半导体物理基础知识

世界上的物质根据导电能力的不同，可分为导体（如金、银、铜、铁等）和绝缘体（如干燥的木头、玻璃等），还有一类物质［硅（Si）、锗（Ge）和砷化镓等］，它的导电能力介于导体和绝缘体之间，称为半导体。其导电能力随温度、光照或所掺杂质的不同而显著变化，特别是掺杂可以改变半导体的导电能力和导电类型，因而半导体广泛应用于各种器件及集成电路的制造。

1. 本征半导体

（1）高度提纯、几乎不含任何杂质的半导体称为本征半导体。

硅（Si）和锗（Ge）是常用的半导体材料，均属四价元素，原子序号分别为 14 和 32，它们的原子最外层均有四个价电子，与相邻四个原子的价电子组成共价键。制造半导体器件的硅和锗材料被加工成单晶结构，如图 6.1 所示。

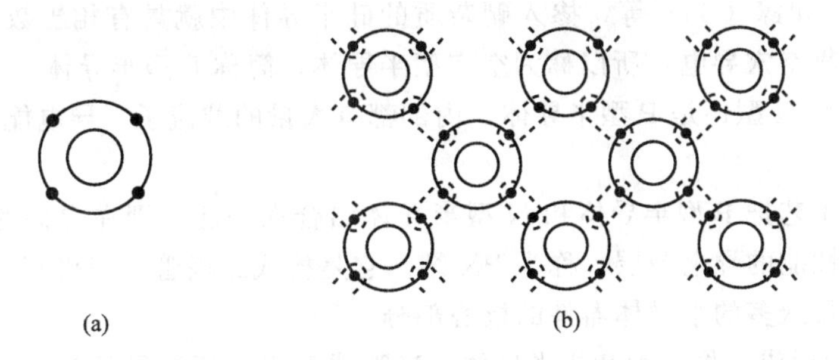

图 6.1　硅、锗原子的简化模型和它们的晶体结构平面示意图

（2）本征激发。共价键中的价电子受激发获得能量并摆脱共价键的束缚而成为“自由电

子”（简称电子），并在原共价键的位置上留下一个“空位”（称空穴），这一过程称为本征激发。如图 6.2 所示为本征激发产生的电子空穴对。

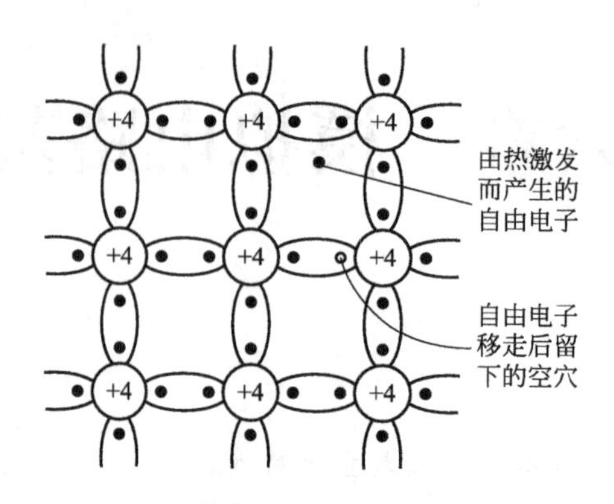

图 6.2　本征激发产生的电子空穴对

热、光、电磁辐射等均可导致本征激发，但热激发是半导体材料中产生本征激发的主要因素。本征激发产生成对的电子和空穴。

（3）复合。电子被共价键俘获，造成电子-空穴对消失，这一现象称为复合。

（4）载流子。电子和空穴均是能够自由移动的带电粒子，称为载流子。可见，半导体中存在两种类型的载流子。

2. 杂质半导体

本征半导体导电能力差，本身用处不大，但是在本征半导体中掺入某种微量的杂质，却可以大大改善它的导电性能。按照掺入杂质的不同，可分为 N 型和 P 型两种掺杂半导体[其中 P 是 Positive（正）的第一个字母，N 是 Negative（负）的第一个字母]，这两种半导体是制造各种半导体器件的基础材料。

（1）N 型（电子型）半导体。如果在本征硅中掺入微量的五价元素，例如磷（P），这种掺入磷杂质的硅半导体中就具有相当数量的自由电子，这种半导体主要靠自由电子导电，所以称为电子型半导体，简称 N 型半导体。在 N 型半导体中，不但有数量很多的自由电子，而且也有少量的空穴存在，自由电子是多数载流子（简称多子），空穴是少数载流子（简称少子），自由电子主要是由五价杂质产生的，而空穴是原半导体由于热或光的激发产生的。

（2）P 型（空穴型）半导体。同理，如果在本征硅中掺入微量的三价元素，例如，百万分之几的硼（B）和镓（Ga）等，掺入硼杂质的硅半导体中就具有相当数量的空穴载流子，这种半导体主要靠空穴导电，所以称为空穴型半导体，简称 P 型半导体。

总之，不管是 N 型还是 P 型半导体，内部都有大量的载流子，导电能力都较强。

3. PN 结

通过一定的工艺把 P 型半导体和 N 型半导体结合在一起，则在它们的交界面处就会形成一个具有特殊性能的导电薄层，称为 PN 结。它是构成二极管、三极管、晶闸管以及半导体集成电路等名目众多的半导体器件的核心部分。

（1）PN 结的形成。将一种杂质半导体（N 型或 P 型）通过局部转型，使之分成 N 型和 P 型两个部分，在交界面处出现了载流子的浓度差，导致多子互相扩散，从而形成了 PN 结，其过程如下。

载流子浓度差→多子扩散→电中性被破坏→空间电荷区（内电场）→

阻碍多子扩散
利于少子漂移 〉当扩散运动和漂移运动达到动态平衡时→形成一定厚度的PN结。

如图6.3所示为PN结的形成。

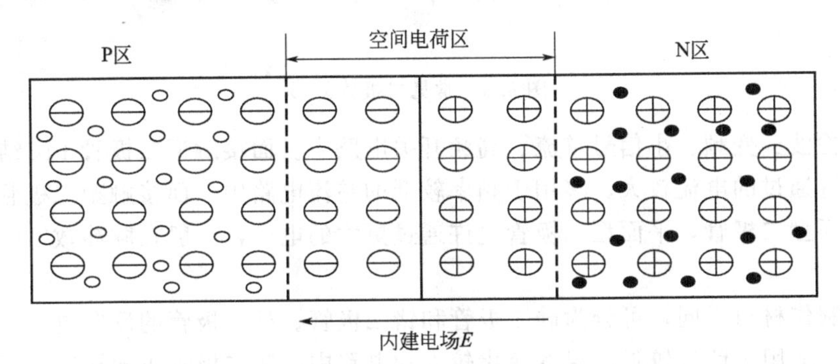

图6.3 PN结的形成

（2）PN结的单向导电性。正偏时，外电场削弱内电场，PN结变薄，势垒降低，利于多子扩散，不利于少子漂移，由多子扩散形成大的正向电流。PN结呈现低阻，处于正向导通状态。

反偏时，外电场增强内电场，PN结变厚，势垒提高，不利于多子扩散，但利于少子漂移，由少子漂移形成很小的反向电流。PN结呈现高阻，处于反向截止状态。

（3）PN结的击穿特性。当加在PN结上的反偏电压超过一定数值时，反向电流急剧增大，这种现象称为击穿。按击穿机理的不同，击穿可分为齐纳击穿和雪崩击穿两种。齐纳击穿发生于重掺杂的PN结中，击穿电压较低（＜4V）且具有负的温度系数；雪崩击穿发生于轻掺杂的PN结中，击穿电压较高（4～6V）且具有正的温度系数。

二、晶体二极管的符号、分类

1. 二极管符号

二极管又叫做晶体二极管，是常用的半导体器件之一，由一个PN结、阳极（A）引线、阴极（K）引线及外加密封管壳制成，在电路中用符号“VD”表示。具有单向导电特性，硅管的正向导通电压为0.6～0.7V，锗管的正向导通电压为0.2～0.3V。二极管的主要作用有整流、检波、变频、变容、稳压、极性保护、开关、光/电转换等。常见二极管电路符号如图6.4所示。

图6.4 常见二极管电路符号

常见二极管外形如图6.5所示。

2. 二极管分类

按管芯结构不同，分为点接触型、面接触型。

（1）点接触型二极管PN结面积小、结电容小，允许通过的电流和承受的反向电压也较

图 6.5　常见二极管外形

小，适用于检波、变频、小信号整流、高频开关电路中。面接触型二极管 PN 结面积大，结电容大，允许通过的电流较大，多用于频率较低的整流电路中。面接触型二极管中用得较多的一类是平面型二极管，平面型二极管允许通过更大的电流，一般在脉冲数字电路中用作开关管。

（2）按制作材料不同，可分为硅二极管和锗二极管。硅二极管的反向电流小，但正向导通电压较高，适用于信号较强、温度变化较大的电路中。锗二极管正向导通电压较低，但反向电流大，温度稳定性较差，一般在小信号高频电路中，用作检波以及限幅。

（3）按用途不同，常见二极管及特点见表 6.1。

表 6.1　常见二极管及特点

名　称	特　点　及　应　用
整流二极管	主要用于整流电路，可将交流电变成脉动的直流电。将四个低频整流二极管封装在一起，内部接成桥式整流的形式，这种器件叫整流桥。常用型号有 1N4001～1N4007
检波二极管	可将高频信号上的低频信号检出，广泛应用于收音机、电视机及通信等设备的小信号电路中，其工作频率较高，处理信号幅度较弱。常用检波二极管的型号有 2AP9、1N60、1N341 等
稳压二极管	指工作于反向击穿区，用于稳定电压的二极管，应用时需串联限流电阻
开关二极管	具有开关速度快、反向电压高、反向电流小、体积小、寿命长、可靠性高等特点，常在脉冲、开关、高频电路中，用作电子开关。常用开关二极管型号为 1N4148
发光二极管	可将电能转换成光能，在电路中常用于工作状态的指示。具有功耗低、体积小、寿命长等优点。当有正向电流通过时可发光，发光颜色有红、黄、绿、白等，正向电流越大，亮度越高，但电流不允许超过最大值，以免烧毁，使用时应加限流电阻
光电二极管	可将光能转换为电能，其管壳上有入射光窗口，以便于接受光线。工作在反向工作区，反向电流（光电流）与光照成正比，用于各种光电控制电路中，如红外遥感、光纤通信、光电转换器等；不加电压时，也可当作微型光电池
变容二极管	指具有可变电容器功能的二极管。工作于反向偏置状态，在一定范围内，结电容与管子上反向电压的变化成反比，多用于调谐电路和自动频率微调电路中
肖特基二极管	具有低功耗、大电流、超高速、反向电压小、工作频率高等特点，反向恢复时间极短，正向压降 0.4V 左右，正向电流可达几千安。可在高频、低压、大电流环境下用于整流、续流、保护、快速开关，也可在微波通信电路中作整流二极管、小信号检波二极管使用

三、二极管的主要特性及主要参数

1. 二极管的单向导电性

（1）正向偏置与导通状态。二极管正向电流、电压关系实验电路如图 6.6(a) 所示，在二极管的两电极加上电压，称为给二极管以偏置。并规定，当外加电压使二极管的阳极电位高于阴极电位时，称为二极管的正向偏置，简称正偏。在正向偏置的情况下，二极管的等效电阻很小，近似为开关的接通状态，这就是二极管的正向导通（状态）。这时通过二极管的电流称为正向电流，用 I_F 表示，其大小由外部电路的参数决定。

此时调节串联在电路中的电阻大小，二极管表现出不同电压下具有不同的电阻值，记录每个电压下对应的电流值，从而描绘成曲线，即得到图 6.6(b) 所示的二极管正向电流、电压关系特性。

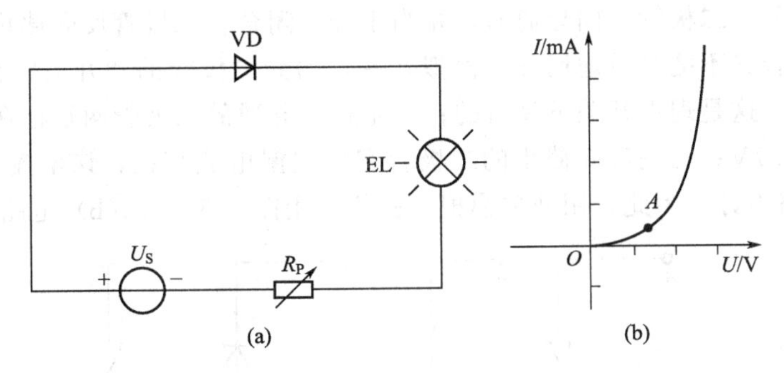

图 6.6　二极管正向偏置导通与电流、电压的关系特性

① 二极管 VD 两端正向电压小于 0.5V 时，电路中几乎没有电流，对应的电压称为二极管的死区电压或阈值电压（通常硅管约为 0.5V，锗管约为 0.2V）。

② 二极管两端正向电压大于 0.5V 后，电路中电流增加迅速。

③ 随着二极管电流的增大，二极管 VD 两端电压维持在 0.6～0.7V 之间不再增加（硅管为 0.6～0.7V，锗管为 0.2～0.3V）。

(2) 反向偏置与截止状态。二极管的反向电流、电压关系实验电路如图 6.7(a) 所示，规定，当外加电压使二极管的阳极电位低于阴极电位时，称为二极管的反向偏置，简称反偏。在反向偏置的情况下，二极管的等效电阻很大，通过二极管的电流很小，约为零，近似为开关的断开状态，这就是二极管的反向截止（状态）。这时通过二极管的电流称为反向电流，用 I_R 表示，随着反向电压的升高，反向电流几乎保持不变，故称为反向饱和电流，用 I_{sat} 表示。I_{sat} 虽然很小，但受温度影响很大。

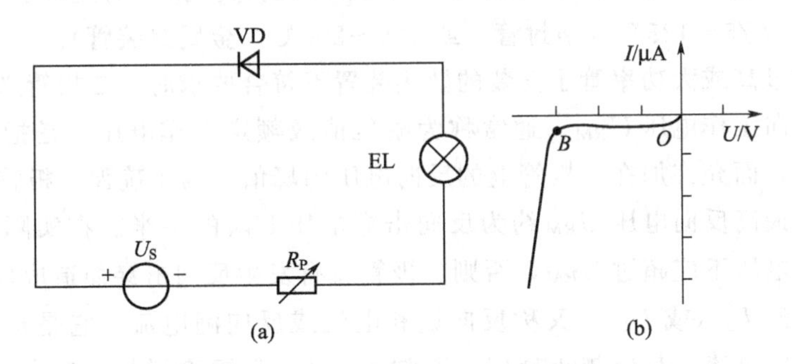

图 6.7　二极管反向偏置截止与电流、电压关系特性

此时调节串联在电路中的电阻大小，即使二极管两端反向电压较高时，电路中仍然几乎没有电流，当二极管两端反向电压达到足够大时（各种二极管数值不同），二极管会突然导通，并造成二极管的永久损坏。记录每个电压下对应的电流值，从而描绘成曲线，即得到图 6.7(b) 所示的二极管反向电流、电压关系特性。

① 当反向电压不超过一定范围时，反向电流十分微小并随电压增加而基本不变。通常可以忽略不计。

② 当反向电压增加到一定数值时，反向电流将急剧增加，称为反向击穿，此时的电压称为反向击穿电压。

综上所述，二极管具有正向电压导通、反向电压截止的特性，这个特性称为单向导电性。

二极管的“导通”与“截止”，可以用理想开关的“闭合”与“断开”来模拟，但应清楚它们之间的差异。二极管正向导通时，相当于开关闭合；二极管反向截止时，相当于开关断开。但是二极管又不能简单地用开关模拟，一是因为二极管的“开关”特性具有方向性，即是单向导通的，这是理想开关不具有的；二是正向导通的二极管两端存在一个压降，对硅管而言为0.6～0.7V；三是反向截止的二极管有反向漏电流存在，该电流因数值较小（μA数量级），常忽略不计。为此，用开关模拟二极管可用图6.8(a)、(b)电路示意。

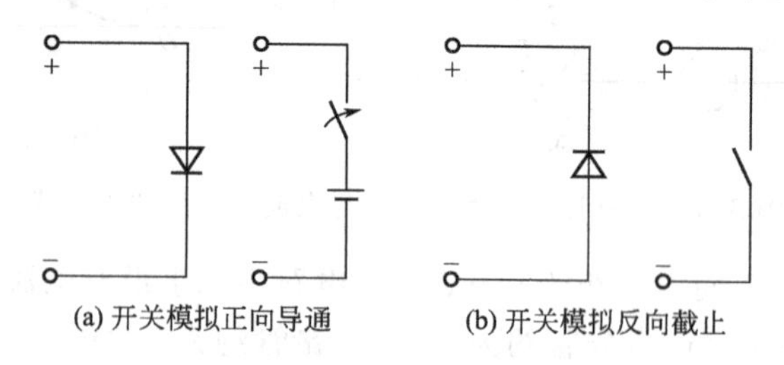

(a) 开关模拟正向导通　(b) 开关模拟反向截止

图6.8　开关模拟二极管工作示意图

2. 二极管的主要参数

任何器件都有几个主要参数，器件的参数是指国标或者制造厂家对生产的半导体器件应达到的技术指标所提供的数据要求，它反映了器件的技术特性和质量好坏，它是选择和使用器件的重要依据。器件的参数可以通过查半导体手册来获得，也可以通过实际测量来得到。在实际应用中二极管的主要参数有四个。

(1) 最大整流电流 I_{FM}。通常称为额定工作电流，是指在规定的环境温度（通常是25℃）和散热条件下，二极管长期运行时所允许通过的最大正向平均电流。如果通过二极管的实际工作电流超过了 I_{FM}，会导致二极管因过热而损坏。锗管的允许温度为75～100℃，硅管的允许温度为75～125℃（塑封管）或125～200℃（金属封装管）。

当环境温度过高或大功率管子安装的散热装置不符合要求时，二极管必须降额使用。

(2) 最高反向工作电压 U_{RM}。通常称为耐压值或额定工作电压，是指为了保证二极管不至于反向击穿，而允许加在二极管上的反向电压的峰值。为了确保二极管安全工作，晶体管手册中给出的最高反向电压 U_{RM} 约为反向击穿电压 U_{BR} 的一半。在实际运用时二极管所承受的最大反向电压不应超过 U_{RM}，否则二极管就有发生反向击穿而造成损坏的可能。

(3) 反向电流 I_S（或 I_R）。又称反向饱和电流或反向漏电流，它是指常温下二极管未反向击穿时的反向电流，其值越小越好。通常 $I_S \approx 0$，但温度增加，反向电流会急剧增大，所以使用二极管时要注意温度的影响。

(4) 最高工作频率 f_M。二极管的PN结具有结电容，随着工作频率的升高，结电容的容抗减小，当工作频率超过 f_M 时，管子将失去它的单向导电特性（正反向都导通）。所以，f_M 是保持管子单向导电特性的最高频率。一般小电流二极管的 f_M 高达几百兆赫兹，而大电流的整流管仅几千赫兹。

第二节　晶体三极管

一、晶体三极管的结构、分类

1. 三极管的结构

晶体管的外形、内部结构示意图和符号如图 6.9 所示。

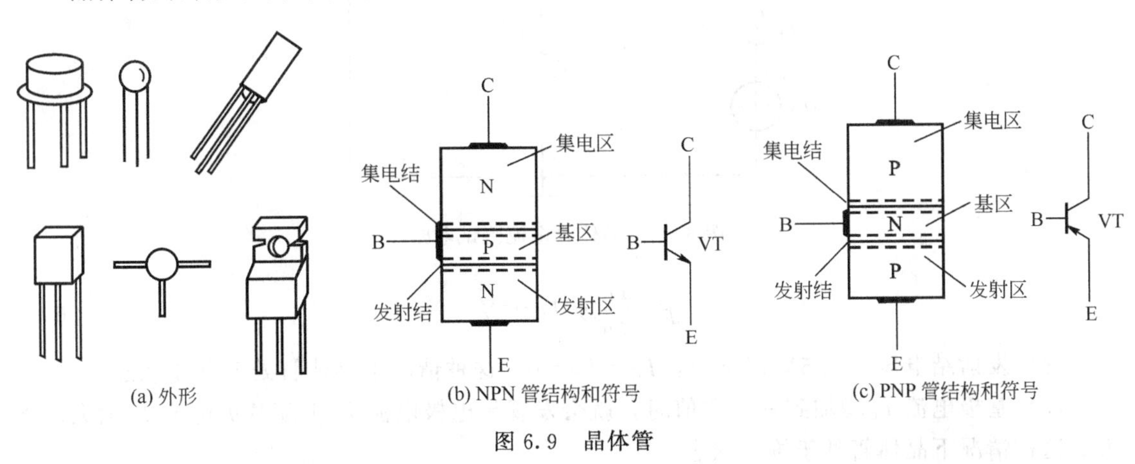

(a) 外形　(b) NPN 管结构和符号　(c) PNP 管结构和符号

图 6.9　晶体管

应当指出，三极管绝不是两个 PN 结的简单连接，它在制造工艺上必须具备的三个特点是：基区很薄（比其他两个区薄得多，一般只有 1μm 到几十微米），发射区的掺杂浓度比其他两区高得多，集电结面积比发射结面积大。这些特点保证了三极管具有合适的电流放大系数，是个好的三极管，同时也决定了三极管的 C、E 极不可互换使用。

2. 三极管的分类

NPN 型晶体管发射极电极（符号箭头向外）形象地指出了发射极电流的流动方向是由管内流向管外，而基极电流和集电极电流是流入管内的；PNP 型晶体管的情况正好相反（符号箭头向内），电流由发射极流入，由集电极和基极流出。

二、三极管的电流放大作用

三极管与二极管的最大不同之处是它具有电流放大作用。三极管若具有电流放大作用，必须同时具备内部条件和外部条件，内部条件就是内部结构上的三个特点，而外部条件就是给三极管加合适的偏置，即发射结正偏、集电结反偏。也就是对 NPN 型三极管来说，基极（P 区）电位高于发射极（N 区）电位称为发射结正偏，集电极电位高于基极电位称为集电结反偏，即 $U_C>U_B>U_E$。对 PNP 型管的情况则与上述相反，即 $U_C<U_B<U_E$。晶体管电流测试电路如图 6.10 所示，发射极作为公共端接地，并选取 $U_{CC}>U_{BB}$。

在基极回路电源 U_{BB} 作用下，发射结正向偏置（即基极电位高于发射极电位）。

在集电极回路电源 U_{CC} 作用下，集电结反向偏置（即集电极电位高于基极电位）。

调节电阻 R_B，观察基极电流 I_B、集电极电流 I_C 和发射极电流 I_E。

(1) I_B 变化（增大或减少），I_C 和 I_E 都会随之相应的变化（增大或减少）。

(2) $I_E=I_B+I_C=(1+\beta)I_B$，且 $I_C\gg I_B$。

(3) I_C 和 I_E 的比值基本为一常数，称为晶体管的电流放大系数，用字母 β 表示。

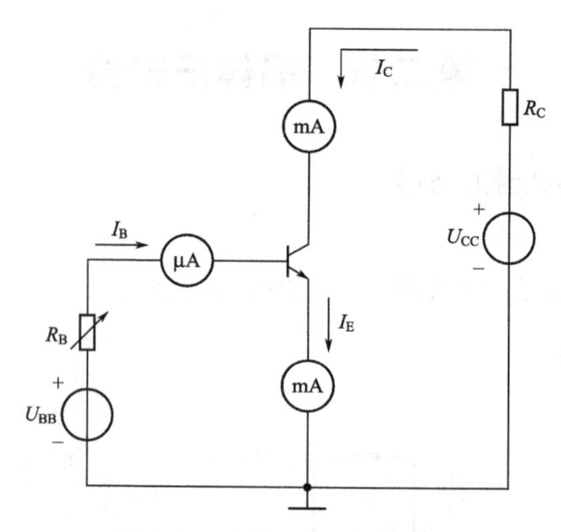

图 6.10 晶体管电流测试电路

$$\beta=\frac{I_C}{I_B}\text{或 } I_C=\beta I_B \tag{6.1}$$

（4）发射结电压在 0.5V 以下时，$I_C=I_E=0$，这种情况下晶体管处于截止状态。

（5）基极电流 I_B增加到一定数值时，就会发现集电极电流 I_C不随基极电流 I_B增大而增大。这种情况下晶体管处于饱和状态。

就其本质而言，晶体管的“放大”是一种控制，是以较小的电流 I_B控制较大的电流 I_C。

【例题 6.1】

测得放大电路中四个三极管各极电位分别如图 6.11 所示，试判断它们各是 NPN 管还是 PNP 管？是硅管还是锗管？并确定每管的 B、E、C 极。

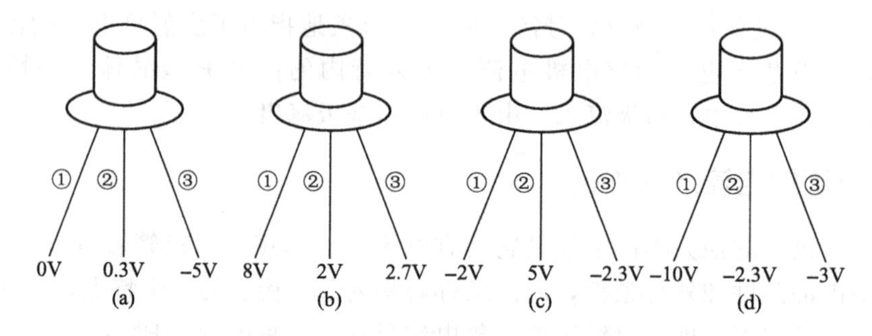

图 6.11 例题 6.1 三极管各极电位图

【解】

根据三极管的内部结构和工作原理，工作在放大状态下的三极管，通常具有下列关系：

（1）对硅管：$U_{BE}\approx 0.7V$；对锗管：$U_{BE}\approx 0.3V$。

（2）对 NPN 管：$U_C>U_B>U_E$；对 PNP 管：$U_C<U_B<U_E$。

依据上述关系，判断时首先根据极间电位差由关系（1）区分是硅管还是锗管，并区分出 C 极；然后根据三个电极电位的高低由关系（2）区分是 NPN 管还是 PNP 管，并区分出 B、E 极。

对图 6.11(a)，由于①、②间电位差为 0.3V，所以该管为锗管，且③是 C 极；由于 C

极③电位最低，所以该管应为PNP管，且①是B极，②是E极。综上分析可知：图6.11(a)是PNP型锗管，①、②、③分别是B、E、C极。

对图6.11(b)，由于②、③间电位差为0.7V，所以该管为硅管，且①是C极；由于C极①电位最高，所以该管应为NPN管，且③是B极，②是E极。综上分析可知：图6.11(b)是NPN型硅管，①、②、③分别是C、E、B极。

对图6.11(c)，由于①、③间电位差为0.3V，所以该管为锗管，且②是C极；由于C极②电位最高，所以该管应为NPN管，且①是B极，③是E极。综上分析可知：图6.11(c)是NPN型锗管，①、②、③分别是B、C、E极。

对图6.11(d)，由于②、③间电位差为0.7V，所以该管为硅管，且①是C极；由于C极①电位最低，所以该管应为PNP管，且②是E极，③是B极。综上分析可知：图6.11(d)是PNP型硅管，①、②、③分别是C、E、B极。

三、晶体三极管的特性及主要参数

1. 晶体管的特性

通过前面三极管的电流放大作用的分析可知：晶体管工作状态的不同是由其集电结和发射结偏置不同造成的，它可以分成放大状态、饱和状态及截止状态。

(1) 放大状态。处于放大状态的晶体管 $I_C=\beta I_B$，各极之间电流关系为

$$I_E=I_B+I_C=I_B+\beta I_B=(1+\beta)I_B \tag{6.2}$$

条件：发射结正向偏置，集电结反向偏置。放大状态各点电位是集电极电位最高，基极电位次之，最低的是发射极电位。

晶体管处于放大状态时，集电极C和发射极E之间相当于通路，用一个变化的电阻表示其间电压降，变化情况可认为是受基极电流控制的。

(2) 饱和状态。处于饱和状态的晶体管，基极电流 I_B 失去了对集电极电流 I_C 的控制作用，因而晶体管饱和时没有放大作用。

晶体管处于饱和状态时电流和电压示意图如图6.12所示。

图6.12(a) 中，当 U_{CE} 减小到接近于零时（硅管约0.3V，锗管约0.1V，称为饱和压降），集电极电流 $I_C=\dfrac{U_{CC}-U_{CE}}{R_C}\approx\dfrac{U_{CC}}{R_C}$ 已达到最大值（晶体管饱和）。

图6.12(b) 中标出发射结和集电结的正向偏置 U_{BE} 和 U_{BC}，饱和状态各点电位是基极电位最高，集电极电位次之，发射极电位最低。

图6.12(c) 示意晶体管处于饱和状态时，相当于一个开关处于闭合状态，相当于短路。

(3) 截止状态。处于截止状态的晶体管，各极电流（I_B、I_C 和 I_E）都为零或极小。因而晶体管截止时没有放大作用。

晶体管处于截止状态时电流和电压示意图如图6.13所示。

图6.13(a) 中，基极电流 $I_B=0$ 和集电极电流 $I_C=0$，所以集电极电阻 R_C 上就没有电压降。晶体管集电极C和发射极E之间电压 $U_{CE}=U_{CC}-I_CR_C=U_{CC}$。

图6.13(b) 中标出了发射结和集电结的反向偏置电压 U_{BE} 和 U_{CB}，截止状态各点电位是集电极电位最高，发射极电位次之，基极电位最低。

图6.13(c) 示意晶体管处于截止状态时，相当于一个开关处于断开状态，相当于开路。

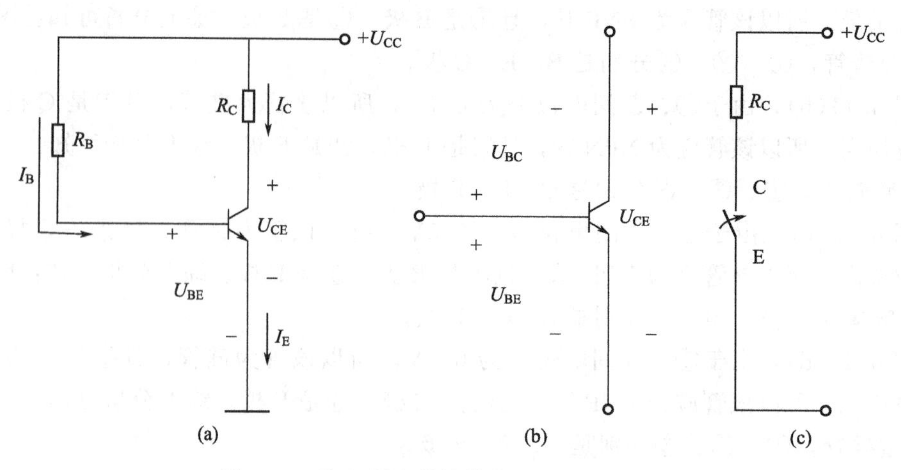

图 6.12　饱和状态晶体管电流、电压示意图

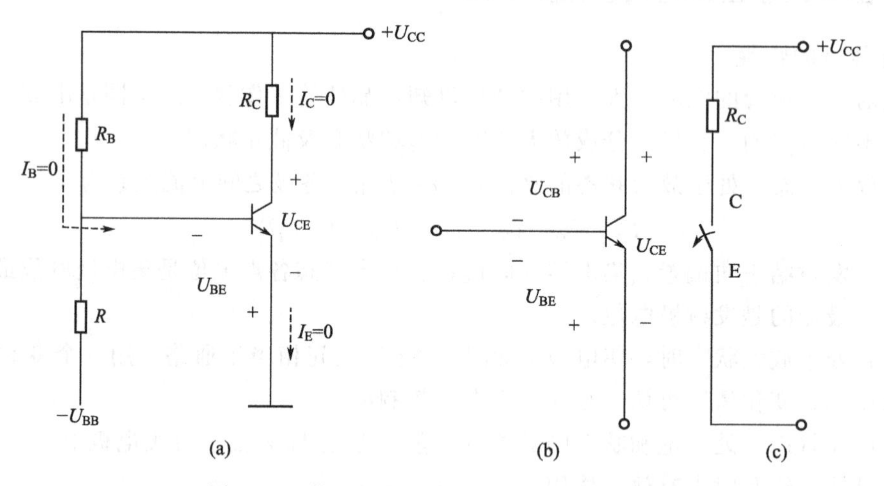

图 6.13　截止状态晶体管电流、电压示意图

2. 三极管的主要参数及其温度影响

三极管的参数是用来表征管子的特性和性能优劣及适用范围的，它是合理选择和使用三极管的依据。由于制造工艺的关系，即使同一型号的管子，其参数的分散性也很大，手册上给出的参数仅为一般的典型值，使用时应以实测作为依据。三极管的参数很多，这里介绍主要的几个。

(1) 电流放大系（倍）数。这是表征三极管电流放大能力的参数，主要有共发射极直流电流放大系数 $\bar{\beta}$，由式(6.1) 知

$$\bar{\beta}(h_{FE}) \approx \frac{I_C}{I_B} \tag{6.3}$$

共发射极交流电流放大系数 β 定义为

$$\beta(h_{fe}) = \left.\frac{\Delta I_C}{\Delta I_B}\right|_{\Delta u_{CE}=0} = \left.\frac{i_c}{i_b}\right|_{\Delta u_{CE}=0} \tag{6.4}$$

显然 β 和 $\bar{\beta}$ 是两个不同的概念，但在放大区范围内 $\beta \approx \bar{\beta}$ 且基本不变，因此以后不再严格区分，统称为共发射极电流放大系（倍）数，用 β 表示。

（2）极间反向电流。这是表征管子温度稳定性的参数。由于极间反向电流虽然较小，但受温度影响很大，故其值越小越好。它主要有 I_{CBO} 和 I_{CEO} 两种。

集电极-基极间反向饱和电流 I_{CBO}，表示发射极开路（$I_E=0$）、集电极和基极间加上一定反向电压时的电流，如图 6.14(a) 所示。I_{CBO} 的值很小，小功率硅管的 $I_{CBO}<1\mu A$，小功率锗管的 $I_{CBO}<10\mu A$。

穿透电流 I_{CEO}，表示基极开路（$I_B=0$）、集电极和发射极间加上一定电压时，电流从集电区穿过基区流至发射区，如图 6.14(b) 所示。由于 $I_{CEO}=(1+\bar{\beta})I_{CBO}$，故 I_{CEO} 比 I_{CBO} 大得多。小功率硅管 I_{CEO} 小于几微安，小功率锗管 I_{CEO} 可达几十微安以上。显然，I_{CEO} 比 I_{CBO} 随温度变化更大，I_{CEO} 大的管子性能不稳定。

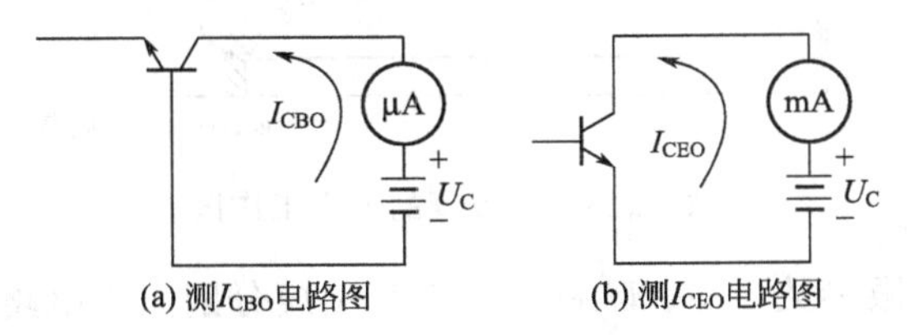

图 6.14　测量极间反向电流的电路

（3）极限参数。这是表征三极管能够安全工作的参数，即管子工作时不应超过的限度。极限参数是选管的重要依据。

① 集电极最大允许电流 I_{CM}。在 I_C 的一个相当大的范围内，β 值基本不变，但当 I_C 较大时 β 值下降。I_{CM} 是指 β 值明显下降时的 I_C。当 $I_C>I_{CM}$ 时，管子可能会损坏，放大性能显著下降。

② 集电极最大允许功耗 P_{CM}。三极管损耗的功率主要在集电结上，P_{CM} 指集电结上允许损耗功率的最大值，超过此值将导致管子性能变差或烧毁。集电结损耗的功率转化为热能，使其温度升高，再散发至外部环境，因此 P_{CM} 的大小与管子集电结的允许温度、环境温度和散热条件有关。锗管的允许结温为 75℃，硅管的允许结温为 150℃。环境温度越高，P_{CM} 值越小，而加散热装置可提高 P_{CM}。应当指出，手册上给出的 P_{CM} 值是在常温（25℃）和一定的散热条件下测得的。

集电极实际损耗的功率等于 $i_C u_{CE}$，其乘积不允许超过 P_{CM}。若三极管的损耗功率为 P_{CM}，则应满足 $i_C u_{CE}<P_{CM}$。在一根管子的 P_{CM} 已给定的情况下，利用上式可以在输出特性上画出管子的最大功耗线，即 P_{CM} 线，如图 6.15 所示，曲线左侧的集电极功耗小于 P_{CM}，右侧则大于 P_{CM}（过损耗区）。

③ 反向击穿电压。三极管的反向击穿电压除 $U_{(BR)EBO}$ 外，常用的有 $U_{(BR)CBO}$ 和 $U_{(BR)CEO}$。

$U_{(BR)CBO}$ 指发射极开路时集-基极间的反向击穿电压，这是集电结所允许加的最高反向电压。$U_{(BR)CBO}$ 比较高，一般为几十伏到上千伏。

$U_{(BR)CEO}$ 指基极开路时集-射极间的击穿电压，它比 $U_{(BR)CBO}$ 小。此外，当基-射极间接电阻 R_B 时，集-射极间的击穿电压将比 $U_{(BR)CEO}$ 高，R_B 越小，该击穿电压越高，但仍小于 $U_{(BR)CBO}$。

当三极管工作在共射组态时，在其输出特性曲线上画出 $i_C=I_{CM}$、$u_{CE}=U_{(BR)CEO}$ 和 P_{CM} 线，由这些曲线和两坐标轴围成的区域，称为安全工作区，如图 6.15 所示。

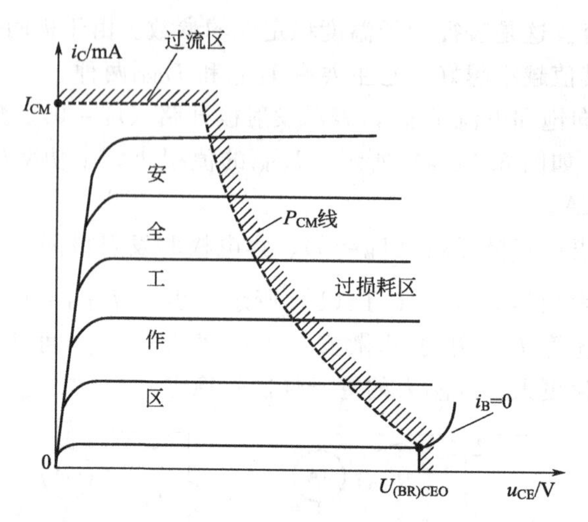

图 6.15 三极管的安全工作区

注意在选管时其极限参数 I_{CM}、$U_{(BR)CEO}$ 和 P_{CM} 应分别大于电路中三极管的集电极最大电流、集-射极间最大电压和集电极最大功耗的要求，以使管子工作在安全工作区。

(4) 温度对三极管的特性与参数的影响。温度升高对三极管有不利的影响，会使三极管的 I_{CM} 和 P_{CM} 均减小，u_{BE} 减小，I_{CEO} 和 β 增大，反之亦然。

第三节 基本放大电路

放大电路又称为放大器，是一种用来放大电信号的电子线路装置，是电子设备中使用很广的一种电路，它有不同的形式，但基本工作原理都是相同的。一个实际的放大电路，常常由多个单级放大电路所组成。

一、放大电路的基本概念

1. 放大电路的基本概念

放大电路的作用就是将微弱的电信号不失真（即不走样）地加以放大，以便进行有效观察、测量和利用（如推动负载工作等）。常见的扩音机就是一个典型的放大电路，其示意图如图 6.16(a) 所示。话筒是一个声电转换器件，它把声音转换成微弱的电信号，并作为扩音机的输入信号；该信号经过扩音机中放大电路的放大，在其输出端得到被放大的电信号；扬声器（喇叭）是一个电声转换器件，它接在扩音机的输出端，把放大后的电信号转换成放大后的声音。如果把话筒输出的微弱信号直接接到扬声器上，音箱根本不会发声，这说明微弱的电信号只有通过放大才能被利用（推动负载工作）；如果把扩音机的电源切断，扬声器将不再发声，可见扩音机还需要电源才能工作。

放大电路的种类很多，如小信号放大器和功率放大器，直流放大器和交流放大器等。无论哪一种放大电路，其基本框图都和扩音机相似，如图 6.16(b) 所示。

在图 6.16(b) 中，信号源给放大电路提供输入信号，它具有一定的内阻，放大电路由三极管等具有放大作用的有源器件组成；负载接在放大电路的输出端，是接收被放大了的输出信号，如扩音系统中的扬声器。放大电路的工作都需要直流电源，以提供电路所需要的能量。从能量的角度看：放大电路实质上是一种能量控制作用，即用输入信号的小能量，去控

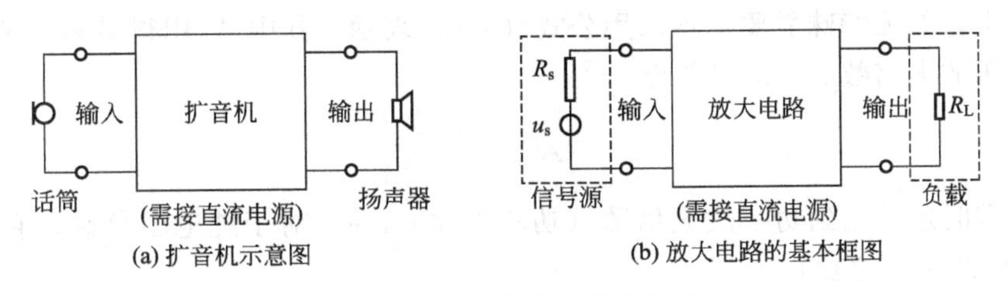

图 6.16　放大电路的基本框图

制放大电路中的放大器件，把直流电源的能量转化成随输入信号变化的而又比输入信号强的输出信号的能量。

2. 放大电路的主要性能指标

放大电路的性能指标是为了衡量它的特性和性能优劣而引入的，是选择和使用放大器的依据。实际上待放大的输入信号一般来说都是很复杂的，不便于测量和比较。为了分析和测试的方便，输入信号一般都采用正弦信号。

一个放大电路可以用一有源双端口网络来模拟，如图 6.17 所示。图中正弦信号源（测试信号）的内阻为 R_s、电压为 $\dot{U}_s$；R_L 为接在放大电路输出端的负载电阻；放大电路输入端的信号电压和电流分别为 $\dot{U}_i$ 和 $\dot{I}_i$，输出端的信号电压和电流分别为 $\dot{U}_o$ 和 $\dot{I}_o$，各电压的参考极性和各电流的参考方向如图中所示。图 6.17 也可以作为放大电路的性能测试图。

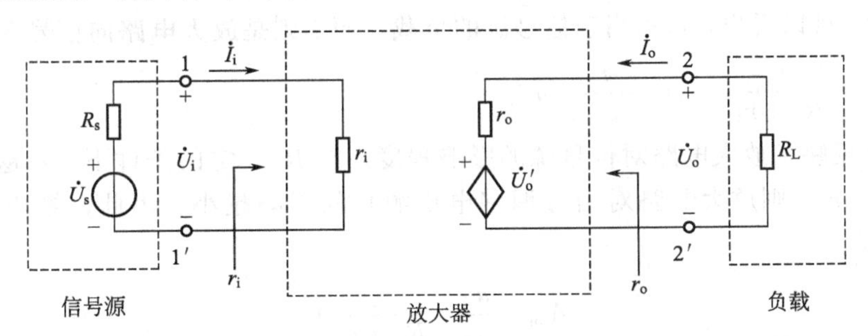

图 6.17　放大电路的等效方框图

放大电路的主要性能指标有：放大倍数、输入电阻、输出电阻、通频带、最大输出功率、效率和最大输出幅值等，本节介绍前六种性能指标。

（1）放大倍数。放大倍数又称为增益，是衡量放大电路放大能力的指标，它定义为输出信号与输入信号的比值。

由于输入信号有输入电压 $\dot{U}_i$ 和输入电流 $\dot{I}_i$ 两种，输出信号也有输出电压 $\dot{U}_o$ 和输出电流 $\dot{I}_o$ 两种，所以就存在四种形式的放大倍数（增益）：电压放大倍数 $\dot{A}_u$、电流放大倍数 $\dot{A}_i$、互阻放大倍数 $\dot{A}_r$ 和互导放大倍数 $\dot{A}_g$。即

$$\dot{A}_u=\frac{\dot{U}_o}{\dot{U}_i},\quad \dot{A}_i=\frac{\dot{I}_o}{\dot{I}_i},\quad \dot{A}_r=\frac{\dot{U}_o}{\dot{I}_i},\quad \dot{A}_g=\frac{\dot{I}_o}{\dot{U}_i} \tag{6.5}$$

如果信号的频率既不很高又不很低，则放大电路的附加相移可以忽略，于是上述四种放大倍数（也包括其他某些性能指标）可用实数来表示，并写成交流瞬时值之比：

$$A_u=\frac{u_o}{u_i},\quad A_i=\frac{i_o}{i_i},\quad A_r=\frac{u_o}{i_i},\quad A_g=\frac{i_o}{u_i} \tag{6.6}$$

在后文中，如无特殊需要，均采用公式（6.6）表示，其中A_u用得最多。某些情况下还要用到源电压放大倍数A_{us}，定义为

$$A_{us}=\frac{u_o}{u_s} \tag{6.7}$$

此外，有时还要用到功率放大倍数（功率增益）A_P，对于纯电阻负载，它等于输出功率P_o与输入功率P_i之比：

$$A_P=\frac{P_o}{P_i}=\frac{U_oI_o}{U_iI_i}=|A_uA_i| \tag{6.8}$$

式中加绝对值是由于A_P恒为正，而A_u或A_i却可能为负。注意，各种放大倍数仅在输出波形没有明显失真时才有意义。工程上常用分贝（dB）表示放大倍数的大小：

$$A_u(\text{dB})=20\lg|A_u|,\quad A_i(\text{dB})=20\lg|A_i|,\quad A_P(\text{dB})=10\lg A_p$$

采用分贝表示放大倍数，可使表达简单，例如$A_u=1000000$，用分贝表示则为$A_u=120\text{dB}$。其次，由于人耳对声音的感受与声音功率的对数成正比，因此采用分贝表示可使它与人耳听觉感受相一致。另外，它可使运算方便，即化乘除为加减。

（2）输入电阻r_i。输入电阻r_i就是从放大电路输入端往放大器里边看进去的等效交流电阻，它定义为

$$r_i=\frac{u_i}{i_i}=\frac{U_i}{I_i} \tag{6.9}$$

由图6.17可以看出，r_i相当于信号源的负载，而i_i则是放大电路向信号源索取的电流。由该图可知$i_i=\frac{u_s}{R_s+r_i}$，$u_i=\frac{r_i}{R_s+r_i}u_s$。

r_i的大小反映了放大电路对信号源的影响程度。在R_s一定的条件下，r_i越大i_i就越小，u_i就越接近于u_s，则放大电路对信号源（电压源）的影响越小。因此，希望r_i大一些好。另外不难得到

$$A_{us}=\frac{u_o}{u_s}=\frac{r_i}{R_s+r_i}A_u \tag{6.10}$$

（3）输出电阻r_o。输出电阻r_o就是从放大电路的输出端往放大器里边看进去的等效交流电阻。下面介绍求输出电阻r_o的两种方法。

① 实验法。保持信号源不变，在放大电路空载（即R_L开路）时测出输出电压为u'_o，接上负载R_L后测出输出电压将下降为u_o，这样从输出端看放大电路，它相当于一个带内阻的电压源，这个内阻就是放大电路的r_o，电压源的电动势就是u'_o，如图6.17所示，显然，$u_o=u'_oR_L/(r_o+R_L)$，于是

$$r_o=\left(\frac{u'_o}{u_o}-1\right)R_L=\left(\frac{U'_o}{U_o}-1\right)R_L \tag{6.11}$$

显然，放大器输入信号一定时，r_o越小，接上负载R_L后输出电压下降越少，说明放大电路带负载能力越强。因此，输出电阻r_o反映了放大电路带负载能力的强弱，希望输出电阻r_o小一些好。

② 试探（分析）法。在求r_o时可根据图6.18所示的电路，假设$u_s=0$，但保留内阻R_s，再将R_L开路，然后在输出端加一交流试探电压u_p，将会产生一试探电流为i_p，则

$$r_o=\left.\frac{u_p}{i_p}\right|_{\substack{R_L=\infty\\u_s=0}} \tag{6.12}$$

(4) 通频带 f_{bw}（或 BW）。同一个放大器对不同频率正弦信号的放大能力是不一样的，一般来说，频率太高或频率太低放大倍数都要下降，只有在某一频率段放大倍数才较高且基本保持不变，设这时的放大倍数为 A_{um}，当放大倍数下降为 $0.707A_{um}$时，所对应的两个频率分别称为上限频率 f_H和下限频率 f_L。上、下限频率之间的频率范围称为放大器的通频带 f_{bw}，如图 6.19 所示。通频带有时也简称为频响，它反映了一个放大器正常放大时，能够适应的输入信号的频率范围。例如，对一个好的音频功放来说，频响应不劣于20Hz～20kHz。

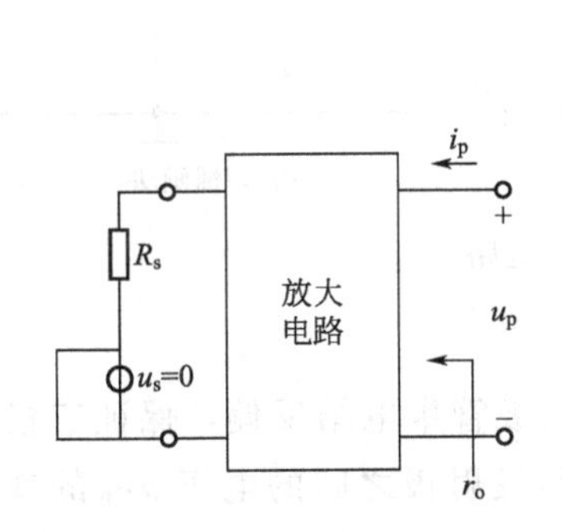

图 6.18　输出电阻的求法

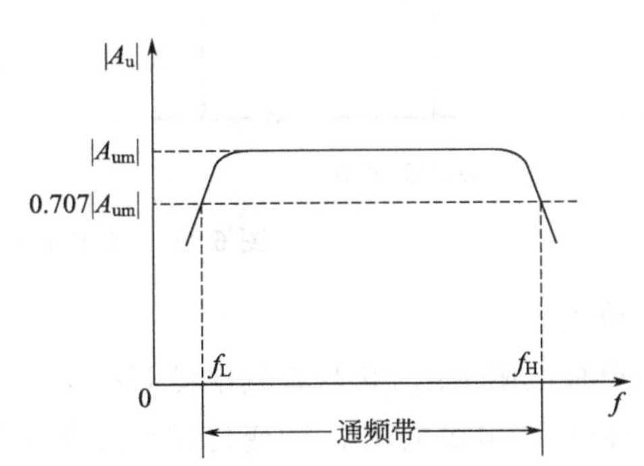

图 6.19　放大器的通频带

(5) 最大输出功率 P_{omax}和效率 η。放大器的最大输出功率，是指它能向负载提供的最大交流功率，用 P_{omax}表示。在前面已经讨论过，放大器的输出功率是通过三极管的能量控制作用，把直流电能转化为交流电能输出的，这样就有一个转化效率的问题，规定放大器输出的功率 P_o与所消耗的直流电的总功率 P_E之比称为放大器的效率 η，即

$$\eta = P_o / P_E \tag{6.13}$$

除以上性能指标外，还有其他方面的性能指标，如最大输出电压幅值 U_{omax}和最大输出电流幅值 I_{omax}以及非线性失真、信噪比、抗干扰能力和防振性能等。

二、共射基本放大电路

由一个放大器件（例如三极管）组成的简单放大电路，就是基本放大电路，这里先介绍共射基本放大电路的电路组成、各元器件的名称和作用。

1. 电路组成

共射基本放大电路如图 6.20(a) 所示，由于三极管的发射极与输入、输出回路的公共端相接，所以称为共发射极电路，简称共射电路。

此外，在画电路图时，往往省略电源符号，因为 U_{CC}一端总与地相连，因此只需标出不与地相连的那一端的电压数值和极性就行了，于是得到图 6.20(b) 所示的该电路的习惯画法。

2. 电路中各元器件的名称和作用

(1) 三极管 V。它是放大电路的核心，起电流放大作用，即 $i_c = \beta i_b$，在放大电路中，应使其工作在放大区，这时它才有电流放大作用。

(2) 基极（偏置）电阻 R_B。它与 U_{CC}配合，保证管子的发射结为正偏，同时供给基极电路一合适的直流电流 I_B（称为偏置电流，简称偏流），又保证在输入信号作用下，为电容 C_1的充放电提供通路。同时，R_B对集电极电流和集电极电压也有影响，R_B太小或太大电路

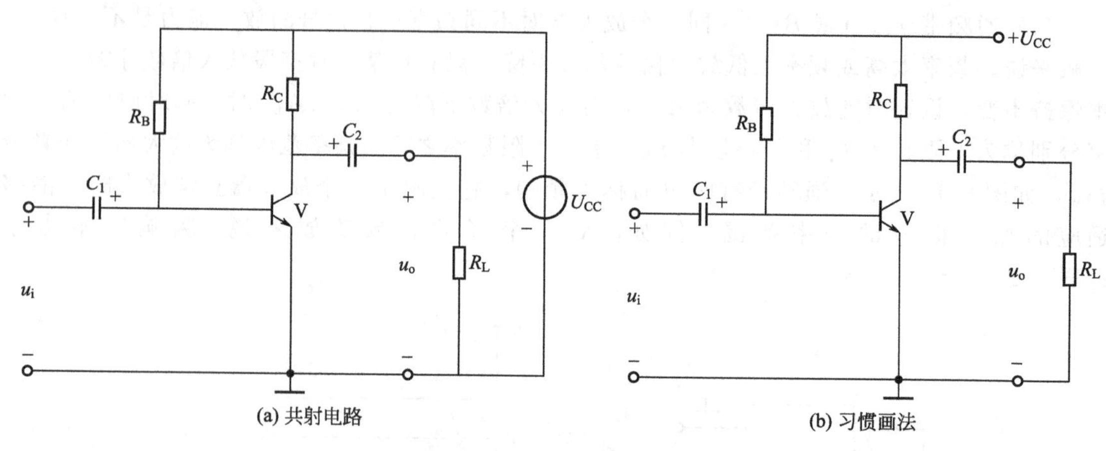

图 6.20 共射基本放大电路

都不能正常放大。

(3) 集电极电阻 R_C。它与直流电源 U_{CC} 配合使三极管集电结反偏，保证三极管工作在放大区。R_C 能把集电极电流 i_C 的变化转变为集电极与发射极之间的电压 u_{CE} 的变化（因为 $u_{CE}=U_{CC}-i_C R_C$，其中 U_{CC} 和 R_C 为常数，i_C 变化时，u_{CE} 就跟着成反方向变化）。若 $R_C=0$，则 u_{CE} 恒等于 U_{CC}，电路不能进行放大；若 $R_C=\infty$ 或太大，则集电结不能反偏，三极管不能工作在放大区，电路也不能放大。

(4) 直流电源 U_{CC}。它与 R_B、R_C 和管子 β 配合，使电路中的三极管工作在放大区，为电路的放大创造条件，奠定基础；为放大电路的工作提供能量，同时也为输出信号提供能量。

(5) 基极耦合电容 C_1 和集电极耦合电容 C_2。电信号传递或连接的方式称为耦合，C_1 在信号源和放大电路的输入端之间传递信号，C_2 在放大电路的输出和负载之间传递信号，C_1、C_2 在电路中具有隔断直流、传递交流的作用——简称隔直传交。所谓隔断直流，是说电容不能传递直流信号，稳态时通过电容的直流电流为零，这时电容可看成开路；所谓传递交流，是说电容可以顺利地传递交流信号，通常 C_1、C_2 选用容量大（几微法到几十微法）、体积小的电解电容，因此，C_1 和 C_2 对交流的容抗很小，近似短接，认为 $X_C\approx 0$。要注意，电容的隔直是无条件的（只要是一个好的电容就行），但传交是有条件的，即要求电容器的容量要够大，输入信号的频率不能很低，使得电容器的容抗远小于电容回路的电阻。

(6) 负载电阻 R_L。作为放大器的负载。

总之，放大电路是一个整体，需要各元器件（V、R_B、R_C、C_1、C_2 和 U_{CC}）之间合理搭配，电路才能正常工作，才能将所输入的信号不失真地加以放大。

三、放大电路的分析方法

对放大电路的分析，包括静态分析和动态分析，静态分析可确定电路的静态工作点，以判断电路能否正常放大，有图解法和估算法两种方法；而动态分析包括图解法和微变等效电路法，图解法可分析放大电路中电流、电压的对应变化情况，分析失真、输出幅值以及电路参数对电流电压波形的影响等，微变等效电路法可用来估算放大电路的性能指标，如 A_u、r_i 和 r_o 等。本节以共射基本放大电路为例进行分析。

1. 共射基本放大电路的静态分析

(1) 在分析放大电路以前，对有关电压电流符号的规定进行说明。在三极管及其构成的放大电路中，同时存在着直流量和交流量，而正弦信号是最重要的交流量，正弦交流量又称为变化量。某一时刻的电压或电流的数值，称为总瞬时值，显然，它可以表示为直流分量和交流分量的叠加。为了能简单明了地加以区分，每个量都用相应的符号表示，它们的符号由基本符号和下标符号两部分组成；基本符号一般为一个字母，下标符号一般为一个或一个以上的字母。在基本符号中，大写字母表示相应的直流量，小写字母表示变化的分量，还用几个字母表示其他有关的量。下面以基极电流为例，说明各种符号所代表的意义。

I_B——基极直流电流；i_b——基极电流交流分量的瞬时值；i_B——基极电流总的瞬时值；I_b——基极电流的有效值（均方根值）；$I_{B(AV)}$——基极电流的平均值；I_{bm}——基极电流交流分量的最大值（幅值）；ΔI_B——基极直流电流的变化量；Δi_B——基极电流总的变化量。

应该指出，当变化量为正弦信号（即交流量）时，即

$$i_b = I_{bm}\sin\omega t = \sqrt{2}I_b\sin\omega t$$

则

$$\Delta i_B = i_b,\ i_B = I_B + \Delta i_B = I_B + i_b$$

如图 6.21 所示。

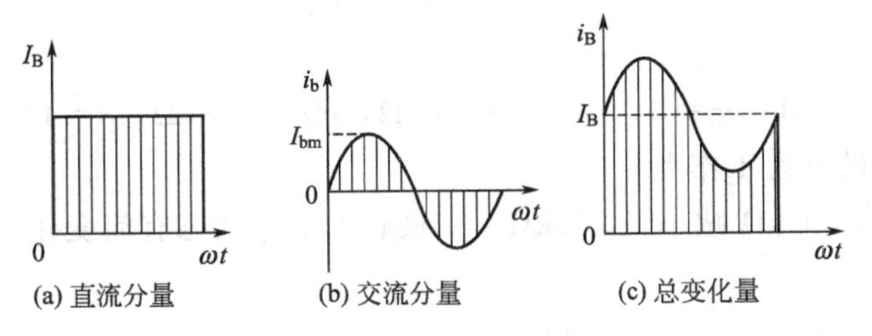

图 6.21　基极电流波形

(2) 静态及其特点。在放大电路中，未加输入信号（$u_i=0$）时，电路的工作状态称为直流状态或静止工作状态，简称静态。静态时，电路中各处的电压、电流都是固定不变的直流。静态是放大电路的基础，静态时应使三极管工作在放大区，以便为电路的放大创造条件。

(3) 静态工作点 Q 及其求法。静态时电路中具有固定的 I_B、U_{BE}和 I_C、U_{CE}，它们分别确定三极管输入和输出特性曲线上的一个点，称为静态工作点，常用 Q 来表示，对应的直流量也用下标 Q 表示，如 I_{BQ}、U_{BEQ}、I_{CQ}和 U_{CEQ}，所谓求静态工作点，就是在已知电路元件参数和电源电压的条件下求 I_{BQ}、I_{CQ}和 U_{CEQ}，由于小信号放大电路中，u_{BE}变化不大，故可近似认为 U_{BEQ}是已知的：硅管的 $|U_{BE}|=0.6\sim0.8\text{V}$，通常取 0.7V；锗管的 $|U_{BE}|=0.1\sim0.3\text{V}$，通常取 0.2V。

下面介绍静态工作点的两种求法。

① 估算法。放大电路的一个重要特点是交、直流并存，静态分析的对象是直流量，动态分析的对象是交流量。把放大电路在静态时直流电流流通的路径称为直流通路，静态分析要采用直流通路。由于放大电路中存在电抗性元件，它们对直流量和交流量呈现不同的阻抗。对于直流，相当于频率 $f=0$，电容的容抗为无穷大，电感的感抗为零。因此在直流通路中，电容可看成开路，电感可看成短接。据此，可画出共射基本电路的直流通路，如图

6.22 所示。

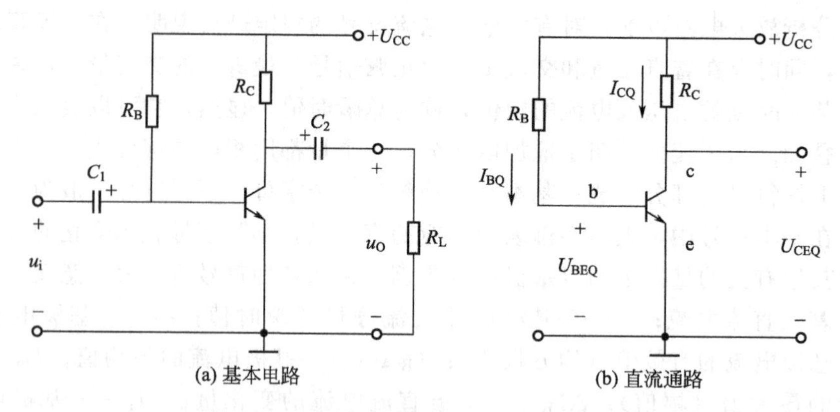

图 6.22　共射基本放大电路的直流通路图

在已知电路参数时，根据直流通路可以求得：

$$\begin{cases} I_{BQ}=\dfrac{U_{CC}-U_{BEQ}}{R_B} \\ I_{CQ}\approx\beta I_{BQ} \\ U_{CEQ}=U_{CC}-I_{CQ}R_C \end{cases} \tag{6.14}$$

【例题 6.2】

在图 6.22 中，已知 $U_{CC}=20\text{V}$，$R_B=500\text{k}\Omega$，$R_C=6.8\text{k}\Omega$，$\beta=40$，试求：

(1) 放大电路的静态工作点；

(2) 如果 R_B 由 500kΩ 减小至 250kΩ，三极管的工作状态有何变化？

【解】

(1) $I_{BQ}=\dfrac{U_{CC}-U_{BEQ}}{R_B}\approx\dfrac{U_{CC}}{R_B}=\dfrac{20\text{V}}{500\text{k}\Omega}=40\mu\text{A}$

$I_{CQ}\approx\beta I_{BQ}=40\times0.04\text{mA}=1.6\text{mA}$

$U_{CEQ}=U_{CC}-I_{CQ}R_C=20-1.6\times6.8\text{V}=9.12\text{V}$

(2) $I_{BQ}=\dfrac{U_{CC}-U_{BEQ}}{R_B}\approx\dfrac{U_{CC}}{R_B}=\dfrac{20\text{V}}{250\text{k}\Omega}=80\mu\text{A}$

$I_{CQ}\approx\beta I_{BQ}=40\times0.08\text{mA}=3.2\text{mA}$

$U_{CEQ}=U_{CC}-I_{CQ}R_C=20-3.2\times6.8\text{V}=-1.76\text{V}<0$

$U_{CEQ}<0$，这是不合理的（$U_{CEQ}\geqslant0$ 才对），I_{BQ} 又大于零，这说明三极管处于饱和状态，这时的 Q 应按下式重新计算：

$$I_{BQ}=\frac{U_{CC}-U_{BEQ}}{R_B}\approx\frac{U_{CC}}{R_B}=\frac{20\text{V}}{250\text{k}\Omega}=80\mu\text{A}$$

$U_{CEQ}=U_{CES}\approx0.3\text{V}$（若硅管取 0.3V，锗管取 0.1V）

$$I_{CQ}=I_{CS}=\frac{U_{CC}-U_{CES}}{R_C}\approx\frac{U_{CC}}{R_C}=\frac{20}{6.8}\text{mA}\approx2.94\text{mA}$$

这也说明公式(6.14) 只有三极管工作在放大区时才成立。

② 图解法。在三极管的特性曲线上直接用作图的方法来分析放大电路的工作情况，这种分析方法称为特性曲线图解法，简称图解法。

利用图解法进行静态分析时，需要知道管子的特性曲线和电路参数，I_{BQ}、U_{BEQ}、I_{CQ}和U_{CEQ}都可以图解。下面以图 6.23 为例介绍图解法。

图 6.23(a) 为静态时共射基本放大电路的直流通路，它以虚线 AB 为界，将电路分为两个部分：左边为非线性部分，它包括具有非线性特性的三极管和确定管子偏流的U_{CC}、R_B；右边为线性部分，它由U_{CC}和R_C串联而成。A、B 两点间的电压为u_{CE}，流过 A 点的电流为i_C。

三极管的基极电流可由计算求得

$$I_{BQ}=\frac{U_{CC}-U_{BEQ}}{R_B}\approx\frac{U_{CC}}{R_B}=\frac{12V}{300k\Omega}=40\mu A$$

由于$I_{BQ}=40\mu A$，因此非线性部分的伏安特性就是对应于$i_B=I_{BQ}=40\mu A$的那一条输出特性曲线$i_C=f(u_{CE})|_{i_B=40\mu A}$。而线性部分的伏安特性由下列方程所确定：

$$u_{CE}=U_{CC}-i_C R_C$$

上式表示在$i_C \sim U_{CE}$平面内的一条直线，该直线和两个坐标轴的交点为$M(U_{CC}, 0)$、$N(0, U_{CC}/R_C)$，在图 6.23(a) 中电路所给参数的条件下，交点为 M(12V，0mA) 和 N(0V，3mA)，直线 MN 的斜率为$-1/R_C$，它是由三极管的集电极电阻R_C决定的，且此直线方程表示放大电路输出回路中电压和电流的直流量之间的关系，所以直线 MN 称为直流负载线。改变I_{BQ}，Q 点将沿 MN 线移动，因此直线 MN 为静态工作点移动的轨迹。

由于直流通路的线性部分和非线性部分实际上是接在一起构成一个整体，因此直流负载线$u_{CE}=U_{CC}-i_C R_C$和$i_C=f(u_{CE})|_{i_B=40\mu A}$曲线的交点 Q 的坐标对应的电流、电压值，就是同时满足曲线和直线的解，就是所求的静态工作点，如图 6.23(b) 所示。本例中 Q 点坐标对应的电流、电压值是：$I_{CQ}=1.5mA$，$U_{CEQ}=6.15V$，就是所求的静态工作点。

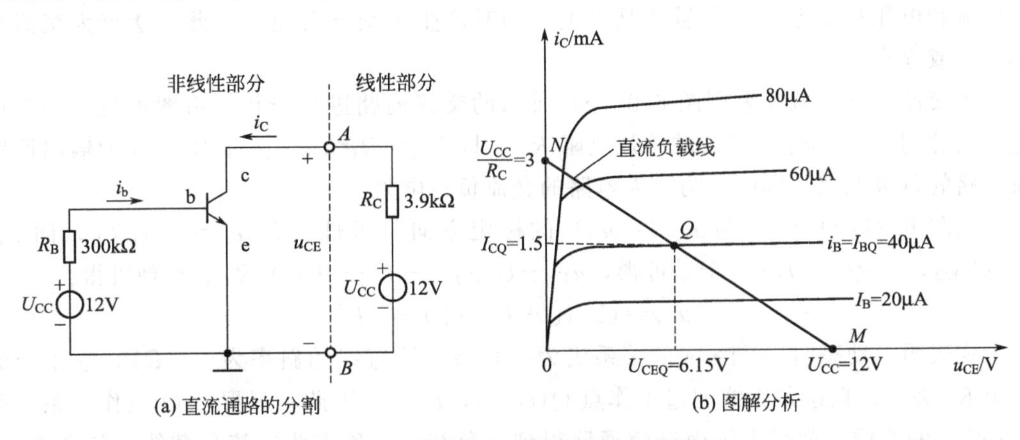

(a) 直流通路的分割　　(b) 图解分析

图 6.23　共射放大电路的静态工作图解

(4) 静态工作点的调整（调R_B）。实际放大电路，当电路形式和参数确定之后，调整静态工作点 Q 一般是调整基极电阻R_B，这是因为：R_B变→I_{BQ}变→I_{CQ}变→U_{CEQ}变，若要求放大器有较大的动态范围，对共射基本电路来说，应使$U_{CEQ}\approx\frac{1}{2}U_{CC}$。

2. 共射基本放大电路的动态分析

放大电路的动态分析，包括动态图解分析和微变等效电路分析，下面先进行图解分析。

(1) 动态及其特点。当放大器输入交流信号后（$u_i\neq0$），电路处于交流状态或动态工作状态，简称动态。动态时电路中的i_B、i_C和u_{CE}将在静态（直流）的基础上随输入信号u_i

作相应的变化，但只有大小的变化，而没有方向（极性）的变化（当然要求静态值大于交流分量的幅值，三极管始终工作在放大区）。

（2）交流通路及其画法。动态时电路中的电压电流交、直流并存。把电路在动态时交流电流流通的路径称为交流通路，而动态分析则要采用交流通路。

由于放大电路中存在电抗性元件，它们对直流量和交流量呈现不同的阻抗，因此直流通路和交流通路是不同的。在交流通路中，大容量的电容因容抗很小可看成短接，电感量大的电感因感抗很大可看成开路，而直流电源因其两端电压基本恒定不变（其电压变化量为零）可看成短接（但不能真短接），恒定的电流源可看成开路。

根据上述原则，由于大容量的耦合电容，对交流可看成短接，而直流电源可看成交流短接，因此可画出共射基本放大电路的交流通路，如图 6.24 所示，其中图 6.24(c) 为交流通路的习惯画法。

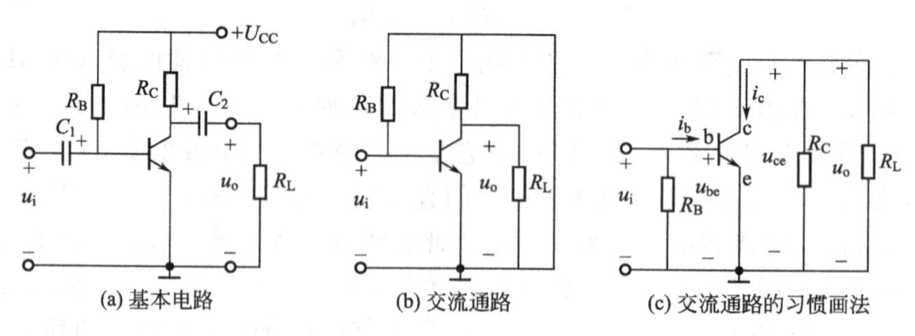

图 6.24 共射基本放大电路的交流通路图

（3）交流负载线。静态工作点确定后，在输入信号作用下，放大电路处于动态工作情况，电流和电压在静态直流分量的基础上，同时产生了交流分量。因此，Q 点为交流分量的起始点或零点。

对于交流分量，就要采用图 6.24(c) 所示的交流通路进行分析。由图可见，集电极交流电流 i_c流过 R_C与 R_L并联后的等效电阻 R'_L，即 $R'_L=R_C // R_L$。显然，R'_L为输出回路中交流通路的负载电阻，因此称为放大电路的交流负载电阻。

根据图 6.24(c) 中 i_c与 u_{ce}（$=u_o$）的标定方向与极性，有 $u_{ce}=-i_cR'_L$，而 $u_{ce}=u_{CE}-U_{CEQ}$，$i_c=i_C-I_{CQ}$，于是可得，$u_{CE}-U_{CEQ}=-(i_C-I_{CQ})\ R'_L$，整理可得：

$$u_{CE}=(U_{CEQ}+I_{CQ}R'_L)-i_CR'_L \tag{6.15}$$

上式表明，动态时 i_C与 u_{CE}的关系仍为一直线，该直线的斜率为 $-1/R'_L$，它由交流负载电阻 R'_L决定，且这条直线通过工作点 $Q(U_{CEQ},\ I_{CQ})$。因此，只要过 Q 点作一条斜率为（$-1/R'_L$）的直线，就代表了由交流通路得到的负载线，称它为交流负载线，如图 6.25 中的直线 AB。不难理解，Q 点是交流负载线与直流负载线的交点。

由式(6.15) 可得到交流负载线与两坐标轴的交点：$A(U_{CEQ}+I_{CQ}R'_L,\ 0)$、$B(0,\ I_{CQ}+U_{CEQ}/R'_L)$。因此，在作出直流负载线并确定 Q 点后，连接 Q、A 两点的直线为交流负载线，它延长交纵轴于 B。

交流负载线的意义：在输入信号 u_i的作用下，i_B、i_C和 u_{CE}都随着 u_i而变化，此时工作点（u_{CE}，i_C）将沿着交流负载线移动，成为动态工作点，所以交流负载线是动态工作点移动的轨迹，它反映了交、直流共存的情况下，u_{CE}和 i_C对应变化的关系。此时，若负载开路，则 $R'_L=R_C$，说明交、直流负载线重合；若接上负载，因 $R'_L<R_C$，说明这时交流负载

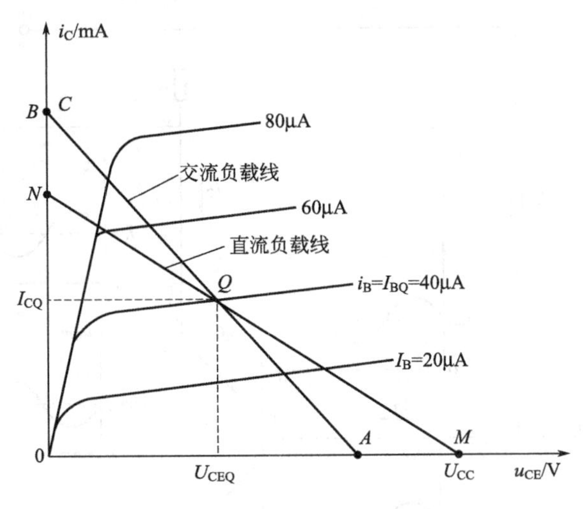

图 6.25　交流负载线

线比直流负载线要陡。

3. 电压和电流波形的图解

电压和电流波形在 ωt 轴上的动态图解分析。静态时，U_{CC} 通过 R_B 和信号源（此时 $u_i=0$）给 C_1 充电，U_{CC} 通过 R_C 和负载给 C_2 充电，使 C_1 和 C_2 两端的电压分别为 U_{BEQ} 和 U_{CEQ}。

当正弦信号 u_i 输入时，发射结两端电压 u_{BE} 等于 u_i 与电容 C_1 两端电压 U_{BEQ} 之和，即在静态值 U_{BEQ} 的基础上变化了 u_{be}（$u_{be}=u_i$）

$$u_{BE}=U_{BE}+u_{be}=U_{BEQ}+u_i \tag{6.16}$$

如果 $U_{BEQ}-U_{im}>U_{on}$（这时 u_{BE} 为单向的脉动电压，U_{on} 为开启电压），则在 u_i 的整个周期内，三极管均工作在输入特性曲线的线性区域，i_B 都随 u_{BE} 的变化而变化。因此，i_B 也在静态值的基础上变化了 i_b，即

$$i_B=I_{BQ}+i_b \tag{6.17}$$

由于三极管的电流放大作用，则

$$i_C=\beta i_B=\beta I_{BQ}+\beta i_b\approx I_{CQ}+i_c$$

上式中，$I_{CQ}\approx\beta I_{BQ}$，$i_c=\beta i_b$，该式说明，集电极电流 i_c 也在静态值 I_{CQ} 的基础上叠加了交流分量 i_c。

$u_{CE}=U_{CC}-i_CR_C$，因此，$u_i=0$ 时，$i_C=I_{CQ}$，$U_{CEQ}=U_{CC}-I_{CQ}R_C$；当 u_i 加入时，由于 $i_C=I_{CQ}+i_c$，则

$$u_{CE}=U_{CC}-i_CR_C=(U_{CC}-I_{CQ}R_C)-i_cR_C=U_{CEQ}+u_{ce} \tag{6.18}$$

上式中 $u_{ce}=-i_cR_C$，该式表明，u_{CE} 也在静态值 U_{CEQ} 的基础上变化了 u_{ce}。

u_{CE} 中的直流成分 U_{CEQ} 被耦合电容 C_2 隔断，交流成分 u_{ce} 经 C_2 传送到输出端，则

$$u_o=u_{ce}=-i_cR_C \tag{6.19}$$

式中负号表明 u_o 与 i_c 相位相反。由于 i_c 与 i_b、u_i 相位相同，因此 u_o 与 u_i 相位相反。u_o 与 u_i 的变化方向相反，这种现象称为“反相”或“倒相”。电路中相应的电流、电压波形图如图 6.26 所示。

4. 静态工作点对波形的影响

在放大电路中，尽管放大的对象是交流信号，但它只有叠加在一定的直流分量的基础上

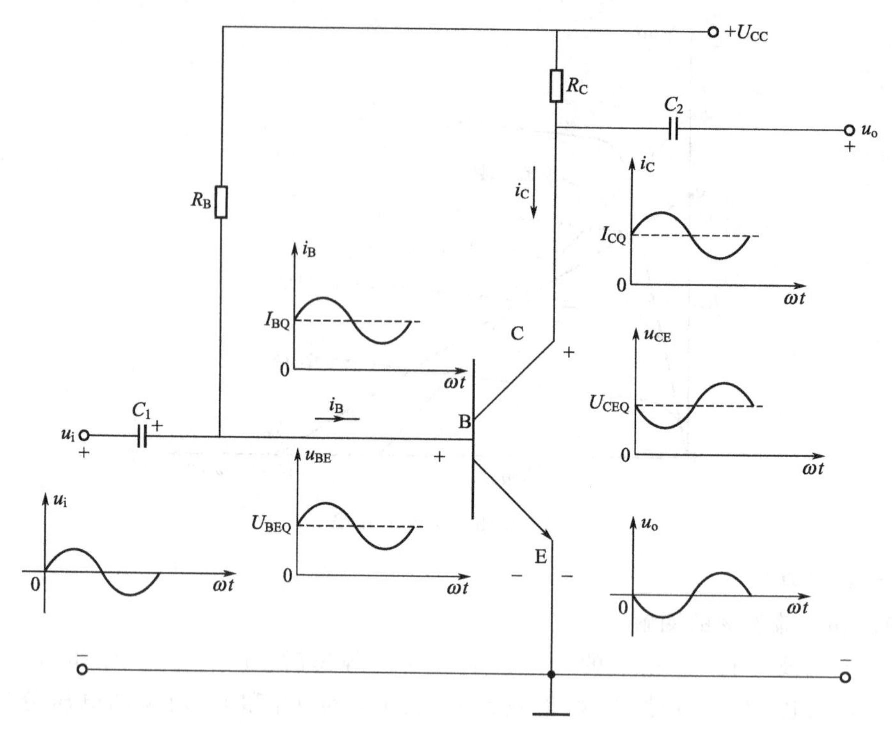

图 6.26 电压和电流的动态图解分析

才能得到正常放大，否则若静态工作点位置选择不当，输出信号的波形将产生失真。

当工作点偏低接近截止区，而信号的幅度相对又比较大时，输入电压负半周的一部分使动态工作点进入截止区（这段时间内，$u_{CE} \approx U_{CC}$，$i_C \approx 0$，不随时间变化），于是集电极电流的负半周和输出电压的正半周被削去相应的部分。这种失真是由静态工作点偏低使三极管在部分时间内进入截止区引起的，称为截止失真。

同理，当工作点偏高接近饱和区，而信号的幅度相对又比较大时，输入电压正半周的一部分使动态工作点进入饱和区（这段时间内，$u_{CE} \approx U_{CES} \approx 0$，$i_C = I_{CS} \approx U_{CC}/R_C$，不随时间变化），$i_c$的正半周和$u_{ce}$的负半周被削去一部分。这种失真是由静态工作点偏高使三极管在部分时间内进入饱和区引起的，称为饱和失真。

为了避免产生失真，要求合理选取静态工作点Q，使放大电路在整个动态过程中管子始终工作在放大区。其中改变R_B是常用的调整工作点的方法。

综上所述，下述两点要加以注意。

（1）电路中的电流i_B、i_C和电压u_{BE}、u_{CE}都是由直流量和交流量叠加而成的，放大电路处于交、直流并存的状态。虽然交流量的大小和方向（或极性）在不断变化，但由于直流量的存在，总的瞬时值都是单向脉动信号（只有大小的变化，而无方向或极性的变化）。

（2）静态和动态的关系：静态是基础，为电路的放大创造条件，而动态时不失真地放大交流信号是目的。不管是在静态还是在动态，三极管都应工作在放大区，否则输出波形将产生失真。

5. 放大电路的工作原理

以上讨论了共射放大电路的组成、静态和动态分析，现在再来讨论放大器的工作原理，如图 6.27 所示。

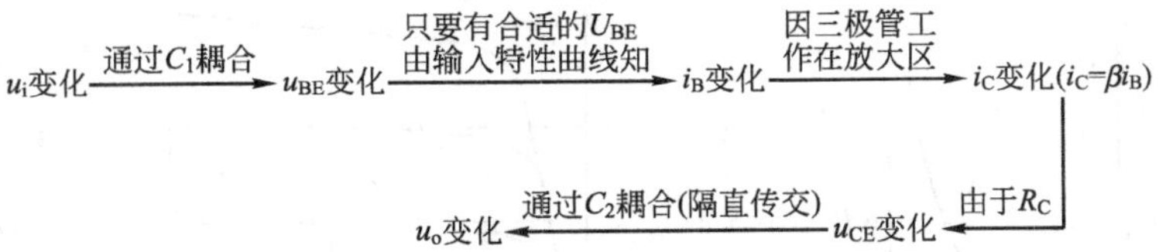

u_i变化 —通过C_1耦合→ u_{BE}变化 —只要有合适的U_{BE}由输入特性曲线知→ i_B变化 —因三极管工作在放大区→ i_C变化($i_C=\beta i_B$) —由于R_C→ u_{CE}变化 —通过C_2耦合(隔直传交)→ u_o变化

图 6.27　放大器工作原理示意图

只要适当选择电路参数，就可使u_o的幅值比u_i的幅值大得多，从而实现电压放大的目的。

四、微变等效电路法

虽然动态图解法能从三极管特性曲线上直观地了解到放大器的工作情况，但它比较麻烦，且需要准确知道三极管的输入、输出特性曲线（这一点较难），下面介绍放大器的另一种动态分析法——微变等效电路法。

曲线的一小段可以用直线来近似代替。三极管这个非线性器件，当工作在放大区，在输入小信号作用下，其i_B、i_C和u_{CE}将在特性曲线静态的基础上随输入信号作微小变化时，可以用线性的电路模型来近似代替——等效替换，从而把三极管这个非线性元件所组成的电路，当作线性电路来处理，这就是引出微变等效电路的出发点。这种方法把电路理论与半导体器件结合起来，利用线性电路的分析方法，便可对放大电路的动态进行分析，从而求出放大器的一些动态性能指标，如电压放大倍数A_u、输入电阻r_i和输出电阻r_o等。这就是微变等效电路分析法，简称微变等效电路法。

这里说的“微变”是指微小变化的信号，即小范围变化的信号。

1. 三极管的低频、简化微变等效电路

三极管的特性曲线从总体来说是非线性的，但当工作在放大区，在低频小信号的输入信号作用下，其i_B、u_{BE}和i_C、u_{CE}将在静态工作点的基础上随输入信号作微小变化时，小范围内三极管特性的非线性已不明显，可以用线性的电路模型来近似等效代替。

（1）从输入特性曲线上求三极管输入回路等效电路。对于图 6.20 所示的工作在放大区的共射接法的三极管，其输入电流为i_b，输入电压为u_{be}，由于i_b主要取决于u_{be}，而与u_{ce}基本无关，故从输入端 B、E 极看进去，管子相当于一个电阻$r_{be}=\dfrac{u_{be}}{i_b}=\dfrac{\Delta u_{BE}}{\Delta i_B}\Bigg|_{在Q附近}$，其几何意义是，输入特性曲线上$Q$点处切线斜率的倒数，如图 6.28(a) 所示，常用求r_{be}的估算公式为：

$$r_{be}\approx 200\Omega+(1+\beta)\frac{26(\text{mV})}{I_{EQ}(\text{mA})}=200\Omega+\frac{26(\text{mV})}{I_{BQ}(\text{mA})} \tag{6.20}$$

由式(6.20) 和输入特性曲线可以看出，同一根管子的r_{be}随静态工作点Q的不同而变化，Q越高，r_{be}越小。通常小功率硅三极管，当$I_{CQ}=1\sim2\text{mA}$时，r_{be}约为 1kΩ。

（2）从输出特性曲线上求三极管输出回路等效电路。共射接法三极管的输出电流为i_c，输出电压为u_{ce}，由于i_c主要取决于i_b而与u_{ce}基本无关，如图 6.28(b) 所示，故从输出端 C、E 看进去，管子相当于一个受控电流源$i_c=\beta i_b$。

（3）三极管的低频、简化微变等效电路。根据上述分析，可画出图 6.29 所示的低频、简化微变等效电路。由于该等效电路忽略了三极管结电容和u_{ce}对i_c、i_b的影响，所以它是“简化”的；由于管子的电压、电流都在静态的基础上只有微小的变化，所以它是“微

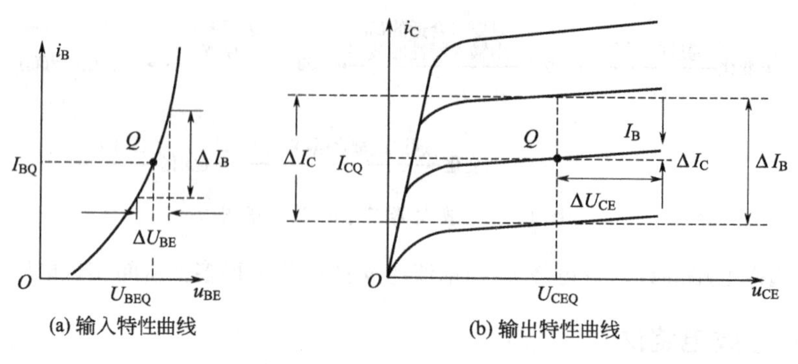

图 6.28 三极管特性曲线

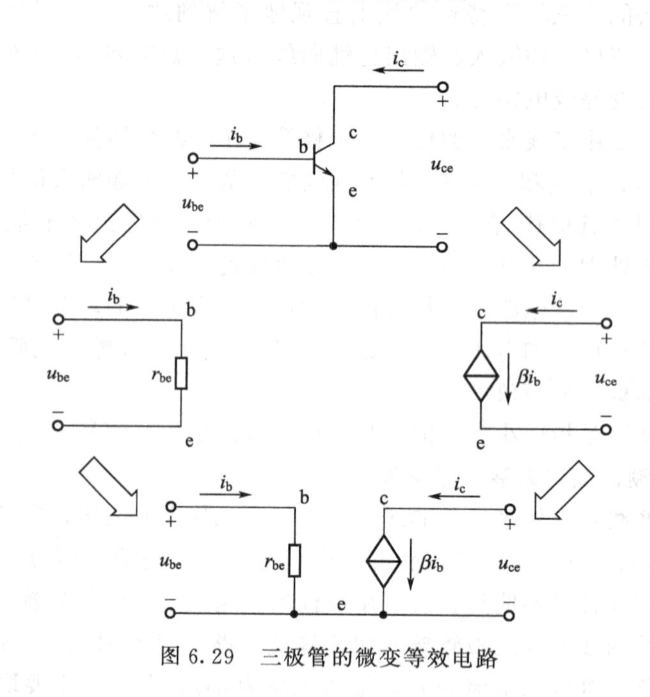

图 6.29 三极管的微变等效电路

变”的。

显然，三极管的低频、简化微变等效电路是用 r_{be} 代表管子的输入特性，用受控电流源 βi_b 代表它的输出特性。

此外，上述等效电路不仅适用于 NPN 管，也适用于 PNP 管，当然要求管子必须工作在放大区并且是在工作点附近的微变工作情况。

2. 放大电路的微变等效电路分析

（1）微变等效电路法的主要步骤如下。

① 画出放大电路的微变等效电路。

其方法是，把放大电路中的电容和直流电源看作短接，用导线代替，其中的三极管用其微变等效电路来代替，标出电压和电流的参考方向，就得到了放大电路的微变等效电路。

② 根据放大电路的微变等效电路，用解线性电路的分析方法求出放大电路的性能指标，如 A_u、r_i 和 r_o 等。

（2）微变等效电路分析。下面仍以共射基本放大电路为例，说明如何用微变等效电路法进行动态分析。

有关电路如图 6.30 所示，该电路的交流通路见图 6.30(b)，其微变等效电路如图 6.30(c) 所示，其中信号源 u_s及内阻 R_s也画在了上面。

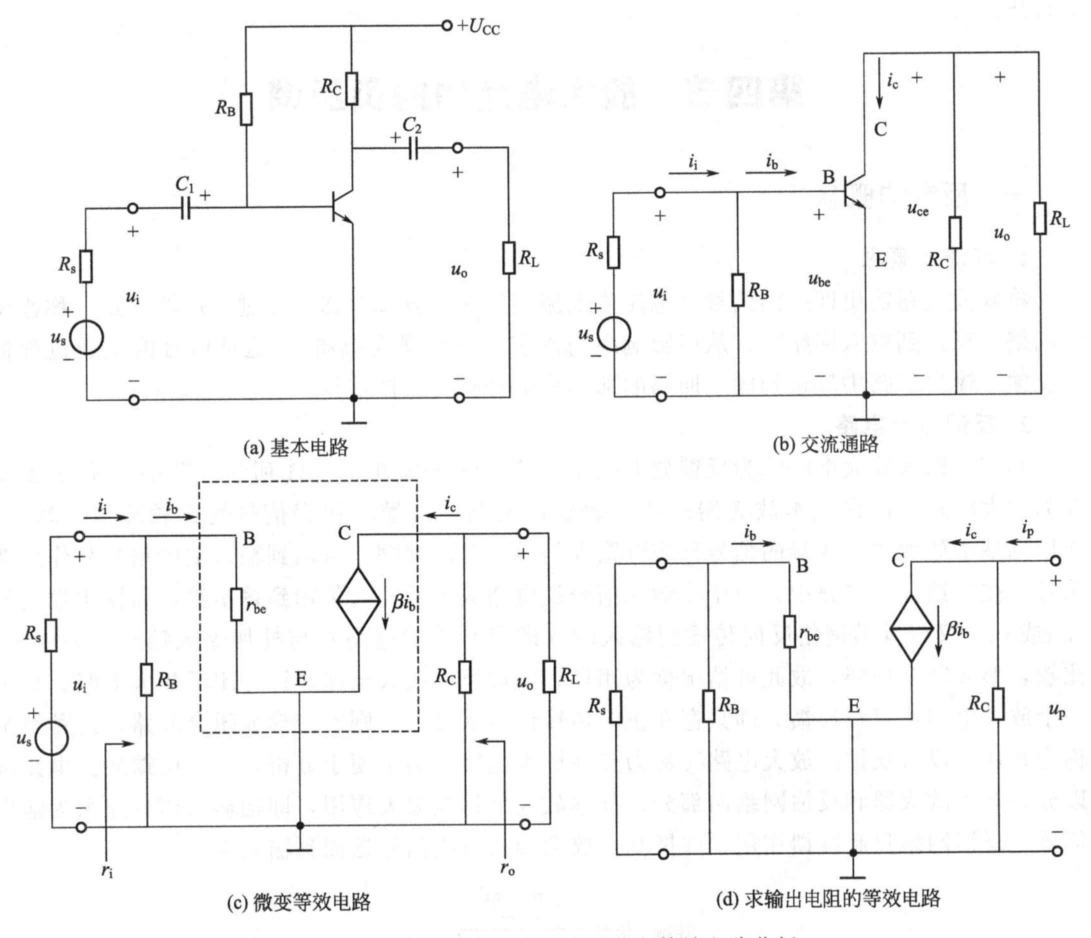

图 6.30　共射基本放大电路的微变等效电路分析

由图 6.30(c) 可得 $u_i=i_b r_{be}$，$u_o=-i_c(R_C/\!/R_L)=-\beta i_b R'_L$。故电压放大倍数

$$A_u=\frac{u_o}{u_i}=-\frac{\beta R'_L}{r_{be}} \tag{6.21}$$

式中，$R'_L=R_C/\!/R_L$，负号表示共射电路的倒相作用，上式也说明了 A_u的大小与 β、R'_L和 r_{be}之间的关系。

由图得 $u_i=i_i(R_B/\!/r_{be})$，考虑到 $R_B \gg r_{be}$，故输入电阻

$$r_i=\frac{u_i}{i_i}=R_B/\!/r_{be}\approx r_{be} \tag{6.22}$$

用试探法求输出电阻 r_o，应使图 6.30(c) 中的 $u_s=0$（但保留其内阻 R_s）且移去 R_L，并在输出端加一试探电压 u_p，u_p引起的试探电流是 i_p，如图 6.30(d) 所示。由图可以看出，由于 $u_s=0$，则 $i_b=0$，因此 $i_c=\beta i_b=0$，受控电流源相当于开路，于是 $u_p=i_p R_C$，则

$$r_o=\frac{u_p}{i_p}\bigg|_{\substack{R_L=\infty\\u_s=0}}=R_C$$

以上介绍了放大电路的三种基本分析方法：图解法、估算法和微变等效电路法。分析放

大电路时一般遵循下述的规律：用估算法确定工作点，用微变等效电路法求动态指标（小信号时），用图解法求最大输出幅值，分析波形失真，尤其是低频功率放大电路采用图解法最为适用。

第四节　放大电路中的负反馈

一、反馈的概念

1. 反馈的概念

将放大电路输出回路的信号（电压或电流）的一部分或全部，经过一定的电路（称作反馈网络）反送到输入回路中，从而影响净输入信号（增强或减弱），这种信号的反送过程称为反馈。输出回路中反送到输入回路的那部分信号称为反馈信号。

2. 反馈放大电路

具有反馈的放大电路称为反馈放大电路。其组成框图如图 6.31 所示。图中 A 代表无反馈的放大电路，称作基本放大器；F 代表反馈网络；符号⊗代表信号的比较环节。其中，作用到基本放大器输入端的信号称作净输入信号，经反馈网络送回到输入端的信号称作反馈信号。在反馈放大电路中，由于净输入信号经电路放大后正向传输到输出端，而输出端信号（u_o或 i_o）又经反馈网络反向传输到输入端（即存在反馈通路）与外加输入信号（u_i或 i_i）比较，形成闭合环路，故此种情况称为闭环，所以反馈放大电路又称为闭环放大电路。如果一个放大电路不存在反馈，即只存在正向传输信号的途径，则不会形成闭合环路，这种情况称为开环，没有反馈的放大电路又称为开环放大电路。为了便于分析，一个反馈放大电路可以分为基本放大器和反馈网络两部分。基本放大器只起放大作用，即把输入信号放大为输出信号；反馈网络只起反馈作用，即把基本放大器的输出信号送回到输入端。

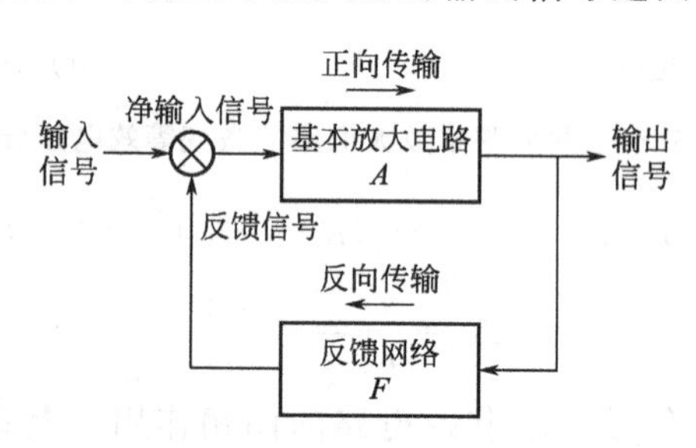

图 6.31　反馈放大电路的组成

一个放大电路若存在反馈，必须同时满足两个条件：一是有反馈网络；二是反馈信号对净输入有影响。

二、反馈类型及判别

反馈的实质就是输出量参与控制，而参与控制的输出量是电压还是电流，输入信号与反馈信号如何叠加，以及反馈信号的成分和极性的不同就会有多种不同形式的反馈。

1. 由反馈的极性决定的反馈类型

由反馈的极性决定的反馈类型有两种，即正反馈和负反馈。

在输入信号不变的情况下，由于反馈信号的存在使得放大器的净输入量增强，称为正反馈，否则为负反馈。

判断反馈的极性，一般采用“瞬时极性法”。具体判断方法如下。

（1）假定输入信号的瞬时极性（一般假设输入信号的瞬时极性为“+”）。

（2）根据放大电路输入与输出信号的相位关系，确定出输出信号和反馈信号的极性。

（3）根据反馈信号的极性，判断反馈的极性。如果反馈信号与输入信号叠加使净输入信号增加则为正反馈，否则为负反馈。

【例题 6.3】

如图 6.32 所示，判断由 R_F引入的各反馈极性。

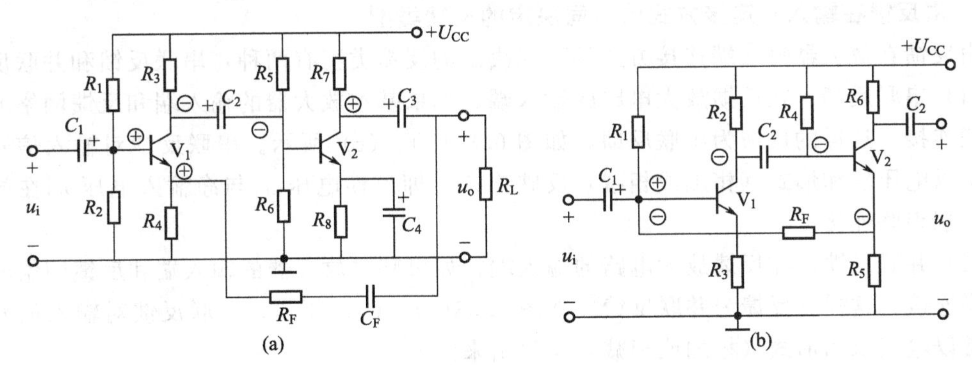

图 6.32　例题 6.3 图

【解】

如图 6.32(a) 所示，假设 u_i的瞬时极性为正，用⊕表示，则 u_{B1}的瞬时极性为⊕，经 V_1反相放大，u_{C1}的瞬时极性为⊖，u_{B2}的瞬时极性也为⊖，经 V_2放大后，u_{C2}的瞬时极性为⊕，该信号经过反馈电阻和电容后的反馈信号加至 V_1的发射极，则 u_{E1}的瞬间极性为⊕，由于 $u_{BE1}=u_{B1}-u_{E1}$，则净输入量 $u_i'(u_{BE1})$ 减小，故为负反馈。整个判断过程如图中所示，对于图 6.32(a) 可表示为

$$u_i\uparrow\rightarrow u_{B1}\uparrow\rightarrow u_{C1}(u_{B2})\downarrow\rightarrow u_{C2}\uparrow\rightarrow u_{E1}\uparrow\rightarrow u_{BE1}\downarrow$$

如图 6.32(b) 所示。整个判断过程如图中所示，假设输入信号的瞬间极性为⊕，则 u_{B1}的瞬时极性为⊕，经 V_1反相放大，u_{C1}的瞬时极性为⊖，u_{B2}的瞬时极性也为⊖，经 V_2放大后，三极管 V_2的发射极的瞬间极性为⊖，经过电阻 R_F反馈到 V_1的基极的瞬间极性为⊖，因此，与外加的输入信号叠加后的净输入量减小，故为负反馈。对于图 6.32(b) 可表示为

$$u_i\uparrow\rightarrow u_{B1}\uparrow\rightarrow u_{C1}(u_{B2})\downarrow\rightarrow u_{E2}\downarrow\rightarrow u_F\downarrow\rightarrow u_{BE1}(u_i')\downarrow$$

2. 由反馈的成分决定的反馈类型

由反馈的成分决定的反馈类型有三种：直流反馈，交流反馈和交、直流反馈。

（1）直流反馈。反馈信号中只有直流信号的反馈为直流反馈。直流负反馈多用于稳定放大电路的静态工作点。

（2）交流反馈。反馈信号中只有交流量的反馈称为交流反馈。交流负反馈多用于改善放大电路的性能。

（3）交、直流反馈。如果反馈回来的信号中既有直流信号也有交流信号，则该反馈为交、直流反馈。

3. 由反馈在输出端取样方式的不同决定的反馈类型

由反馈在放大器输出端取样方式的不同决定的反馈类型有两种：电压反馈和电流反馈。

（1）电压反馈。放大器的输出端和反馈网络输入端并联连接，放大器的输出电压（一部分或全部）作为反馈网络的输入信号，反馈信号正比于放大器的输出电压，这样的反馈为电压反馈，如图 6.33(a)、(b) 所示。

（2）电流反馈。放大器的输出端与反馈网络的输入端串联连接，放大器的输出电流作为反馈网络的输入信号，反馈信号正比于放大器的输出电流，这样的反馈为电流反馈，如图 6.33(c)、(d) 所示。

判断电压反馈和电流反馈可采用“输出端短接法”，即假设将放大电路的输出端短接，让 $u_o=0$，如果反馈信号为零，则为电压反馈，否则为电流反馈。

4. 由反馈在输入端连接方式的不同决定的反馈类型

由反馈在放大器输入端连接方式的不同决定的反馈类型有两种：串联反馈和并联反馈。

（1）串联反馈。在反馈放大电路的输入端，如果基本放大器的输入端和反馈网络的输出端串联连接，这样的反馈为串联反馈，如图 6.33(b)、(c) 所示。串联反馈对输入信号的影响通常以电压求和形式（相加或相减）反映出来，即反馈电压 u_f 与净输入电压 u_i' 在放大器的输入端串联连接。

（2）并联反馈。在反馈放大电路的输入端，如果基本放大器的输入端和反馈网络的输出端并联连接，这样的反馈为并联反馈，如图 6.33(a)、(d) 所示。并联反馈对输入信号的影响通常以电流求和形式（相加或相减）反映出来。

四种反馈放大电路的组成框如图 6.33 所示。

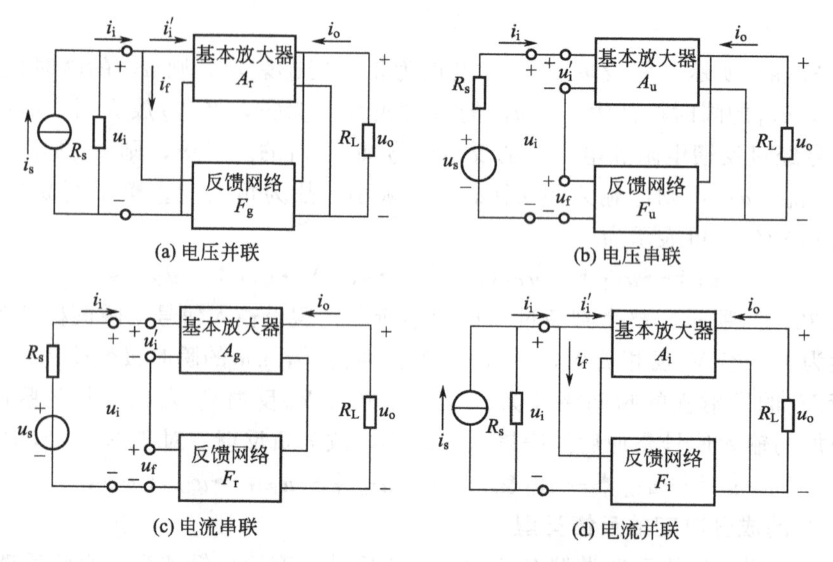

图 6.33 四种反馈电路的组成框图

三、负反馈放大电路的方框图

负反馈主要用于放大电路，正反馈主要应用于振荡电路，为了分析负反馈放大电路的性能，下面将负反馈放大器抽象为图 6.34 所示的方框图形式。

在方框图中，$\dot{X}_i$、$\dot{X}_f$、$\dot{X}_i'$、$\dot{X}_o$分别表示输入信号、反馈信号、净输入信号和输出信号，它既可以是电压信号，也可以是电流信号。箭头表示信号传输方向，符号⊗表示比较环节，在它的旁边标注的极性，表明输入信号和反馈信号的极性相反，即当$\dot{X}_i$的极性为正时，

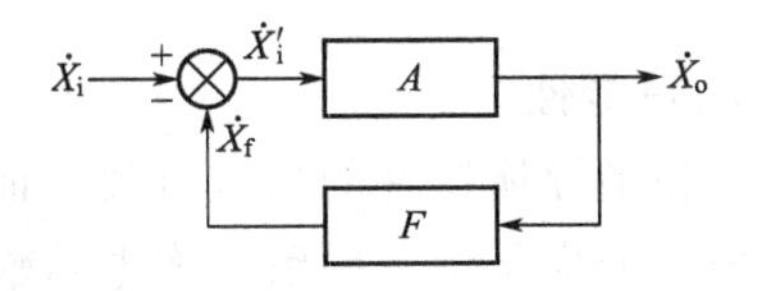

图 6.34　负反馈放大电路的方框图

$\dot{X}_f$的极性为负，所以净输入量$\dot{X}_i'$小于输入信号$\dot{X}_i$。$\dot{A}$为基本放大器的放大倍数，$\dot{F}$为反馈网络的反馈系数。

四、负反馈放大电路的一般表达式

（1）输入端各量的关系式

$$\dot{X}_i'=\dot{X}_i-\dot{X}_f \tag{6.23}$$

（2）基本放大器的放大倍数$\dot{A}$

$$\dot{A}=\frac{\dot{X}_o}{\dot{X}_i'} \tag{6.24}$$

（3）反馈系数$\dot{F}$

$$\dot{F}=\frac{\dot{X}_f}{\dot{X}_o} \tag{6.25}$$

（4）闭环放大倍数$\dot{A}_f$

$$\dot{A}_f=\frac{\dot{X}_o}{\dot{X}_i}=\frac{\dot{X}_o}{\dot{X}_i'+\dot{X}_f}=\frac{\dot{X}_i'\dot{A}}{\dot{X}_i'+\dot{X}_o\dot{F}}=\frac{\dot{X}_i'\dot{A}}{\dot{X}_i'(1+\dot{A}\dot{F})}=\frac{\dot{A}}{1+\dot{A}\dot{F}} \tag{6.26}$$

在上述各量中，当信号为正弦量时，$\dot{X}_i$、$\dot{X}_f$、$\dot{X}_i'$、$\dot{X}_o$为相量，$\dot{A}$和$\dot{F}$为复数。在中频段，由于放大倍数与信号频率无关，为了方便起见，在以后的分析中认为放大器工作在中频段，各量均用实数来表示。此时式(6.26）变为

$$A_f=\frac{X_o}{X_i}=\frac{A}{1+AF} \tag{6.27}$$

由式(6.27）可以看出，闭环放大倍数A_f为开环放大倍数的$\frac{1}{1+AF}$倍。其中乘积AF称为环路增益。$1+AF$称为反馈深度，它的大小反映了反馈的强弱。

① 若$1+AF>1$，则$A_f<A$，说明放大电路引入反馈放大倍数减小了，即输出减小了，因此电路引入的是负反馈。

② 若$1+AF<1$，则$A_f>A$，说明放大电路引入反馈后放大倍数增加，即输出增加了，因此电路引入的是正反馈。

③ 若$1+AF=1$，则$A_f=A$，说明放大电路的反馈消失，没有反馈。

④ 若$1+AF=0$，则$A_f\to\infty$，$AF=-1$，$X_f=AFX_i'=-X_i'$，$X_i=0$。说明没有输入信号时仍然有输出，放大电路变成了振荡电路。

五、负反馈对放大电路的影响

负反馈可以多方面地改善放大电路的性能，但所有性能的改善，都是靠降低放大器的放

大倍数换来的。

1. 提高放大倍数（增益）的稳定性

放大电路的放大倍数与负载和半导体器件的参数有关，而这些参数又受到元件本身及环境温度的影响，因此放大倍数是一个变化量，导致放大电路输出不稳定。当放大电路引入负反馈后，就可以稳定输出量，提高放大倍数的稳定性。放大倍数的稳定性常用放大倍数的相对变化量来描述。

A_f 的变化范围为 99.9～100.1。显然，A_f 的稳定性比 A 的稳定性提高了约 100 倍（由 10%变到 0.1%）。反馈深度越大，稳定性越高。

2. 减小非线性失真

由于放大电路中元件具有非线性，因而会引起非线性失真。一个无反馈的放大器，即使设置了合适的静态工作点，但当输入信号较大时，仍会使输出波形产生非线性失真。引入负反馈后，这种失真就可以减小。

图 6.35 为负反馈减小非线性失真示意图。图 6.35(a) 中，输入信号为标准正弦波，经基本放大器放大后的输出信号 x_o产生了正半周大、负半周小的非线性失真。若引入了负反馈，如图 6.35(b) 所示，失真的输出波形反馈到输入端，反馈信号 x_f也将是正半周大、负半周小，与 x_o的失真情况相似。这样，失真了的反馈信号 x_f与原输入信号 x_i在输入端叠加，产生的净输入信号 x_i'就会是正半周小、负半周大的波形。这样的净输入信号经基本放大器放大后，由于净输入信号的“正半周小、负半周大”与基本放大器的“正半周大、负半周小”两者相互补偿，即用失真的波形来改善波形的失真，从而减小了非线性失真。

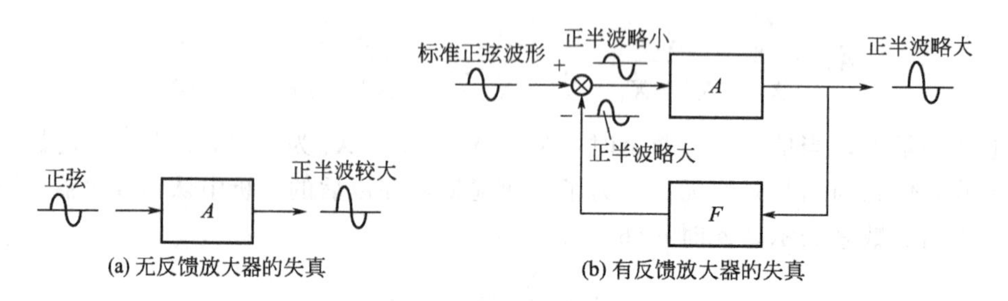

图 6.35 减小非线性失真

值得注意的是，负反馈能减小放大器的非线性失真，而不能完全消除非线性失真，也不能减小输入信号本身固有的失真。

3. 扩展通频带

放大器的频率特性决定了放大倍数在高频区和低频区（指阻容耦合放大器）都要下降。频率变化使开环增益变化较大时，闭环增益则变化较小。在频率变到 f_H 值时，开环增益下降了 30%，闭环增益的下降却远小于 30%。因此，闭环电路的通频带大于开环，也就是负反馈能展宽通频带。

4. 对放大器的输入电阻和输出电阻的影响

放大电路引入负反馈后，其输入、输出电阻都要发生变化，不同的反馈，对输入、输出电阻的影响也不同。

(1) 对放大器输入电阻的影响。负反馈对放大器输入电阻的影响取决于反馈信号在放大电路输入端的连接方式，即是串联反馈还是并联反馈，而与输出端的连接方式无关。

串联负反馈使放大器的输入电阻增大。如图 6.36(a) 所示，在串联负反馈中，由于在放大电路的输入端，反馈网络和基本放大器是串联的，输入电阻的增大是不难理解的。串联负反馈使反馈放大电路的输入电阻增大为开环输入电阻 r_i 的 $(1+AF)$ 倍，且信号源内阻越小，反馈作用越强。

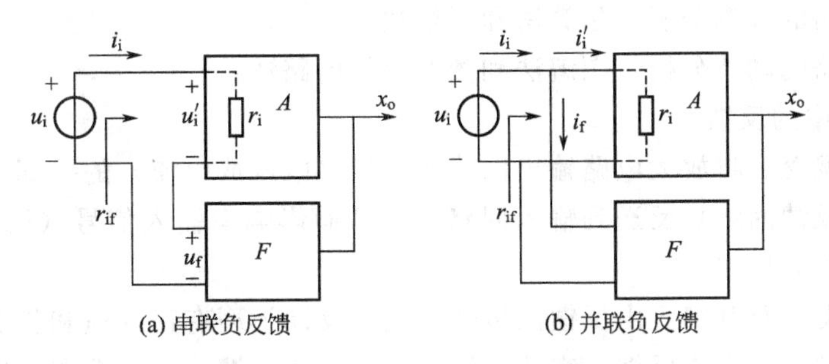

图 6.36　负反馈对输入电阻的影响

并联负反馈使放大器的输入电阻减小。在并联负反馈中，由于反馈网络的输出端和基本放大器的输入端是并联的，因此势必造成输入电阻的减小。由图 6.36(b) 可知，基本放大器的输入电阻 $r_i=u_i/i_i'$，故反馈放大电路的输入电阻与基本放大器相比，并联负反馈使反馈放大电路的输入电阻减小为开环输入电阻 r_i 的 $1/(1+AF)$，且信号源内阻越大，反馈作用越强。

(2) 对放大器输出电阻的影响。负反馈对输出电阻的影响取决于放大电路输出端的连接方式，即与是电压反馈还是电流反馈有关，而与输入端的连接方式无关。

电压负反馈使放大器的输出电阻减小。电压负反馈具有稳定输出电压的作用，即当输入信号一定，负载变化时，输出电压的变化很小，这意味着电压负反馈放大电路的输出电阻比没有负反馈时减小了。基本放大器的输出端与反馈网络的输入端并联连接，故电压负反馈使放大器的输出电阻减小。

电流负反馈使放大器的输出电阻增大。由于电流负反馈具有稳定输出电流的作用，即当负载变化时，输出电流的变化很小，这意味着电流负反馈使放大电路的输出电阻增大了。另外，基本放大器的输出端与反馈网络的输入端串联连接，故电流负反馈使放大器的输出电阻增大。

本章小结

1. 二极管

(1) 二极管的符号及分类。

(2) 二极管的主要特性：单向导电性，即正向导通，反向截止。

(3) 二极管的主要参数：最大整流电流、最高反向工作电压、反向电流、最高工作频率。

2. 三极管

(1) 三极管的型号及分类。

(2) 三极管的电流放大作用。

(3) 三极管的伏安特性曲线以及工作状态。

3. 基本放大电路

（1）基本放大电路的概念。

（2）放大电路的主要性能指标：放大倍数、输入电阻、输出电阻、通频带、最大输出功率。

（3）放大电路的组成及各元件的名称和作用。

4. 放大电路的分析方法

（1）放大电路的静态分析：估算法和图解法。

（2）放大电路的动态分析：图解法和微变等效电路法。

5. 放大电路中的反馈

（1）反馈的概念。将放大电路输出回路的信号（电压或电流）的一部分或全部，经过一定的电路（称作反馈网络）反送到输入回路中，从而影响净输入信号（增强或减弱），这种信号的反送过程称为反馈。

（2）反馈的类型及判别。由反馈的极性决定的反馈类型有正反馈和负反馈；由反馈的成分决定的反馈类型有：直流反馈，交流反馈和交、直流反馈；由反馈在输出端取样方式的不同决定的反馈类型有：电压反馈和电流反馈；由反馈信号在输入端连接方式的不同决定的反馈类型有：串联反馈和并联反馈。

（3）负反馈对放大电路的影响。提高增益的稳定性、减小非线性失真、扩展通频带、对放大电路输入电阻和输出电阻的影响。

复习题

一、填空题

1. 电子电路中常用的半导体器件有二极管、稳压管、双极型三极管和场效应管等。制造这些器材的主要材料是半导体，例如______和______等。半导体中存在两种载流子：______和______。纯净的半导体称为______，它的导电能力很差。掺有少量其他元素的半导体称为杂质半导体。杂质半导体分为两种：______型半导体——多数载流子是______；______型半导体——多数载流子是______。当把P型半导体和N型半导体结合在一起时，在两者的交界处形成一个______结，这是制造半导体器件的基础。

2. 三极管的共射输出特性可以划分为三个区：______区、______区和______区。为了对输入信号进行线形放大，避免产生严重的非线形性失真，应使三极管工作在______区内。当三极管的静态工作点过分靠近______区时容易产生截止失真，当三极管的静态工作点靠近______区时容易产生饱和失真。

3. 在本征半导体中加入______价元素可形成N型半导体，加入______价元素可形成P型半导体。

4. 不同类型的反馈对放大电路产生的影响不同。正反馈使放大倍数______；负反馈使放大倍数______；但其他各项性能可以获得改善。直流负反馈的作用是______，交流负反馈能够______。

5. 电压负反馈使输出______保持稳定，因而______了放大电路的输出电阻；而电流负反馈使输出______保持稳定，因而______了输出电阻。串联负反馈______了放大电路的输入电阻；并联负反馈则______了输入电阻。

二、选择题

1. P型半导体是在本征半导体中加入微量的（　　）元素构成的。

A. 三价　　B. 四价　　C. 五价　　D. 六价

2. 用万用表检测某二极管时，发现其正、反电阻均约等于1kΩ，说明该二极管（　　）。

A. 已经击穿　　B. 完好状态　　C. 内部老化不通　　D. 无法判断

3. PN结两端加正向电压时，其正向电流是（　　）而成的。

A. 多子扩散　　B. 少子扩散　　C. 少子漂移　　D. 多子漂移

4. 测得NPN型三极管上各电极对地电位分别为$U_E=2.1V$，$U_B=2.8V$，$U_C=4.4V$，说明此三极管处在（　　）。

A. 放大区　　B. 饱和区　　C. 截止区　　D. 反向击穿区

5. 正弦电流经过二极管整流后的波形为（　　）。

A. 矩形方波　　B. 等腰三角波　　C. 正弦半波　　D. 仍为正弦波

6. 三极管超过（　　）所示极限参数时，必定被损坏。

A. 集电极最大允许电流I_{CM}　　B. 集-射极间反向击穿电压$U_{(BR)CEO}$

C. 集电极最大允许耗散功率P_{CM}　　D. 管子的电流放大倍数β

7. 若使三极管具有电流放大能力，必须满足的外部条件是（　　）。

A. 发射结正偏、集电结正偏　　B. 发射结反偏、集电结反偏

C. 发射结正偏、集电结反偏　　D. 发射结反偏、集电结正偏

三、分析与计算

1. 写出下图所示各电路的输出电压值，设二极管导通电压$U_O=0.7V$。

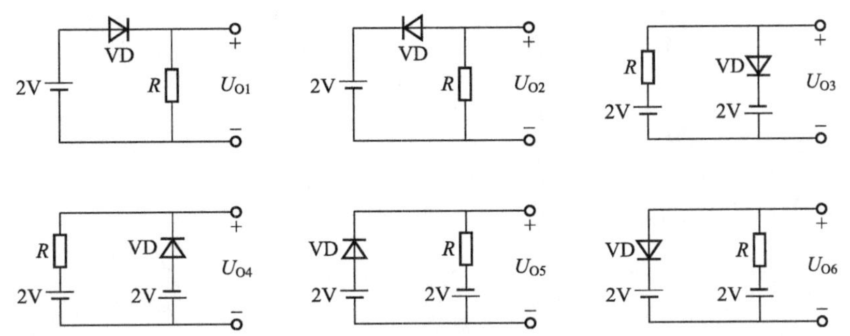

2. 已知$R_C=3.3k\Omega$，$R_{B1}=40k\Omega$，$R_{B2}=10k\Omega$，$R_E=1.5k\Omega$，$\beta=70$。求静态工作点。

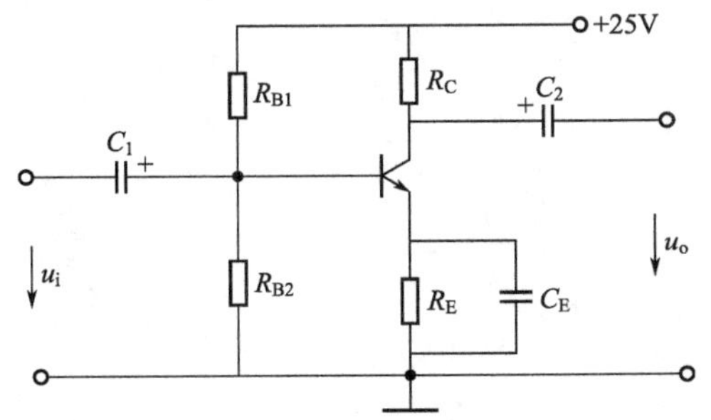

3. 半导体二极管由一个PN结构成，三极管则由两个PN结构成，那么，能否将两个二极管背靠背地连接在一起构成一个三极管？为什么？

4. 如果把三极管的集电极和发射极对调使用？三极管会损坏吗？为什么？

5. 在晶体管放大电路中测得三个晶体管的各个电极的电位如下图所示。试判断各晶体管的类型（是PNP管还是NPN管，是硅管还是锗管），并区分E、B、C三个电极。

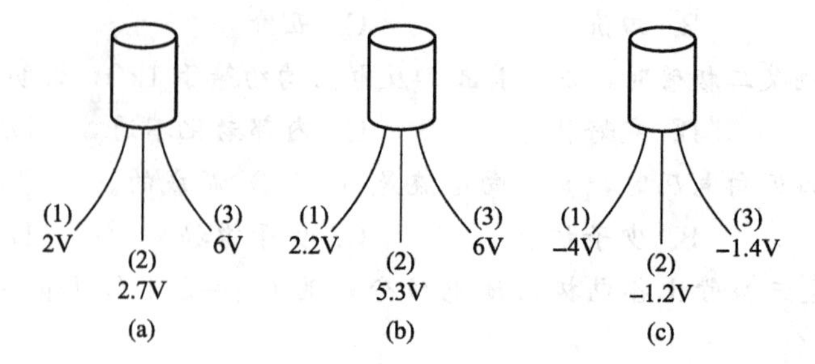
(1)
2V
(2)
2.7V
(3)
6V
(a)
(1)
2.2V
(2)
5.3V
(3)
6V
(b)
(1)
-4V
(2)
-1.2V
(3)
-1.4V
(c)

第七章　数字电路基础

学习目标：

1. 了解数字电路的特点、分类及常见脉冲形式；
2. 知道常用的数制及不同数制间的相互转换；
3. 了解编码及常见的编码类型；
4. 掌握逻辑门的功能表和真值表，掌握逻辑函数的表示方法；
5. 掌握逻辑代数的基本定律和规则，学会逻辑函数的化简；
6. 知道组合逻辑电路的特点、分类、分析和设计步骤，学会分析和设计组合逻辑电路；
7. 掌握触发器及时序逻辑电路的分析。

第一节　数字电路概述

一、数字信号与数字电路

电子线路处理的信号大致有两类：模拟信号和数字信号。对模拟信号进行传输和处理的电路称为模拟电路，对数字信号进行传输和处理的电路称为数字电路。

模拟信号是指时间上和数值上均连续的信号，如由温度传感器转换来的反映温度变化的电信号等。最典型的模拟信号是正弦波信号［图 7.1(a)］。模拟信号的优点是用精确的值表示事物，缺点是难以度量且容易受噪声的干扰。

数字信号是指时间上和数值上均离散的信号，如开关位置、数字逻辑等，最典型的数字信号是矩形波［图 7.1(b)］。数字信号所表现的形式是一系列的高、低电平组成的脉冲波，即信号总在高电平和低电平间来回变化。

数字电路是用数字信号完成对数字量进行算术运算和逻辑运算的电路，它主要研究电路输入、输出状态之间的逻辑关系。

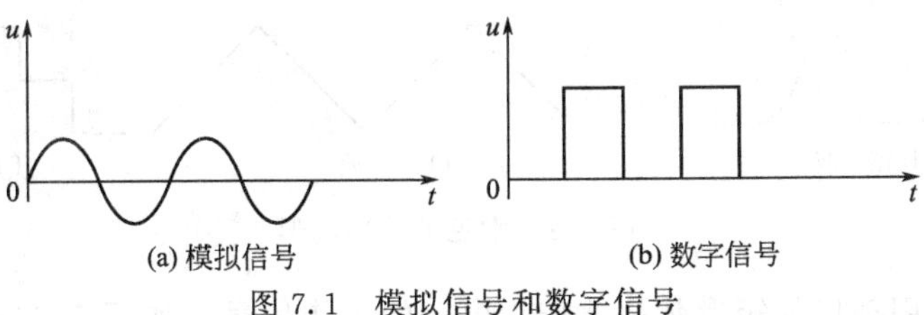

图 7.1　模拟信号和数字信号

二、数字电路的特点和分类

1. 数字电路的特点

(1) 电路结构简单、容易制作、便于集成。

（2）抗干扰能力强、功耗低，对电路元件的精度要求不高，便于集成化和系列化生产。

（3）电路能够进行数值运算、逻辑运算和判断，因此又称为数字逻辑电路或数字电路与逻辑设计。

（4）电路应用广泛。数字电路在日常生活、自动控制、测量仪器、通信等领域都有广泛应用。

2. 数字电路的分类

（1）按集成电路规模分类。数字电路按集成度分为小规模（SSI）、中规模（MSI）、大规模（LSI）和超大规模（VLSI）集成电路，如表 7.1 所示。

表 7.1　集成电路分类

集成电路分类	集成度	电路规模与范围
小规模集成电路(SSI)	1～10 个门/片或 10～100 个元件/片	逻辑单元电路：逻辑门电路、集成触发器
中规模集成电路(MSI)	10～100 个门/片或 100～1000 个元件/片	逻辑功能部件：译码器、编码器、选择器、计数器、寄存器及比较器等
大规模集成电路(LSI)	＞100 个门/片或＞1000 个元件/片	数字逻辑系统：中央处理器、存储器及串并行接口电路等
超大规模集成电路(VLSI)	＞1000 个门/片或＞10 万个元件/片	高集成度的数字逻辑系统：例如在一个硅片上集成一个完整的微型计算机

（2）按电路所用器件分类。数字电路按电路所用器件分为双极型（如 TTL、ECL、HTL、I^2L）和单极型（如 NMOS、PMOS、CMOS）电路。

（3）按电路结构分类。数字电路按照电路结构分为组合逻辑电路和时序逻辑电路。

三、常见的脉冲波形和参数

脉冲的含义是指脉动和冲击，数字信号具有不连续和突变的特性，实质上是一种脉冲信号。从广义上来讲，凡是非正弦电压或电流统称为脉冲信号。常见的脉冲信号多种多样，如图 7.2 所示，它可以是周期性的，也可以是非周期性的或单次的。

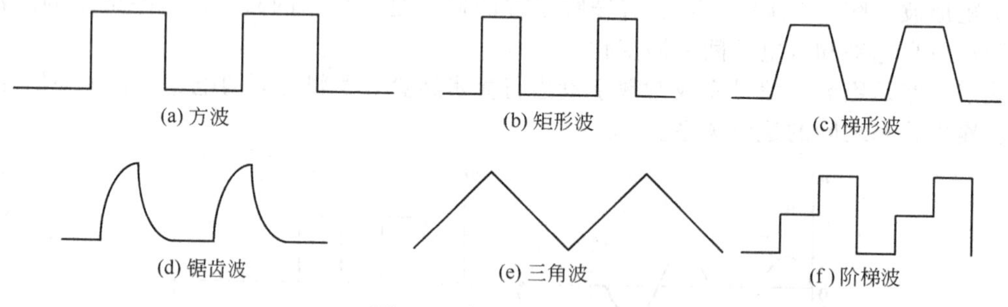

图 7.2　常见的脉冲波形

数字电路常使用理想的矩形脉冲波作为电路的工作信号，如图 7.3(a) 所示。实际的矩形脉冲波如图 7.3(b) 所示，当它从低电平上升为高电平，或由高电平下降到低电平时，并不是理想的跳变，顶部或底部也不平坦。为了具体说明矩形脉冲波形，常引入以下一些参数。

（1）脉冲幅度 U_m。U_m指脉冲信号变化量的最大值。

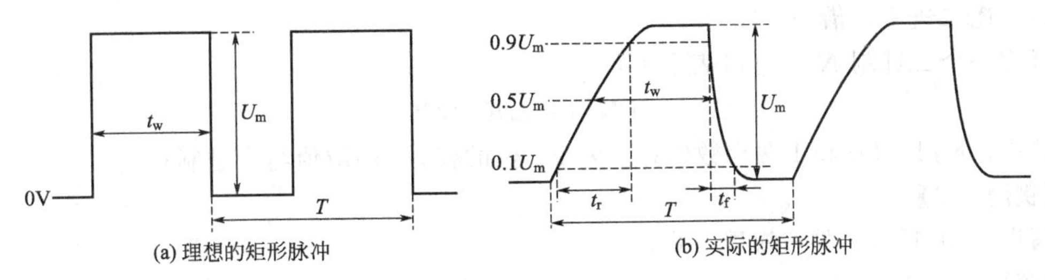

图 7.3　矩形脉冲波形

(2) 脉冲前沿 t_r。t_r指脉冲从 10% U_m上升到 90%U_m所需的时间。t_r愈短，脉冲上升愈快，愈接近于理想的矩形波的上升跳变。

(3) 脉冲后沿 t_f。t_f指脉冲从 90%U_m下降到 10%U_m所需要的时间。

(4) 脉冲宽度 t_w。t_w指脉冲从脉冲前沿的 50%U_m到脉冲后沿的 50%U_m所需的时间，也称脉冲持续时间、有效脉冲宽度等。

(5) 脉冲周期 T。T 指相邻脉冲上相应点之间的时间间隔。

(6) 脉冲频率 f。单位时间内的脉冲数，与周期 T 的关系为 $f=1/T$。

(7) 占空比 t_w/T。t_w/T 指脉冲宽度与脉冲周期之比。

第二节　数制及数制之间的相互转换

一、数制

数制是计数的方法，是计数进位制的简称。日常生活中常使用十进制进行计数，而在数字系统中进行数字的运算与处理时，多采用二进制数、八进制数和十六进制数。

1. 十进制数

十进制数是人类最熟悉的计数体制，它用 0、1、2、3、4、5、6、7、8、9 十个数码表示数的大小，运算规律是“逢十进一，借一当十”。

例如，$2135=2\times10^3+1\times10^2+3\times10^1+5\times10^0$

其中，10 称为基数，即所用数码的数目；10^3、10^2、10^1、10^0 称为该位的权，它是根据各个数码在数中的位置得来的，且都是基数 10 的整数次幂。数码与权的乘积称为加权系数，如上述的 2×10^3、1×10^2、3×10^1、5×10^0。十进制的数值是各位加权系数的和。

因此，任意一个十进制数 N 都可以表示为：

$$[N]_{10}=\sum K_i\times10^i \tag{7.1}$$

式中，K_i为第 i 位的数码（K_i取值为 0～9 十个数码）；10^i 为第 i 位的权。

注意：i 取整数，小数点前一位为第 0 位，即 $i=0$，小数点后第一位 $i=-1$，以此类推。

【例题 7.1】

写出 $[368.137]_{10}$的按权展开式。

【解】

$$[368.137]_{10}=3\times10^2+6\times10^1+8\times10^0+1\times10^{-1}+3\times10^{-2}+7\times10^{-3}$$

2. 二进制数

二进制是数字电路中应用最广泛的计数体制，它用 0、1 两个数码表示数的大小，运算规律为“逢二进一，借一当二”。

任意一个二进制 N 都可以表示为：

$$[N]_2=\sum K_i\times 2^i \tag{7.2}$$

式中，K_i只取 0 和 1 两个数码；2^i为第 i 位的权，i 的取值与十进制相同。

【例题 7.2】

写出 $[1011.01]_2$的按权展开式。

【解】

$[1011.01]_2=1\times 2^3+0\times 2^2+1\times 2^1+1\times 2^0+0\times 2^{-1}+1\times 2^{-2}$

3. 八进制数

八进制数是以 8 为基数的计数体制，它用 0、1、2、3、4、5、6、7 这 8 个数码表示数的大小，运算规律是“逢八进一，借一当八”。

任意一个八进制 N 都可以表示为：

$$[N_8]=\sum K_i\times 8^i \tag{7.3}$$

式中，K_i取 0～7 共 8 个数码；8^i为第 i 位的权，i 的取值与十进制相同。

【例题 7.3】

写出 $[2341]_8$的按权展开式。

【解】

$[2341]_8=2\times 8^3+3\times 8^2+4\times 8^1+1\times 8^0$

4. 十六进制数

十六进制数是以 16 为基数的计数体制，它用 0、1、2、…、9、A、B、C、D、E、F 这 16 个数码表示数的大小，运算规律是“逢十六进一，借一当十六”。

任意一个十六进制 N 都可以表示为：

$$[N]_{16}=\sum K_i\times 16^i \tag{7.4}$$

式中，K_i取 0～9、A～F 共 16 个数码；16^i为第 i 位的权，i 的取值与十进制相同。

【例题 7.4】

写出 $[5B7F]_{16}$的按权展开式。

【解】

$[5B7F]_{16}=5\times 16^3+11\times 16^2+7\times 16^1+15\times 16^0$

二、各种进制之间的转换

1. 二进制、八进制、十六进制数转换为十进制数

将一个二进制、八进制、十六进制数转换为十进制数的方法：写出该进制数的按权展开式，然后按十进制数的计数规律相加，得到所求十进制数。

【例题 7.5】

将下列各种数制转换成十进制数。

(1) $[11010]_2$　　(2) $[156]_8$　　(3) $[5C3]_{16}$

【解】

(1) $[11010]_2=1\times 2^4+1\times 2^3+1\times 2^1=[26]_{10}$

(2) $[156]_8=1\times 8^2+5\times 8^1+6\times 8^0=[110]_{10}$

(3) $[5C3]_{16}=5\times 16^2+12\times 16^1+3\times 16^0=[1475]_{10}$

2. 十进制数转换为二进制、八进制、十六进制数

将十进制数转换为二进制、八进制、十六进制数的方法：对整数部分和小数部分分别进行转换。整数部分的转换概括为“除 2、8、16 取余，余数倒序排列”；小数部分的转换概括为“乘 2、8、16 取整，整数顺序排列”。

【例题 7.6】

将十进制数 $[35.625]_{10}$ 分别转换成二进制、八进制、十六进制数。

【解】

(1) 转换成二进制数

整数部分的转换

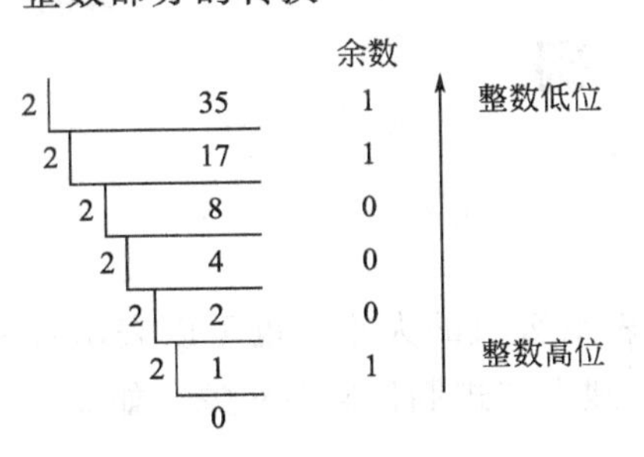

$[35]_{10}=[100011]_2$

小数部分的转换

	取整	
0.625 × 2 = 1.250	1	小数高位
0.250 × 2 = 0.50	0	↓
0.50 × 2 = 1.0	1	小数低位

$[0.625]_{10}=[0.101]_2$

将整数部分、小数部分合起来为：$[35.625]_{10}=[100011.101]_2$

(2) 转换成八进制数

整数部分的转换

	余数	
8 | 35	3	整数低位
8 | 4	4	整数高位
0		

$[35]_{10}=[43]_8$

小数部分的转换

	取整	
0.625 × 8 = 5.000	5	小数高位 ↓ 小数低位

$[0.625]_{10}=[0.5]_8$

因此，$[35.625]_{10}=[43.5]_8$

(3) 转换成十六进制数

整数部分的转换

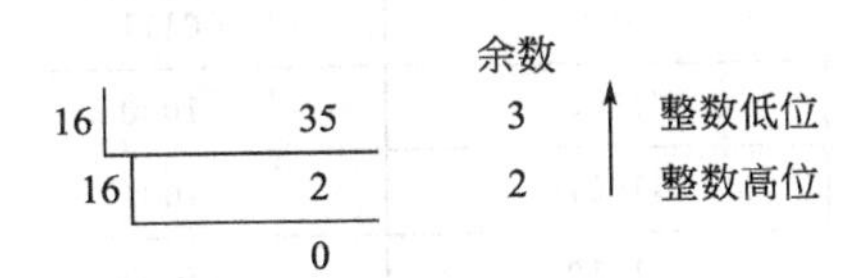

$[35]_{10}=[23]_{16}$

小数部分的转换

	取整	
0.625 × 16 = 3750 + 625 = 10.000	10	小数高位 ↓ 小数低位

$[0.625]_{10}=[0.\text{A}]_{16}$

因此，$[35.625]_{10}=[23.\text{A}]_{16}$

3. 二进制数与八进制、十六进制数之间的互换

由于 $2^3=8$，因此对三位二进制数，从 000～111 共有 8 种组合状态，可以将这 8 种状态用来表示八进制数码的 0～7。这样，每一位八进制数正好相当于三位二进制数。反过来，每三位二进制数又相当于一位八进制数。

由于 $2^4=16$，四位二进制数共有 16 种组合状态，可以分别用来表示十六进制的 16 个数码。这样，每一位 16 进制数正好相当于四位二进制数。反过来，每四位二进制数等值为一位十六进制数。

当要求将八进制数和十六进制数进行相互转化时，可通过二进制来完成。

【例题 7.7】

将二进制数 $[110.1101]_2$ 分别转换成八进制、十六进制数。

【解】

(1) 转换成八进制数

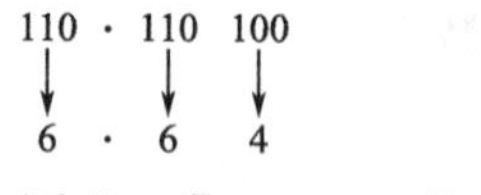

因此，$[110.1101]_2=[6.64]_8$

(2) 转换成十六进制数

$[110.1101]_2=[6.D]_{16}$

第三节　编　　码

一、编码

在数字电路中，往往用 0 和 1 组成的二进制数码表示数值的大小，也可以表示各种文字、符号等，这样的多位二进制数码称为二进制代码。建立二进制代码与对象（如文字、符号和其他进制的数码等）之间对应关系的过程称为编码。

利用二进制数码表示十进制数码的编码方法称为二-十进制编码（Binary Coded Decimal System），简称 BCD 码。BCD 码规定用四位二进制数码表示一位十进制数码。

常用 BCD 码有 8421BCD 码、2421BCD 码、余 3BCD 码、5421BCD 码等，如表 7.2 所示。

表 7.2　常用 BCD 编码表

十进制数	8421BCD 码	2421BCD 码	5421BCD 码	余 3BCD 码
0	0000	0000	0000	0011
1	0001	0001	0001	0100
2	0010	0010	0010	0101
3	0011	0011	0011	0110
4	0100	0100	0100	0111
5	0101	1011	1000	1000
6	0110	1100	1001	1001
7	0111	1101	1010	1010
8	1000	1110	1011	1011
9	1001	1111	1100	1100

二、二-十进制编码（BCD 码）

1. 8421BCD 码

8421BCD 码是使用最多的一种编码，它用四位二进制数表示一位相应的十进制数，每位二进制数都有固定的位权，所以该代码是一种有权码。每一位二进制的权从高位到低位依次为 8、4、2、1。

需要注意的是，由于十进制数仅有0～9十个数码，因此在8421BCD码中不允许出现1010～1111这6个代码。不允许出现的代码称为伪码或无关码。

8421BCD码与十进制数之间的转换可以直接以4位二进制数为一组进行转换。

【例题7.8】

8421BCD码 $[100100000100.0101]_{8421BCD}$ 转换成对应的十进制数。

【解】

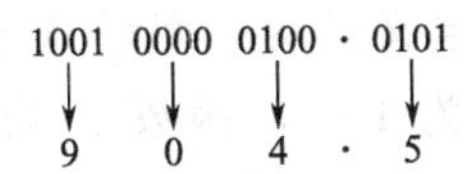

$[100100000100.0101]_{8421BCD}=[904.5]_{10}$

2. 2421BCD码、5421BCD码

2421BCD码和5421BCD码都属于有权码，它们的位权从高位到低位依次是2、4、2、1和5、4、2、1。一般地，只要代表的十进制数为大于等于5的数，通常不允许用后三位表示该十进制数，如表7.2所示。

3. 余3BCD码

余3BCD码是一种无权码，它由8421BCD码加3（0011）得来。余3BCD码中的0和9、1和8、2和7、3和6、4和5各对码相加都为1111，具有这种特性的代码称为"自补码"，用于十进制的数学运算非常方便。

4. 格雷码

格雷码（Gray Code）是一种无权码，其特点是任意两个相邻的两个代码之间0、1的取值组合只有一位不同，且第一个代码和最后一个代码0、1的取值组合也只有一位不同，故格雷码又叫反射循环码。格雷码属于可靠性编码，是一种错误最小化的编码方式。如表7.3所示为十进制数、二进制数与格雷码对照表。

表7.3 十进制数、二进制数与格雷码对照表

十进制数	二进制数	格雷码	十进制数	二进制数	格雷码
0	0000	0000	8	1000	1100
1	0001	0001	9	1001	1101
2	0010	0011	10	1010	1111
3	0011	0010	11	1011	1110
4	0100	0110	12	1100	1010
5	0101	0111	13	1101	1011
6	0110	0101	14	1110	1001
7	0111	0100	15	1111	1000

第四节 基本逻辑门

在逻辑代数中，最基本的逻辑运算有与、或、非三种。每种逻辑运算代表一种函数关系，这种函数关系可用逻辑符号写成逻辑表达式来描述，也可用文字来描述，还可用表格或图形的方式来描述。

最基本的逻辑关系有三种：与逻辑关系、或逻辑关系、非逻辑关系。

实现基本逻辑运算和常用复合逻辑运算的单元电路称为逻辑门电路。例如：实现“与”运算的电路称为与逻辑门，简称与门；实现“与非”运算的电路称为与非门。逻辑门电路是设计数字系统的最小单元。

一、与门

“与”运算是一种二元运算，它定义了两个变量 A 和 B 的一种函数关系。用语句来描述它，就是：当且仅当变量 A 和 B 都为 1 时，函数 F 为 1。或者可用另一种方式来描述它，就是：只要变量 A 或 B 中有一个为 0，则函数 F 为 0。“与”运算又称为逻辑乘运算，也叫逻辑积运算。

“与”运算的逻辑表达式为：

$$F=A\cdot B \tag{7.5}$$

式中，乘号“·”表示与运算，在不至于引起混淆的前提下，乘号“·”经常被省略。该式可读作：F 等于 A 乘 B。也可读作：F 等于 A 与 B。

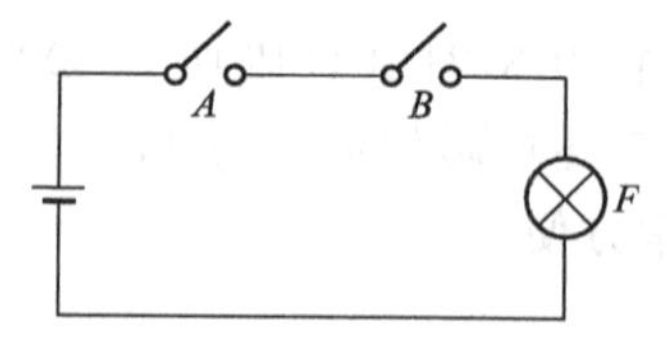

图 7.4　与运算电路

逻辑与运算可用开关电路中两个开关相串联的例子来说明，如图 7.4 所示。开关 A、B 所有可能的动作方式如表 7.4 所示，此表称为功能表。如果用 1 表示开关闭合，0 表示开关断开，灯亮时 $F=1$，灯灭时 $F=0$。则上述功能表可表示为表 7.5，这种表格叫做真值表。它将输入变量所有可能的取值组合与其对应的输出变量的值逐个列举出来。它是描述逻辑功能的一种重要方法。

表 7.4　“与”运算功能表

开关 A	开关 B	灯 F
断开	断开	灭
断开	闭合	灭
闭合	断开	灭
闭合	闭合	亮

表 7.5　“与”运算真值表

A	B	$F=A\cdot B$
0	0	0
0	1	0
1	0	0
1	1	1

由“与”运算关系的真值表可知“与”逻辑的运算规律为：

$$0\cdot 0=0$$

$$0\cdot 1=1\cdot 0=0$$

$$1\cdot 1=1$$

简单地记为：有 0 出 0，全 1 出 1。

由此可推出其一般形式为：

$$A\cdot 0=0$$

$$A\cdot 1=A$$

$$A \cdot A = A$$

实现“与”逻辑运算功能的电路称为“与门”。每个与门有两个或两个以上的输入端和一个输出端，图 7.5 是两输入端与门的逻辑符号。在实际应用中，制造工艺限制了与门电路的输入变量数目，所以实际与门电路的输入个数是有限的。

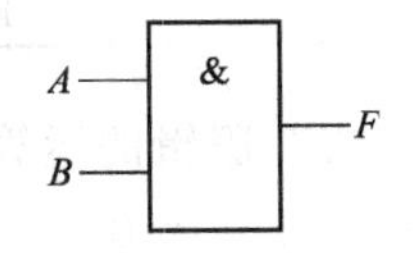

图 7.5 与门的逻辑符号

【例题 7.9】

如图 7.6 所示，向与门输入图示的波形，求其输出波形 F。

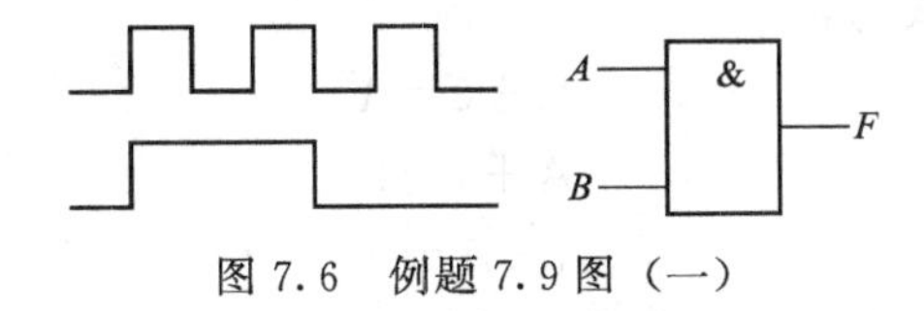

图 7.6 例题 7.9 图（一）

【解】

如图 7.7 所示，当输入波形 A 和 B 同时为高电平时，输出波形 F 为高电平。

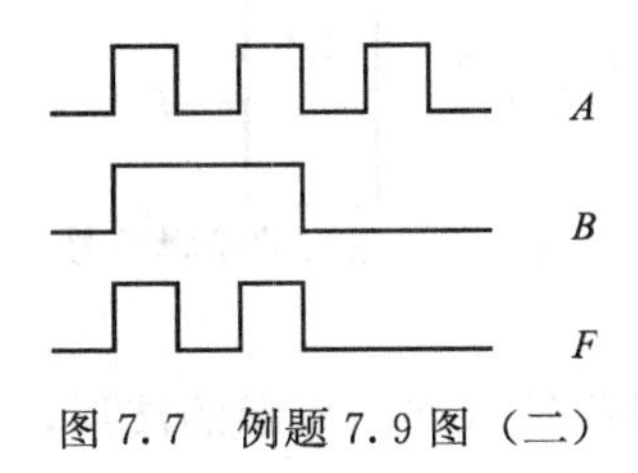

图 7.7 例题 7.9 图（二）

二、或门

“或”运算是另一种二元运算，它定义了变量 A、B 与函数 F 的另一种关系。用语句来描述它，就是：只要变量 A 和 B 中任何一个为 1，则函数 F 为 1。或者说：当且仅当变量 A 和 B 均为 0 时，函数 F 才为 0。“或”运算又称为逻辑加，也叫逻辑和，其运算符号为“+”。

“或”运算的逻辑表达式为：

$$F = A + B \tag{7.6}$$

式中，加号“+”表示“或”运算。该式可读作：F 等于 A 加 B。也可读作：F 等于 A 或 B。

逻辑或运算可用开关电路中两个开关相并联的例子来说明，如图 7.8 所示。其功能表和真值表分别如表 7.6、表 7.7 所示。

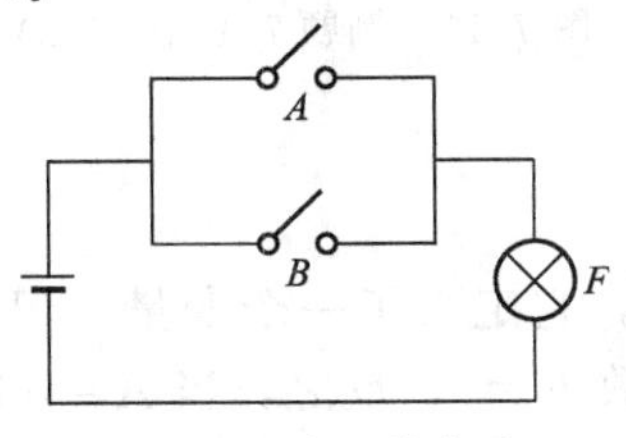

图 7.8 或运算电路

表 7.6 “或”运算功能表

开关 A	开关 B	灯 F
断开	断开	灭
断开	闭合	亮
闭合	断开	亮
闭合	闭合	亮

表 7.7 “或”运算真值表

A	B	$F=A+B$
0	0	0
0	1	1
1	0	1
1	1	1

由“或”运算关系的真值表可知“或”逻辑的运算规律为：

$$0+0=0$$
$$0+1=1+0=1$$
$$1+1=1$$

简单地记为：有 1 出 1，全 0 出 0。

由此可推出其一般形式为：

$$A+0=A$$
$$A+1=1$$
$$A+A=A$$

实现“或”逻辑运算功能的电路称为“或门”。每个或门有两个或两个以上的输入端和一个输出端，图 7.9 是两输入端或门的逻辑符号。

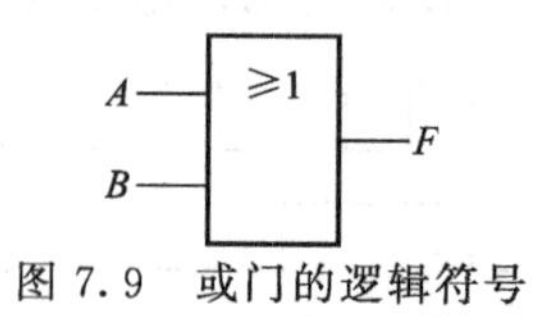

图 7.9 或门的逻辑符号

【例题 7.10】

如图 7.10 所示，向两输入或门输入如图所示的波形，求其输出波形 F。

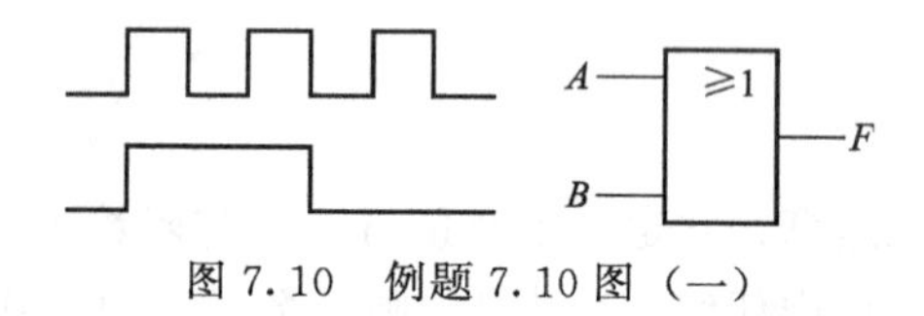

图 7.10 例题 7.10 图（一）

【解】

如图 7.11 所示，当输入波形 A 和 B 至少有一个为高电平时，输出波形 F 为高电平。

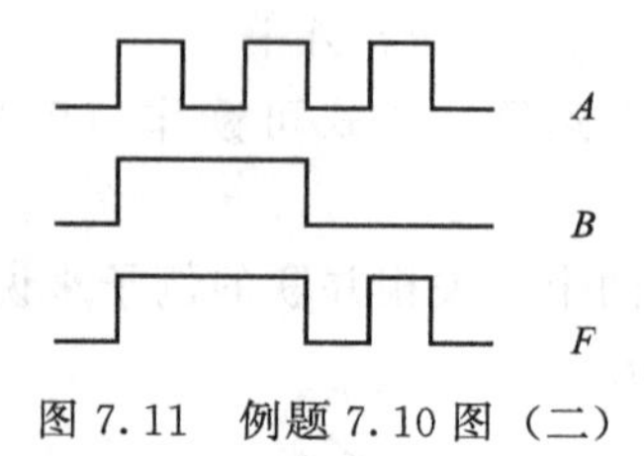

图 7.11 例题 7.10 图（二）

三、非门

逻辑“非”运算是一元运算，它定义了一个变量（记为 A）的函数关系。用语句来描述之，就是：当 $A=1$ 时，则函数 $F=0$；反之，当 $A=0$ 时，则函数 $F=1$。非运算亦称为“反”运算，也叫逻辑否定。

“非”运算的逻辑表达式为：

$$F=\overline{A} \tag{7.7}$$

式中，字母上方的横线“—”表示“非”运算。该式可读作：F 等于 A 非，或 F 等于 A 反。

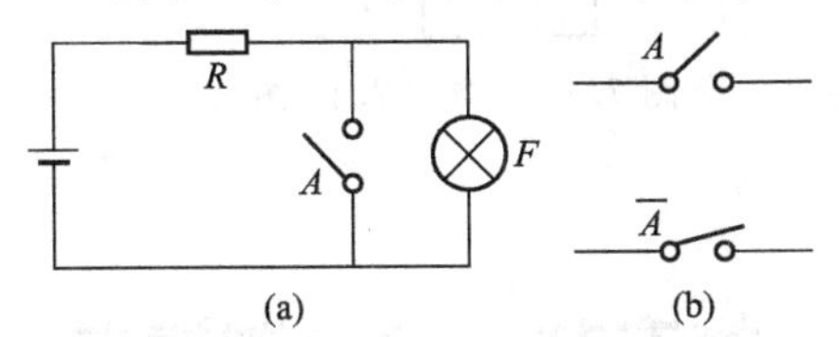

图 7.12　非运算电路

逻辑“非”运算可用图 7.12(a) 中的开关电路来说明。在图 7.12(b) 中，若令 A 表示开关处于常开位置，则 $\overline{A}$ 表示开关处于常闭位置。其功能表和真值表很简单，分别如表 7.8、表 7.9 所示。

表 7.8　“非”运算功能表

A	$F=\overline{A}$
断开	闭合
闭合	断开

表 7.9　“非”运算真值表

A	$F=\overline{A}$
0	1
1	0

由“非”运算关系的真值表可知“非”逻辑的运算规律为：

$$\overline{0}=0$$

$$\overline{1}=0$$

简单地记为：有 0 出 1，有 1 出 0。

由此可推出其一般形式为：

$$\overline{\overline{A}}=A$$

$$A+\overline{A}=1$$

$$A\cdot\overline{A}=0$$

实现“非”逻辑运算功能的电路称为“非门”，非门也叫反相器。每个非门有一个输入端和一个输出端，图 7.13 是非门的逻辑符号。

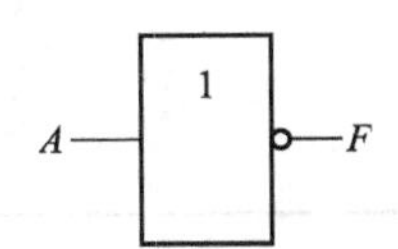

图 7.13　非门的逻辑符号

【例题 7.11】

如图 7.14 所示，向非门输入如图所示的波形，求其输出波形 F。

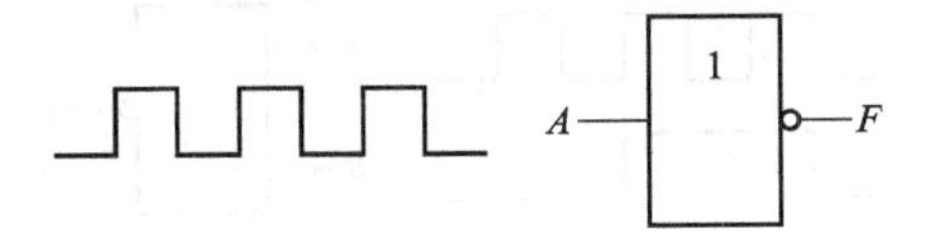

图 7.14　例题 7.11 图（一）

【解】

如图 7.15 所示，当输入波形为高电平时，输出就为低电平，当输入波形为低电平时，

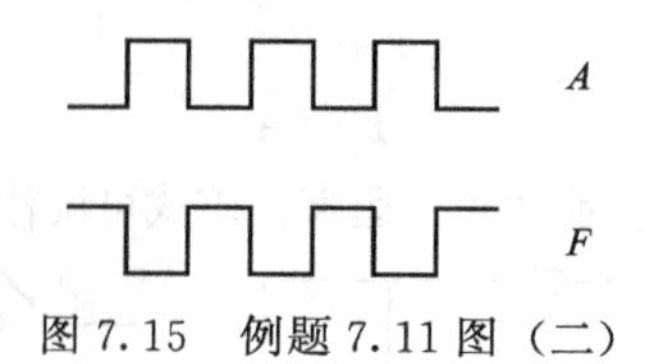

图 7.15　例题 7.11 图（二）

输出就为高电平。

第五节　复合逻辑门

一、与非门

“与”运算后再进行“非”运算的复合运算称为“与非”运算，实现“与非”运算的逻辑电路称为与非门。一个与非门有两个或两个以上的输入端和一个输出端，两输入端与非门的逻辑符号如图 7.16 所示。

其输出与输入之间的逻辑关系表达式为：

$$F=\overline{A\cdot B} \tag{7.8}$$

图 7.16　与非门的逻辑符号

与非门的真值表如表 7.10 所示。

表 7.10　“与非”门真值表

A	B	$F=\overline{A\cdot B}$
0	0	1
0	1	1
1	0	1
1	1	0

使用与非门可实现任何逻辑功能的逻辑电路。因此，与非门是一种通用逻辑门。

【例题 7.12】

如图 7.17 所示，向两输入与非门输入图示的波形，求其输出波形 F。

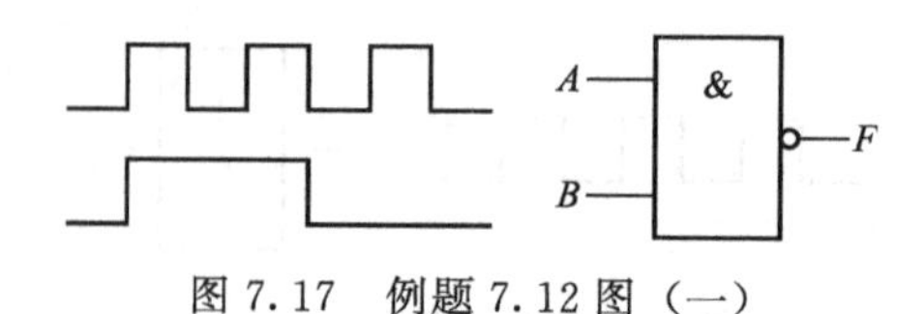

图 7.17　例题 7.12 图（一）

【解】

如图 7.18 所示，当输入波形 A 和 B 同为高电平时，输出波形 F 为低电平。

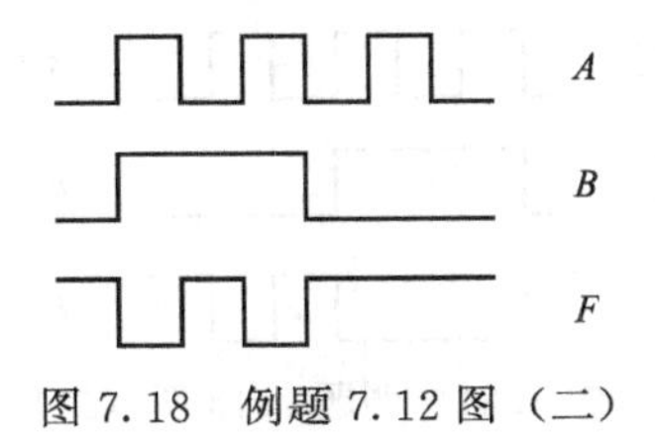

图 7.18　例题 7.12 图（二）

二、或非门

“或”运算后再进行“非”运算的复合运算称为“或非”运算，实现“或非”运算的逻辑电路称为或非门。或非门也是一种通用逻辑门。一个或非门有两个或两个以上的输入端和一个输出端，两输入端或非门的逻辑符号如图 7.19 所示。

输出与输入之间的逻辑关系表达式为：

$$F=\overline{A+B} \tag{7.9}$$

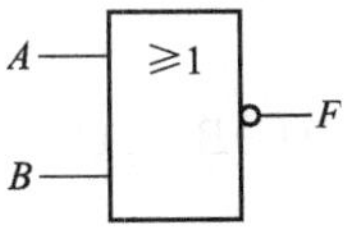

图 7.19　或非门的逻辑符号

或非门的真值表如表 7.11 所示。

表 7.11　“或非”门真值表

A	B	$F=\overline{A+B}$
0	0	1
0	1	0
1	0	0
1	1	0

或非门也可用来实现任何逻辑功能的逻辑电路。因此，或非门也是一种通用逻辑门。

【例题 7.13】

如图 7.20 所示，向两输入与非门输入如图所示的波形，求其输出波形 F。

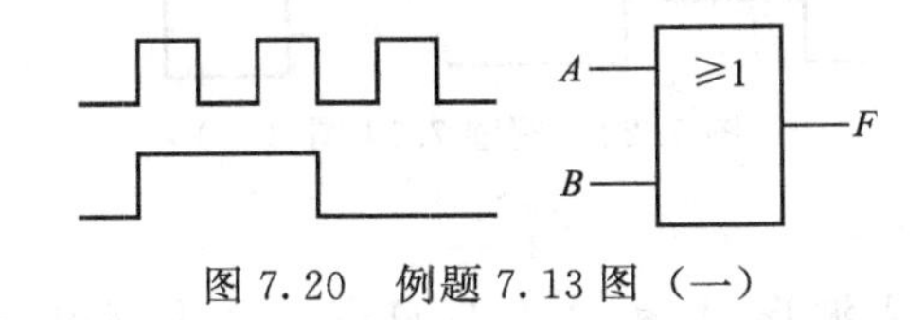

图 7.20　例题 7.13 图（一）

【解】

如图 7.21 所示，只要输入波形 A、B 中至少有一个为高电平，输出波形 F 就为低电平。

三、异或门

在集成逻辑门中，“异或”逻辑主要为二输入变量门，对三输入或更多输入变量的逻辑，都可以由二输入门导出。所以，常见的“异或”逻辑是二输入变量的情况。

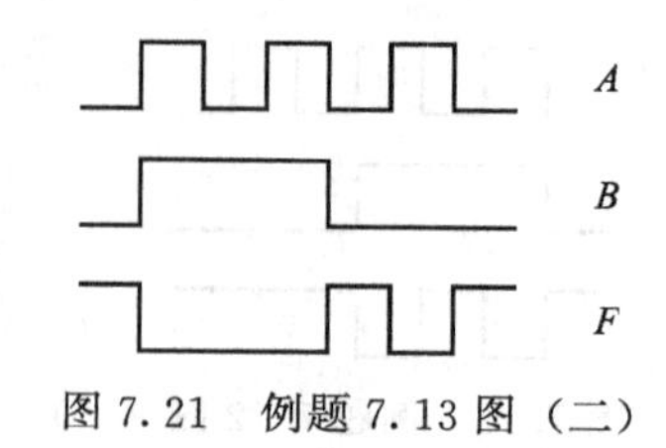

图 7.21 例题 7.13 图（二）

对于二输入变量的“异或”逻辑，当两个输入端取值不同时，输出为“1”；当两个输入端取值相同时，输出为“0”。实现“异或”逻辑运算的逻辑电路称为异或门，如图 7.22 所示为二输入异或门的逻辑符号。

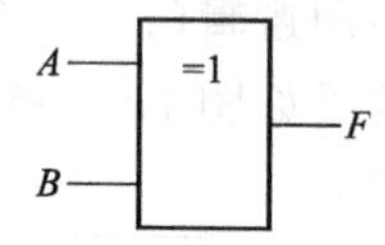

图 7.22 二输入异或门的逻辑符号

相应的逻辑表达式为：

$$F=A\oplus B=\overline{A}B+A\overline{B} \tag{7.10}$$

其真值表如表 7.12 所示。

表 7.12 二输入“异或”门真值表

A	B	$F=A\oplus B$
0	0	0
0	1	1
1	0	1
1	1	0

【例题 7.14】

如图 7.23 所示，向异或门输入如图所示的波形，求其输出波形 F。

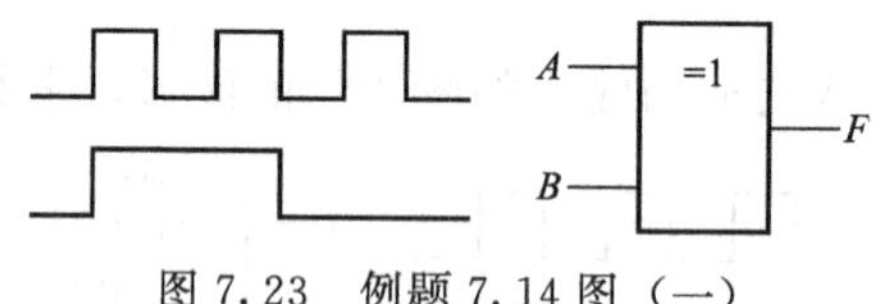

图 7.23 例题 7.14 图（一）

【解】

如图 7.24 所示，当输入波形 A 和 B 有且只有一个为高电平时，输出波形 F 就为高电平。

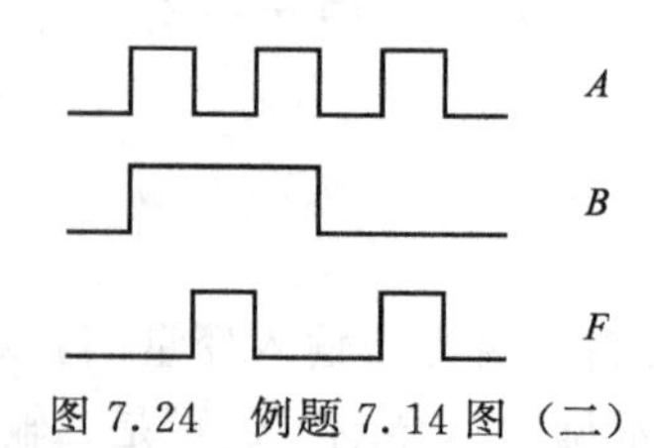

图 7.24 例题 7.14 图（二）

N 个变量的“异或”逻辑运算的输出值和输入变量的对应关系是：输入变量的取值组合中，有奇数个 1 时，“异或”逻辑运算的输出值为 1；反之，输出值为 0。

四、同或门

“异或”运算之后再进行“非”运算，则称为“同或”运算。实现“同或”运算的电路称为同或门。同或门的逻辑符号如图 7.25 所示。

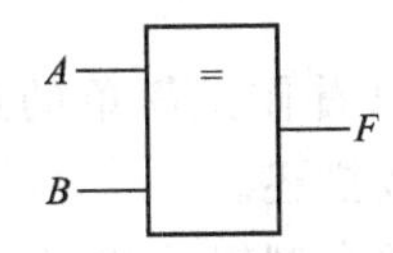

图 7.25 同或门的逻辑符号

二变量同或运算的逻辑表达式为：

$$F=A\odot B=\overline{A\oplus B}=\overline{A}\,\overline{B}+AB \tag{7.11}$$

其真值表如表 7.13 所示。

表 7.13 二变量“同或”门真值表

A	B	$F=A\odot B$
0	0	1
0	1	0
1	0	0
1	1	1

【例题 7.15】

如图 7.26 所示，向同或门输入如图所示的波形，求其输出波形 F。

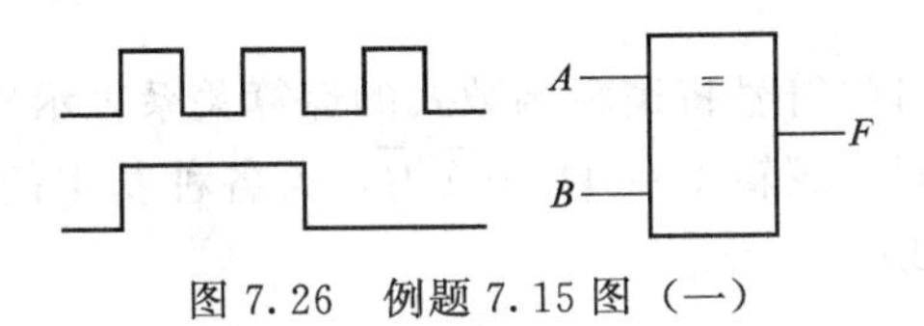

图 7.26 例题 7.15 图（一）

【解】

如图 7.27 所示，当输入波形 A 和 B 有且只有一个为高电平时，输出波形 F 就为低电平。

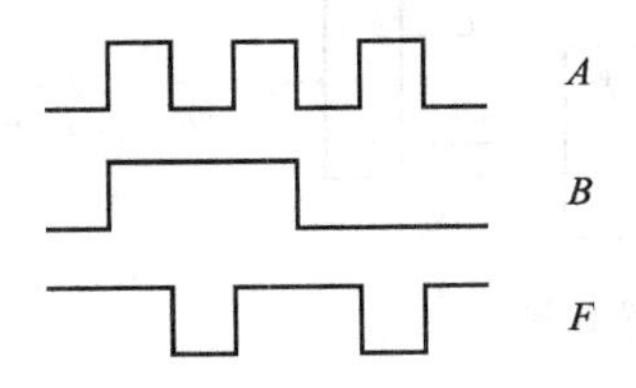

图 7.27 例题 7.15 图（二）

N 个变量的“同或”逻辑运算的输出值和输入变量取值的对应关系是：输入变量的取值组合中，有偶数个 1 时，“同或”逻辑运算的输出值为 1；反之，输出值为 0。

五、逻辑函数及其表示方法

在数字逻辑电路中，当输入变量 A、B、C、…的取值确定以后，输出变量 Y 的值也就被唯一确定了，那么，就称 Y 是 A、B、C、…的逻辑函数，其一般表达式记作：

$$Y=f(A,B,C,\cdots) \tag{7.12}$$

这与数学上函数的定义是相似的，但在逻辑函数中，变量的取值和函数的取值只有 0 和 1。

与、或、非和复合逻辑关系，可以看作是简单的逻辑函数，它们描述的是简单逻辑关系，对复杂的逻辑关系通常用逻辑函数描述。

逻辑函数有多种表示方法，常用的有逻辑函数表达式、真值表、逻辑图、卡诺图及波形图 5 种，它们之间可以相互转换。

1. 逻辑函数表达式

逻辑函数表达式是用与、或、非等基本逻辑运算来表示输入变量和输出函数之间关系的逻辑代数式，简称为逻辑表达式或表达式。如公式(7.5)～式(7.11) 是最基本的逻辑表达式。

逻辑函数表达式可以直接反映变量间的运算关系，它不能直接反映出变量取值间的对应关系，而且同一个逻辑函数有多种不同的表达式。

2. 真值表

真值表是根据给定的逻辑问题，把输入逻辑变量各种可能取值的组合和对应的输出函数值排列成表格，它表示了逻辑函数与逻辑变量各种取值之间的一一对应关系。如表 7.12 就是异或逻辑的真值表。它列出了 2 个变量 4 种组合的输入输出对应关系。

一个确定的逻辑函数只有一个真值表，即：真值表具有唯一性。

真值表能够直观、明了地反映变量取值与函数值的对应关系，但它不是逻辑运算式，不便推演变换，且当变量较多时列写比较烦琐。

3. 逻辑图

逻辑图是用相应的逻辑门符号将逻辑函数式的运算关系表示出来的图。

例如，用逻辑图表示同或逻辑 $Y=AB+\overline{A}\,\overline{B}$，若各种基本门电路都有，则可以通过下面的逻辑图（图 7.28）实现。

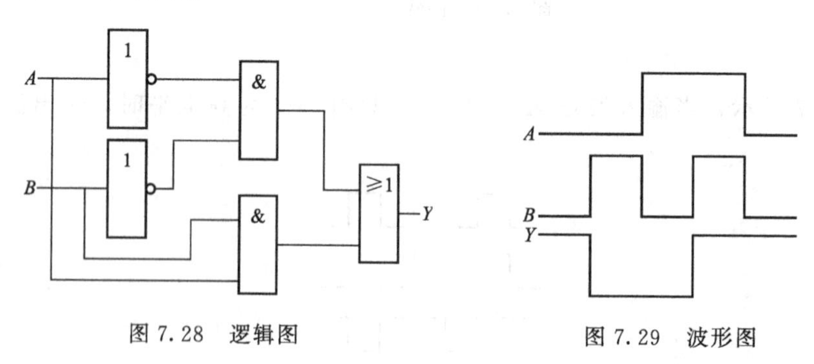

图 7.28 逻辑图

图 7.29 波形图

由于同一逻辑函数可以有多种逻辑表达式，进而可以对应多种逻辑图，因此逻辑图不是唯一的。

逻辑图的优点是逻辑门符号和实际电路、器件有明显的对应关系，能方便地按逻辑图构成实际电路图。它与真值表一样，不能直接进行逻辑的推演和变换。

4. 卡诺图

卡诺图用来对复杂逻辑函数进行化简，也是逻辑函数的一种重要表示方法。

5. 波形图

波形图又叫时序图，是反映输入变量和输出变量随时间变化的图形。它可以直观地表达出输入变量和输出函数之间随时间变化的规律，便于帮助研究者掌握数字电路的工作情况和诊断电路故障，但它不能直接表示出变量间的逻辑关系。如图 7.29 所示为在给定变量 A、B 波形后的同或逻辑 Y 的波形图。

第六节 逻辑代数的基本定律和基本规则

逻辑代数与普通代数一样，有相应的公式、定律和运算规则。应用这些公式、定律和运算规则可以对复杂逻辑函数表达式进行化简和变形，对逻辑电路进行分析和设计等。

一、逻辑代数的基本公式和定律

逻辑代数的基本公式和定律，如表 7.14 所示。

表 7.14 逻辑代数的基本公式和定律

范围说明	定律名称	逻辑关系	
常量与常量	0-1 律	$0\cdot0=0$	$0+0=0$
		$0\cdot1=0$	$0+1=1$
		$1\cdot0=0$	$1+0=1$
		$1\cdot1=1$	$1+1=1$
常量与变量		$A\cdot0=0$	$A+0=A$
		$A\cdot1=A$	$A+1=1$
与普通代数相似的定律	交换律	$A\cdot B=B\cdot A$	$A+B=B+A$
	结合律	$(A\cdot B)\cdot C=A\cdot(B\cdot C)$	$(A+B)+C=A+(B+C)$
	分配律	$A\cdot(B+C)=A\cdot B+A\cdot C$	$A+B\cdot C=(A+B)(A+C)$
逻辑代数特殊定律	互补律	$A\cdot\overline{A}=0$	$A+\overline{A}=1$
	重叠律	$A\cdot A=A$	$A+A=A$
	反演律	$\overline{A\cdot B}=\overline{A}+\overline{B}$	$\overline{A+B}=\overline{A}\cdot\overline{B}$
	还原律	$\overline{\overline{A}}=A$	

【例题 7.16】

证明分配律：$A+B\cdot C=(A+B)(A+C)$

【证明】

右边$=(A+B)(A+C)=A\cdot A+A\cdot C+B\cdot A+B\cdot C$

$=A+A\cdot C+A\cdot B+B\cdot C$

$=A(1+C+B)+B\cdot C$

$=A+B\cdot C=$左边

【例题 7.17】

证明反演律 $\overline{A \cdot B}=\overline{A}+\overline{B}$； $\overline{A+B}=\overline{A} \cdot \overline{B}$ (7.13)

【证明】

用真值表证明，如表 7.15 所示。

表 7.15 例题 7.17 真值表

A	B	$\overline{A \cdot B}$	$\overline{A}+\overline{B}$	$\overline{A+B}$	$\overline{A} \cdot \overline{B}$
0	0	1	1	1	1
0	1	1	1	0	0
1	0	1	1	0	0
1	1	0	0	0	0

由表 7.15 可以看出：两个等式的左右两边的真值表完全相同，故等式成立。

注意：在逻辑运算中，证明等式的成立一般有两种方法。一种是对等式的相对复杂的一边进行化简使其等于另一边；另一种则是列真值表比较证明，只要等式两边的真值表完全相同则等式成立。

二、逻辑代数的常用公式

(1) $AB+\overline{A}B=B$；$(A+B)(\overline{A}+B)=B$ (7.14)

【例题 7.18】

对公式(7.14) 进行证明。

【证明】

$AB+\overline{A}B=B(A+\overline{A})=B$

$(A+B)(\overline{A}+B)=A\overline{A}+AB+B\overline{A}+BB=0+B(A+\overline{A})+B=B$

(2) $A+AB=A$；$A(A+B)=A$ (7.15)

【例题 7.19】

对公式(7.15) 进行证明。

【证明】

$A+AB=A(1+B)=A$

$A(A+B)=A+AB=A$

(3) $AB+\overline{A}C+BC=AB+\overline{A}C$ (7.16)

【例题 7.20】

对式(7.16) 进行证明。

【证明】

$AB+\overline{A}C+BC=AB+\overline{A}C+(A+\overline{A})BC$

$=AB+\overline{A}C+ABC+\overline{A}BC$

$=AB(1+C)+\overline{A}C(1+B)$

$=AB+\overline{A}C$

推论：$AB+\overline{A}C+BCDE=AB+\overline{A}C$（请读者自行证明）

(4) $A(\overline{A}+B)=AB$； $A+\overline{A}B=A+B$ (7.17)

【例题 7.21】

对式(7.17) 进行证明。

【证明】

$A(\overline{A}+B)=A\overline{A}+AB=AB$

$A+\overline{A}B=A+AB+\overline{A}B=A+B(A+\overline{A})=A+B$

(5) $AB+\overline{A}C=(A+C)(\overline{A}+B)$　(7.18)

$(A+B)(\overline{A}+C)=AC+\overline{A}B$　(7.19)

【例题 7.22】

对式(7.18) 进行证明。

【证明】

右边 $=(A+C)(\overline{A}+B)=A\overline{A}+AB+C\overline{A}+BC$

$=AB+\overline{A}C+BC=AB+\overline{A}C=$ 左边

以上公式是逻辑代数的基本公式和常用公式，利用这些公式可以对逻辑函数进行化简。

三、逻辑代数的三个重要规则

逻辑代数中有三个重要规则：代入规则、反演规则和对偶规则，它们和基本定律构成了完整的逻辑代数系统，用来对逻辑函数进行描述、推导和变换。

1. 代入规则

代入规则是指在任何逻辑等式中，如果把等式两边所有出现某一变量的地方，都用某一个函数表达式来代替，则等式仍成立。

【例题 7.23】

证明：$\overline{A+B+C}=\overline{A}\cdot\overline{B}\cdot\overline{C}$

【证明】

由反演律知 $\overline{A+B}=\overline{A}\cdot\overline{B}$，若将等式两端的 B 用 $B+C$ 代替可得

$$\overline{A+(B+C)}=\overline{A}\cdot\overline{(B+C)}=\overline{A}\cdot\overline{B}\cdot\overline{C}$$

可见，反演律对任意多个变量都成立。由代入规则可以推出：

$\overline{A+B+C+\cdots}=\overline{A}\cdot\overline{B}\cdot\overline{C}\cdots$

$\overline{ABC\cdots}=\overline{A}+\overline{B}+\overline{C}+\cdots$

利用代入规则，可以扩大基本公式和定律的应用范围。

2. 反演规则

对于任意一个函数表达式 Y，只要将 Y 中所有原变量变为反变量，反变量变为原变量，“与”运算变成“或”运算，“或”运算变成“与”运算，“0”变成“1”，“1”变成“0”，两个或两个以上变量公用的“长非号”保持不变，即得原函数表达式 Y 的反函数 $\overline{Y}$，这个规则称为反演规则。

在运用反演规则时应注意：为保证逻辑表达式的运算顺序不变，可适当增加或减少括号。

【例题 7.24】

求下列函数表达式的反函数。

(1) $Y=A\overline{B}+CD$　　(2) $Y=\overline{A+\overline{B+\overline{C}+\overline{D+E}}}$

【解】

(1) $\overline{Y}=(\overline{A}+B)(\overline{C}+\overline{D})$　　(2) $\overline{Y}=\overline{A}\cdot\overline{\overline{B}\cdot C\cdot\overline{\overline{D}\cdot\overline{E}}}$

3. 对偶规则

对于任意一个函数表达式 Y，只要将 Y 中所有的“与”运算变成“或”运算，“或”运算变成“与”运算，“0”变成“1”，“1”变成“0”，而变量保持不变，且两个或两个以上变量公用的“长非号”保持不变，即得原函数表达式 Y 的对偶函数 Y'。对偶是相互的，因此，Y 也是 Y' 的对偶函数。

对偶规则：如果两逻辑函数相等，则它们的对偶函数也相等。

使用对偶规则时应注意运算符号的先后顺序，掌握好括号的使用。

【例题 7.25】

求下列函数表达式的对偶函数。

(1) $Y=AC+B$　　(2) $Y=AB+\overline{A}C$

【解】

(1) $Y'=(A+C)B$　　(2) $Y'=(A+B)(\overline{A}+C)$

对偶规则的用途广泛，利用对偶规则，可以使需要证明和记忆的公式数目减少一半。

任何逻辑等式，经反演或对偶变换后仍相等。

四、逻辑函数表达式的形式

【例题 7.26】

将与或逻辑表达式 $Y=AB+\overline{A}C$ 转换为其他形式的表达式。

【解】

$Y=AB+\overline{A}C$(与或表达式)

$=\overline{\overline{AB}\;\overline{\overline{A}C}}$(与非与非表达式)

$=(A+C)(\overline{A}+B)$(或与表达式)

$=\overline{\overline{A+C}+\overline{\overline{A}+B}}$(或非或非表达式)

$=\overline{\overline{A}\,\overline{C}+A\,\overline{B}}$(与或非表达式)

以上表明，同一个逻辑函数表达式可以有多种形式，形式不同，实现函数时所用的逻辑门就不同，反之，想用什么逻辑门实现函数，就要把表达式整理成相应逻辑门表达式的形式。

五、逻辑函数的化简

1. 化简的概念

逻辑函数的化简就是在保证逻辑函数逻辑关系不变的条件下，利用逻辑代数中的基本公式和定律等方法，使函数的表达式变得简单的过程。

2. 化简的意义

【例题 7.27】

化简逻辑函数 $Y=A+\overline{A}\,\overline{B}\,\overline{C}+\overline{A}\,\overline{B}\,C$，并用逻辑图实现。

【解】

$$Y=A+\overline{A}\ \overline{B}\ \overline{C}+\overline{A}\ \overline{B}\ C \quad (7.20)$$

$$=A+\overline{A}\,\overline{B} \quad (7.21)$$

$$=A+\overline{B} \quad (7.22)$$

根据逻辑函数式三种不同的表达式，可以用三种不同的逻辑图来实现，如图 7.30 所示。

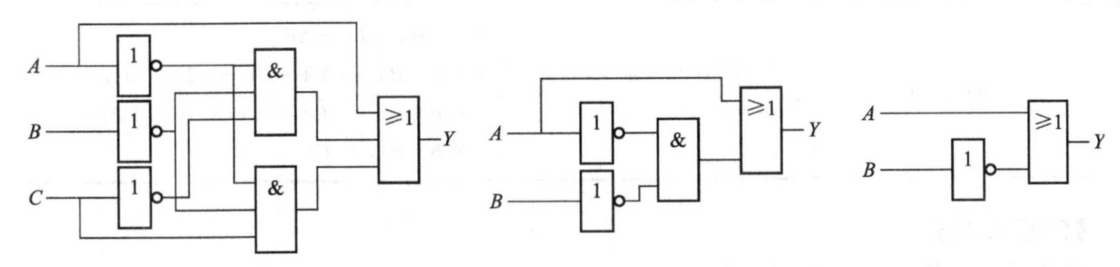

图 7.30　例题 7.27 逻辑图

由例题 7.27 可以看出，函数表达式不同，对应的逻辑门结构上有很大差异，表达式越简单，对应的逻辑图就越简单，这样用器件实现函数时，不仅可以简化电路，降低成本，减小体积，而且还可以提高电路的可靠性。因此，逻辑函数的化简具有一定的现实意义。

3. 化简的形式

在进行逻辑函数化简时，一般化简成与或表达式的形式。因为任意一个逻辑函数表达式均可展开为与或表达式；由与或表达式容易转换成其他形式的表达式。

4. 最简标准

最简与或表达式的标准有：

(1) 逻辑表达式中乘积项的个数最少。

(2) 每个乘积项中的变量个数最少。

六、逻辑函数的公式化简法

逻辑函数的化简有公式化简法和卡诺图化简法。公式化简法又称代数法，即利用逻辑代数的基本公式、常用公式和三个重要规则，对逻辑函数进行化简。

用公式法对逻辑函数进行化简时，常用并项法、吸收法、消去法和配项法。表 7.16 列出了公式化简的常用方法及说明。

表 7.16　常用化简方法

常用方法	所用公式	方法说明	举　例
并项法	$A+\overline{A}=1$	将两项合为一项，消去一个变量	$A\,\overline{B}C+A\,\overline{B}\,\overline{C}=A\,\overline{B}(C+\overline{C})=A\,\overline{B}$
吸收法	$A+AB=A$	消去多余的乘积项 AB	$A\,\overline{B}+A\,\overline{B}\,\overline{C}D(E+F)=A\,\overline{B}$
消去法	$A+\overline{A}B=A+B$	消去乘积项中的多余因子	$AB+\overline{A}C+\overline{B}C$ $=AB+(\overline{A}+\overline{B})C$ $=AB+\overline{AB}C$ $=AB+C$

续表

常用方法	所用公式	方法说明	举例
配项法	$A+A=A$	重复写入某项，再与其他项进行化简	$\overline{A}BC+ABC+\overline{\overline{A}+BC}$ $=\overline{A}BC+ABC+\overline{A}\,\overline{B}C+\overline{A}BC$ $=BC(\overline{A}+A)+\overline{A}C(\overline{B}+B)$ $=BC+\overline{A}C$
	$A=A(B+\overline{B})$	可将一项拆成两项，将其配项，消去多余项	$A\overline{B}+B\overline{C}+\overline{B}C+\overline{A}B$ $=A\overline{B}+B\overline{C}+(A+\overline{A})\overline{B}C+\overline{A}B(C+\overline{C})$ $=A\overline{B}+B\overline{C}+A\overline{B}C+\overline{A}\,\overline{B}C+\overline{A}BC+\overline{A}B\overline{C}$ $=A\overline{B}+B\overline{C}+\overline{A}C$

【例题 7.28】

应用公式化简法化简下列函数

(1) $Y=AB+CD+A\overline{B}+\overline{C}D$　(2) $Y=AB+\overline{A}CD+ABCDE$

(3) $Y=\overline{A\overline{C}B}+\overline{A\overline{C}+B}+BC$

【解】

(1) $Y=AB+CD+A\overline{B}+\overline{C}D=A(B+\overline{B})+D(C+\overline{C})=A+D$

(2) $Y=AB+\overline{A}CD+ABCDE=AB+\overline{A}CD$

(3) $Y=\overline{A\overline{C}B}+\overline{A\overline{C}+B}+BC=\overline{A\overline{C}B}+\overline{A\overline{C}}\,\overline{B}+BC$

$=\overline{A\overline{C}}(B+\overline{B})+BC=\overline{A\overline{C}}+BC=\overline{A}+C+BC=\overline{A}+C$

第七节　组合逻辑电路

一、组合逻辑电路

对于数字逻辑电路，当其任意时刻的稳定输出仅仅取决于该时刻的输入变量的取值，而与过去的输出状态无关时，则称该电路为组合逻辑电路，简称组合电路。

二、组合逻辑电路的方框图及特点

组合逻辑电路示意框图如图 7.31 所示。

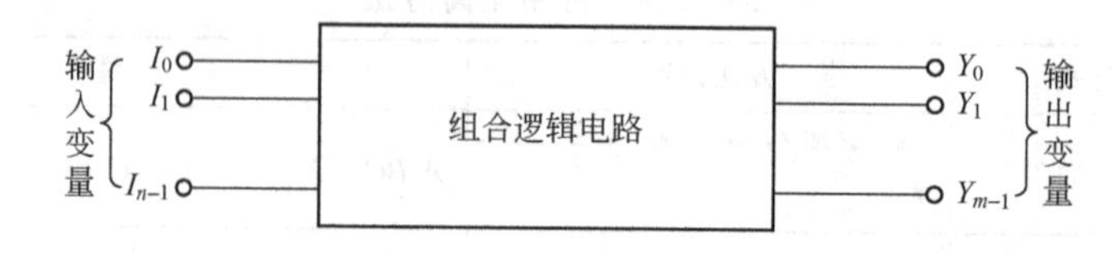

图 7.31　组合逻辑电路示意框图

组合逻辑电路基本构成单元为门电路，组合逻辑电路没有输出端到输入端的信号反馈网络。假设组合电路有 n 个输入变量 I_0、I_1、…、I_{n-1}，m 个输出变量 Y_0、Y_1、…、Y_{m-1}，根据图可以列出 m 个输出函数表达式：

$$\left.\begin{array}{l}Y_0=F_0(I_0,I_1,\cdots,I_{n-1})\\Y_1=F_1(I_0,I_1,\cdots,I_{n-1})\\\quad\quad\vdots\\Y_{m-1}=F_{m-1}(I_0,I_1,\cdots,I_{n-1})\end{array}\right\}\tag{7.23}$$

从输出函数表达式可以看出，当前输出变量只与当前输入变量有关，也就是说，组合逻辑电路无记忆性，所以组合逻辑电路是无记忆性电路。

三、组合逻辑电路逻辑功能的表示方法

组合逻辑电路逻辑功能是指输出变量与输入变量之间的函数关系，表示形式有输出函数表达式、逻辑电路图、真值表、卡诺图等。

四、组合逻辑电路的分类

1. 按组合电路逻辑功能分类

常用的组合电路有加法器、数值比较器、编码器、译码器、数据选择器和数据分配器等。由于组合电路设计的功能可以是任意变化的，所以这里只给出基本功能分类。

2. 按照使用门电路类型分类

有 TTL、CMOS 等类型。

3. 按照门电路集成度分类

有小规模集成电路 SSI、中规模集成电路 MSI、大规模集成电路 LSI、超大规模集成电路 VLSI 等。

五、组合逻辑电路的分析方法

由给定的组合逻辑电路图通过一定的步骤推导出其功能的过程，称为组合逻辑电路的分析。

1. 组合逻辑电路的分析步骤

这里所讨论的是小规模集成组合电路的分析步骤。

(1) 根据给定的逻辑电路图分析电路有几个输入变量、输出变量，写出输出变量与输入变量的逻辑表达式，有若干个输出变量就要写若干个逻辑表达式。

(2) 对所写出的逻辑表达式进行化简，求出最简逻辑表达式。

(3) 根据最简的逻辑表达式列出真值表。

(4) 根据真值表说明组合电路的逻辑功能。

2. 组合逻辑电路分析举例

【例题 7.29】

试分析图 7.32 所示组合电路的逻辑功能。

【解】

根据组合逻辑电路分析步骤：

(1) 图 7.32 有四个输入变量 A、B、C、D，一个输出变量 Y；写出 Y 的逻辑表达式。

$$Y=A\oplus B\oplus C\oplus D$$

(2) 由于 Y 的逻辑表达式不能再化简，所以直接进入第三个步骤，列出 Y 与 A、B、C、D 关系的真值表，如表 7.17 所示。

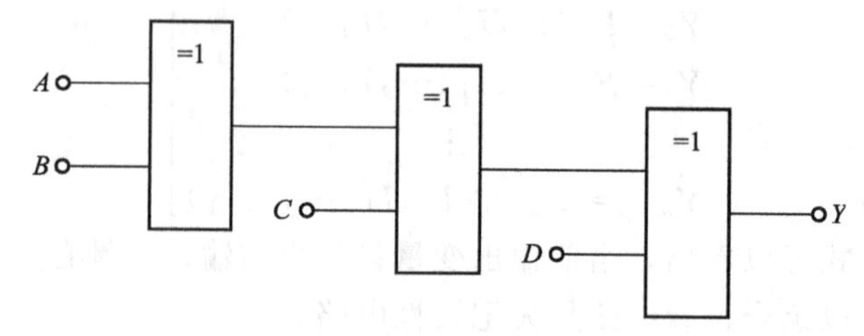

图 7.32 例题 7.29 的组合逻辑电路图

表 7.17 例题 7.29 真值表

A	B	C	D	Y
0	0	0	0	0
0	0	0	1	1
0	0	1	0	1
0	0	1	1	0
0	1	0	0	1
0	1	0	1	0
0	1	1	0	0
0	1	1	1	1
1	0	0	0	1
1	0	0	1	0
1	0	1	0	0
1	0	1	1	1
1	1	0	0	0
1	1	0	1	1
1	1	1	0	1
1	1	1	1	0

（3）根据真值表说明组合电路功能。从表中可以看出，当输入变量 A、B、C、D 中奇数个变量为逻辑 1 时，输出变量 Y 等于 1，否则 Y 输出为 0，所以图 7.32 电路是输入奇数个 1 校验器。

六、组合逻辑电路的设计方法

1. 组合逻辑电路的设计

根据设计要求，设计出符合需要的组合逻辑电路，并画出组合逻辑电路图，这个过程称为组合逻辑电路的设计。下面从小规模组合逻辑电路出发，说明组合逻辑电路的设计步骤。

2. 组合逻辑电路设计步骤

（1）根据设计要求，确定组合电路输入变量个数及输出变量个数。

（2）确定输入变量、输出变量。并将输入变量两种输入状态与逻辑 0 或逻辑 1 对应；将输出变量两种输出状态与逻辑 0 或逻辑 1 对应。

（3）根据设计要求，列真值表。

（4）根据真值表写出各输出变量的逻辑表达式。

(5) 对逻辑表达式进行化简，写出符合要求的最简的逻辑表达式。

(6) 根据最简逻辑表达式，画出逻辑电路图。

3. 组合逻辑电路设计举例

【例题 7.30】

设计一个表决电路，该电路有 3 个输入信号，当多数同意时，输出信号处于通过的状态，否则处于不通过状态，试用与非门设计该逻辑电路。

【解】

根据组合逻辑电路的设计步骤：

(1) 设定输入变量为 A、B、C，输入同意状态为逻辑 1，不同意为逻辑 0；设定输出变量为 Y，通过状态为逻辑 1，不通过状态为逻辑 0。

(2) 根据输入与输出变量的逻辑关系，列真值表 7.18。

表 7.18　例题 7.30 真值表

A	B	C	Y
0	0	0	0
0	0	1	0
0	1	0	0
0	1	1	1
1	0	0	0
1	0	1	1
1	1	0	1
1	1	1	1

(3) 根据真值表，直接画卡诺图进行化简。卡诺图如图 7.33 所示。

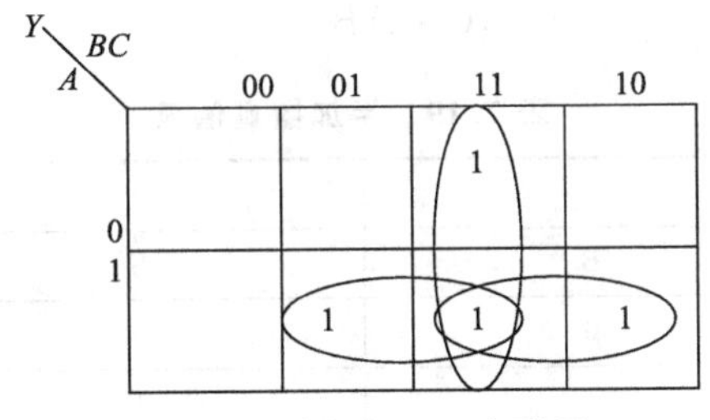

图 7.33　例题 7.30 卡诺图

(4) 写出最简表达式

$$Y=AC+AB+BC=\overline{\overline{AB}\ \overline{BC}\ \overline{AC}}$$

(5) 根据最简与非-与非表达式画出逻辑电路图，如图 7.34 所示。

七、加法器

在数字系统中，加法器和数值比较器是两种常用的组合逻辑电路，加法器是运算器的核心，用于二进制加法运算。

1. 半加器

半加器就是能实现两个一位二进制数相加的运算电路，它不考虑从相邻低位来的进位

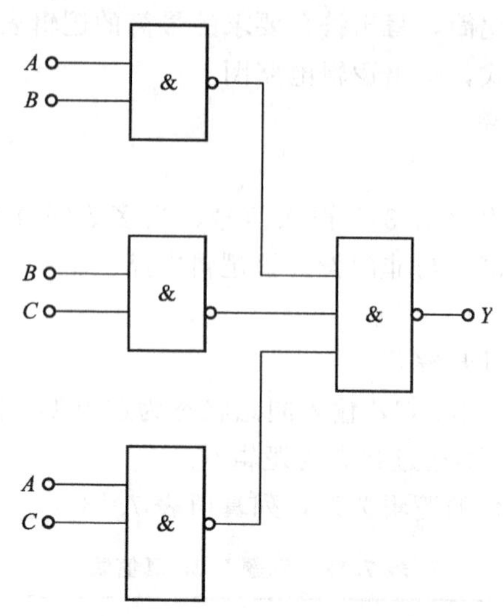

图 7.34 例题 7.30 逻辑电路图

数。因此一般有两个输入端，两个输出端。常用的逻辑符号如图 7.35 所示，A 和 B 为输入端，S 为本位和数，C 为向高位送出的进位数。

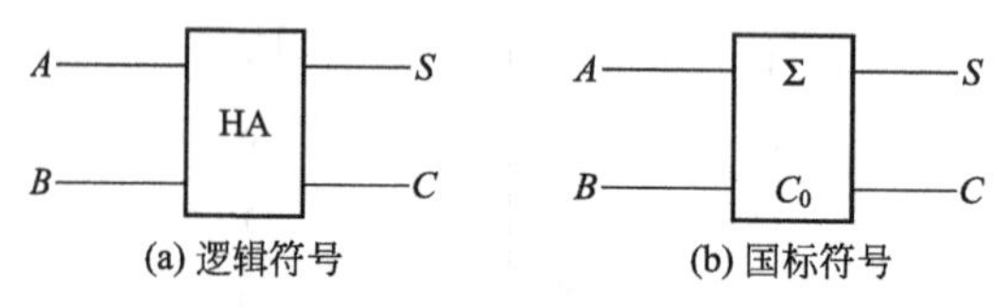

图 7.35 半加器逻辑符号

半加器的真值表如表 7.19 所示。由真值表可直接写出逻辑表达式为

$$\begin{cases} S=A\overline{B}+\overline{A}B \\ C=AB \end{cases} \tag{7.24}$$

表 7.19 半加器真值表

输入		输出	
A	B	S	C
0	0	0	0
0	1	1	0
1	0	1	0
1	1	0	1

由式(7.24) 可知，半加器可以用一个异或门和一个与门构成的电路实现，如图 7.36 所示。

2. 全加器

考虑了来自低位的进位数和两个相同位数二进制数相加的运算电路称为全加器。

若用 A_i 和 B_i 表示两个同位加数，用 C_{i-1} 表示由相邻低位来的进位数，S_i 和 C_i 分别表示运算后的全加和及向高位的进位数。按照加法运算规则，可以列出全加器的真值表，如表 7.20 所示。

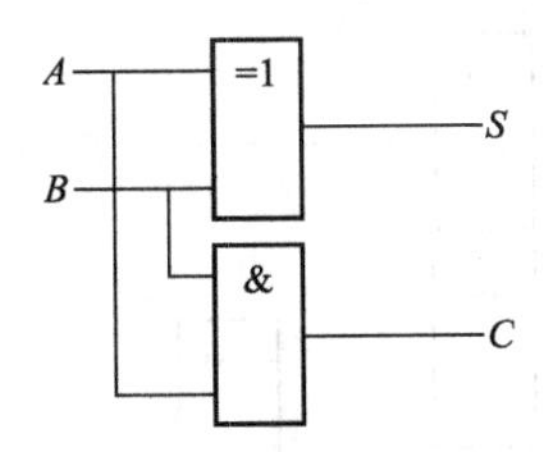

图 7.36　半加器逻辑电路

表 7.20　全加器真值表

输入			输出	
A_i	B_i	C_{i-1}	S_i	C_i
0	0	0	0	0
0	0	1	1	0
0	1	0	1	0
0	1	1	0	1
1	0	0	1	0
1	0	1	0	1
1	1	0	0	1
1	1	1	1	1

由真值表可以写出 S_i 和 C_i 的标准与或表达式：

$$S_i=\overline{A}_i\,\overline{B}_iC_{i-1}+\overline{A}_iB_i\,\overline{C}_{i-1}+A_i\,\overline{B}_i\,\overline{C}_{i-1}+A_iB_iC_{i-1} \tag{7.25}$$

$$C_i=\overline{A}_iB_iC_{i-1}+A_i\,\overline{B}_iC_{i-1}+A_iB_i\,\overline{C}_{i-1}+A_iB_iC_{i-1} \tag{7.26}$$

变换并化简式(7.25)、式(7.26) 得：

$$\begin{aligned}S_i&=(\overline{A}_iB_i+A_i\,\overline{B}_i)\overline{C}_{i-1}+(\overline{A}_i\,\overline{B}_i+A_iB_i)C_{i-1}\\&=(A_i\oplus B_i)\overline{C}_{i-1}+\overline{(A_i\oplus B_i)}C_{i-1}=A_i\oplus B_i\oplus C_{i-1}\end{aligned} \tag{7.27}$$

$$C_i=(\overline{A}_iB_i+A_i\,\overline{B}_i)C_{i-1}+(A_iB_i\,\overline{C}_{i-1}+A_iB_iC_{i-1})=(A_i\oplus B_i)C_{i-1}+A_iB_i \tag{7.28}$$

根据逻辑表达式(7.27)、式(7.28) 可画出如图 7.37(a) 所示的全加器逻辑图。图 7.37(b) 是全加器的国标符号。

八、编码器

在数字系统中，常常需要将某一信息变换成某一特定的代码输出。这种将特定含义的输入信号（如数字、某种文字、符号等）转换成输出端二进制代码的过程，称为编码。具有编码功能的逻辑电路称为编码器。按照编码方式的不同，编码器可分为普通编码器和优先编码器；按照输出代码种类的不同，可分为二进制编码器和非二进制编码器。

常用的编码器有二进制编码器、二进制优先编码器和二-十进制编码器等。

1. 二进制编码器

二进制编码器是用 n 位二进制数把某种信号编成 2^n 个二进制代码的逻辑电路，它属于

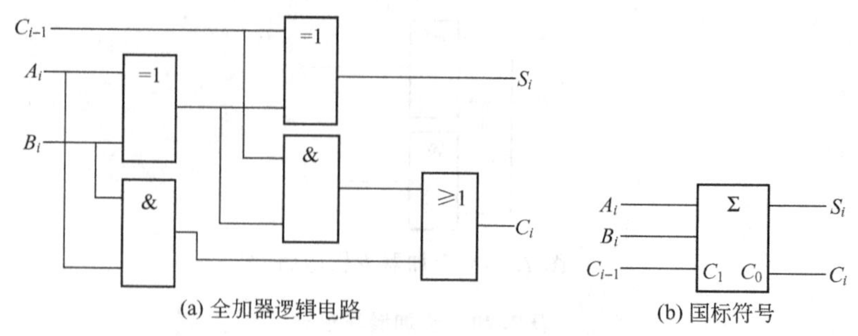

(a) 全加器逻辑电路 (b) 国标符号

图 7.37 全加器逻辑电路及国标符号

普通编码器。常见的二进制编码器有 8 线-3 线编码器（输入端有 8 条线，输出端有 3 条线）、16 线-4 线编码器等。现以 8 线-3 线编码器为例说明其工作原理。

如图 7.38 所示，该编码器有 8 个输入信号，分别为$\overline{I_0}$、$\overline{I_1}$、$\overline{I_2}$、$\overline{I_3}$、$\overline{I_4}$、$\overline{I_5}$、$\overline{I_6}$、$\overline{I_7}$，低电平有效；3 个输出端分别为Y_2、Y_1、Y_0。其真值表如表 7.21 所示。当某一个输入端为低电平时，就输出与该输入端相对应的代码。

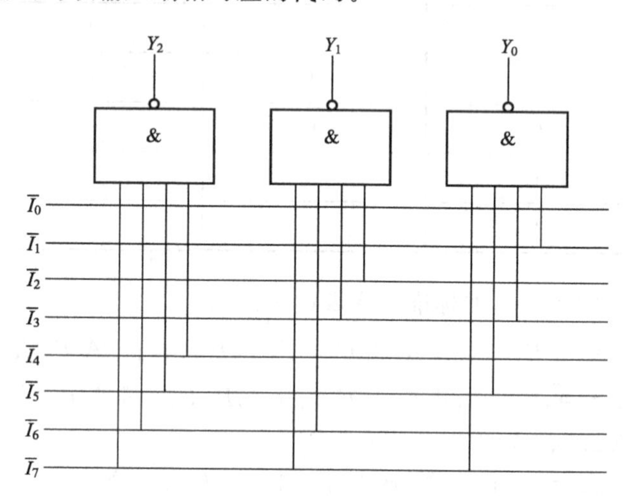

图 7.38 3 位二进制编码器

表 7.21 3 位二进制编码器真值表

输入端								输出端		
$\overline{I_0}$	$\overline{I_1}$	$\overline{I_2}$	$\overline{I_3}$	$\overline{I_4}$	$\overline{I_5}$	$\overline{I_6}$	$\overline{I_7}$	Y_2	Y_1	Y_0
0	1	1	1	1	1	1	1	0	0	0
1	0	1	1	1	1	1	1	0	0	1
1	1	0	1	1	1	1	1	0	1	0
1	1	1	0	1	1	1	1	0	1	1
1	1	1	1	0	1	1	1	1	0	0
1	1	1	1	1	0	1	1	1	0	1
1	1	1	1	1	1	0	1	1	1	0
1	1	1	1	1	1	1	0	1	1	1

由表 7.21 可得出 3 位二进制编码器输出信号的逻辑表达式。

$$Y_2=\overline{\overline{I_4}\,\overline{I_5}\,\overline{I_6}\,\overline{I_7}} \tag{7.29}$$

$$Y_1=\overline{\overline{I_2}\,\overline{I_3}\,\overline{I_6}\,\overline{I_7}} \tag{7.30}$$

$$Y_0=\overline{\overline{I_1}\,\overline{I_3}\,\overline{I_5}\,\overline{I_7}} \tag{7.31}$$

2. 二进制优先编码器

普通编码器电路简单，但同时两个或更多个输入信号有效时，其输出是混乱的。在控制系统中被控对象往往不止一个，因此必须对多个对象输入的控制量进行处理。目前广泛使用的是优先编码器，它允许若干个输入信号同时有效，编码器按照输入信号的优先级别进行编码。

常见的集成二进制 8 线-3 线优先编码器 74LS148，可以将 8 条输入数据线编码为二进制的 3 条输出数据线。它对输入端采用优先编码，以保证只对最高位的数据线进行编码。

图 7.39 为 74LS148 引脚排列图。图中引脚 10、11、12、13、1、2、3、4 为八个输入信号端，引脚 6、7、9 为三个输出端，引脚 5 为使能输入端，引脚 14、15 为用于扩展功能的输出端。

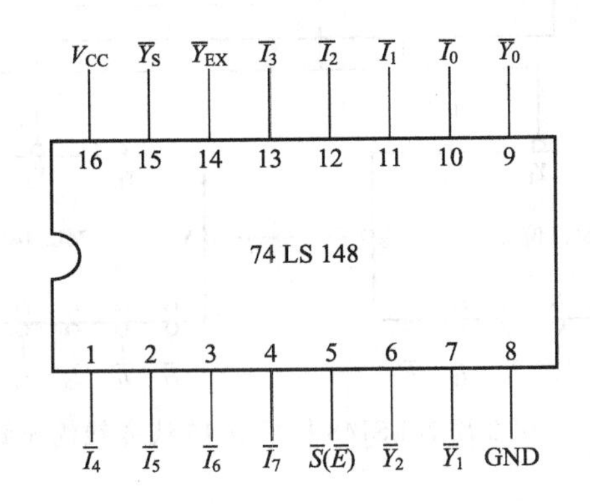

图 7.39 74LS148 引脚排列图

表 7.22 为 74LS148 功能表。表中输入输出信号均为低电平有效。优先级别高低次序依次为$\overline{I_7}$、$\overline{I_6}$、$\overline{I_5}$、$\overline{I_4}$、$\overline{I_3}$、$\overline{I_2}$、$\overline{I_1}$、$\overline{I_0}$，因此$\overline{I_7}$优先级最高，$\overline{I_0}$最低。当 $\overline{S}=0$ 时，允许编码，且输出优先级别高的有效输入对应的编码；$\overline{S}=1$ 时，禁止编码，输出端均为无效高电平，即$\overline{Y_2}\,\overline{Y_1}\,\overline{Y_0}=111$，且$\overline{Y_{EX}}=1$，$\overline{Y_S}=1$。$\overline{Y_S}$为使能输出端，主要用于级联，一般接到下一片的 $\overline{S}$ 上。当 $\overline{S}=0$ 允许工作时，如果$\overline{I_0}\sim\overline{I_7}$端有输入信号有效，$\overline{Y_S}=1$，如果$\overline{\overline{I_0}\sim\overline{I_7}}$端无输入信号有效，$\overline{Y_S}=0$。$\overline{Y_{EX}}$为扩展输出端，$\overline{Y_{EX}}=0$ 表示$\overline{Y_2}\,\overline{Y_1}\,\overline{Y_0}$ 的输出是输入信号编码输出的结果。

表 7.22 74LS148 功能表

输入信号									输出信号				
$\overline{S}$	$\overline{I_7}$	$\overline{I_6}$	$\overline{I_5}$	$\overline{I_4}$	$\overline{I_3}$	$\overline{I_2}$	$\overline{I_1}$	$\overline{I_0}$	$\overline{Y_2}$	$\overline{Y_1}$	$\overline{Y_0}$	$\overline{Y_S}$	$\overline{Y_{EX}}$
1	×	×	×	×	×	×	×	×	1	1	1	1	1
0	0	×	×	×	×	×	×	×	0	0	0	1	0
0	1	0	×	×	×	×	×	×	0	0	1	1	0
0	1	1	0	×	×	×	×	×	0	1	0	1	0

续表

输入信号									输出信号				
$\overline{S}$	$\overline{I}_7$	$\overline{I}_6$	$\overline{I}_5$	$\overline{I}_4$	$\overline{I}_3$	$\overline{I}_2$	$\overline{I}_1$	$\overline{I}_0$	$\overline{Y}_2$	$\overline{Y}_1$	$\overline{Y}_0$	$\overline{Y}_S$	$\overline{Y}_{EX}$
0	1	1	1	0	×	×	×	×	0	1	1	1	0
0	1	1	1	1	0	×	×	×	1	0	0	1	0
0	1	1	1	1	1	0	×	×	1	0	1	1	0
0	1	1	1	1	1	1	0	×	1	1	0	1	0
0	1	1	1	1	1	1	1	0	1	1	1	1	0
0	1	1	1	1	1	1	1	1	1	1	1	0	1

【例题 7.31】

试用 2 片 74LS148 扩展成 16 线-4 线优先编码器，如图 7.40 所示，读者可自行分析。

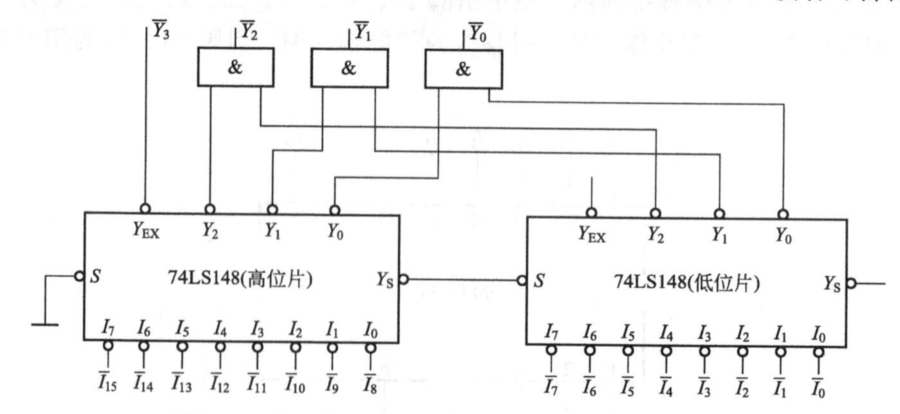

图 7.40 用 2 片 74LS148 扩展成 16 线-4 线优先编码器

3. 二-十进制编码器

二-十进制编码器是将十进制的 10 个数码 0、1、2、3、4、5、6、7、8、9（或其他十个信息）编成二进制代码的逻辑电路。这种二进制代码又称为二-十进制代码，简称 BCD 码。二-十进制编码器是 10 线-4 线编码器，即有 10 个输入端，4 个输出端。该编码器的真值表如表 7.23 所示。

表 7.23 二-十进制编码器真值表

十进制数	输入端										输出端			
	I_0	I_1	I_2	I_3	I_4	I_5	I_6	I_7	I_8	I_9	Y_3	Y_2	Y_1	Y_0
0	1	0	0	0	0	0	0	0	0	0	0	0	0	0
1	0	1	0	0	0	0	0	0	0	0	0	0	0	1
2	0	0	1	0	0	0	0	0	0	0	0	0	1	0
3	0	0	0	1	0	0	0	0	0	0	0	0	1	1
4	0	0	0	0	1	0	0	0	0	0	0	1	0	0
5	0	0	0	0	0	1	0	0	0	0	0	1	0	1
6	0	0	0	0	0	0	1	0	0	0	0	1	1	0
7	0	0	0	0	0	0	0	1	0	0	0	1	1	1
8	0	0	0	0	0	0	0	0	1	0	1	0	0	0
9	0	0	0	0	0	0	0	0	0	1	1	0	0	1

由表 7.23 可以写出各输出逻辑函数式为：

$$Y_3 = I_8 + I_9 \tag{7.32}$$

$$Y_2 = I_4 + I_5 + I_6 + I_7 \tag{7.33}$$

$$Y_1 = I_2 + I_3 + I_6 + I_7 \tag{7.34}$$

$$Y_0 = I_1 + I_3 + I_5 + I_7 + I_9 \tag{7.35}$$

根据上述逻辑函数表达式得到最常见的 8421 BCD 码编码器，如图 7.41 所示。其中，输入信号 $I_0 \sim I_9$ 代表 0～9 共 10 个十进制信号，此电路为输入高电平有效，输出信号 $Y_0 \sim Y_3$ 为相应二进制代码，其中 S 为拨盘开关，当需要转换某一个十进制数时，就将拨盘开关拨到相应的输入端上。

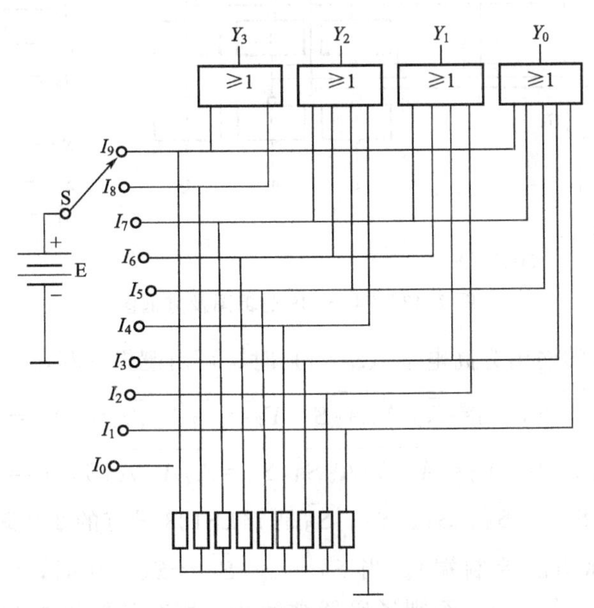

图 7.41　8421 BCD 码编码器的逻辑电路图

九、译码器

译码是编码的逆过程，译码器的功能是将输入的二进制代码译成与代码对应的输出信号。实现译码功能的数字电路称为译码器。译码器分为变量译码器和显示译码器。变量译码器有二进制译码器和非二进制译码器。

1. 二进制译码器

将二进制代码译成对应的输出信号的电路称为二进制译码器。图 7.42 为二进制译码器的方框图。

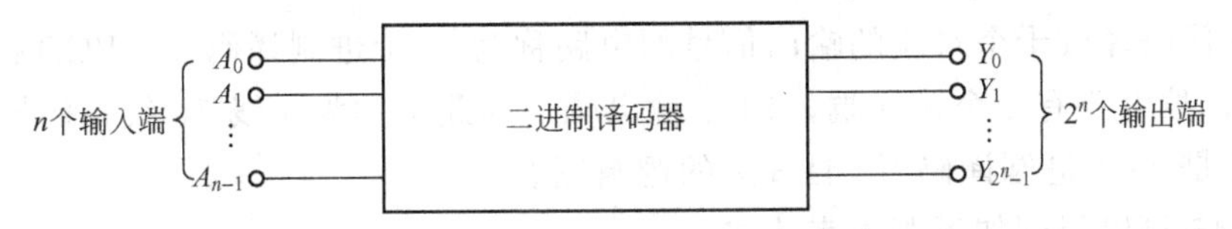

图 7.42　二进制译码器方框图

图中所示的输入信号是二进制代码，输出信号是一组高低电平信号。对应输入信号的任何一种取值组合，只有一个相应的输出端为有效电平，其余输出端均为无效电平。若输入是

n 位二进制代码，译码器必然有 2^n 根输出线。因此，2 位二进制译码器有 4 根输出线，又称 2 线-4 线译码器；3 位二进制译码器有 8 根输出线，又称 3 线-8 线译码器。

74LS138 是由 TTL 与非门组成的 3 线-8 线译码器，它的逻辑图如图 7.43(a) 所示，其符号图如图 7.43(b) 所示。

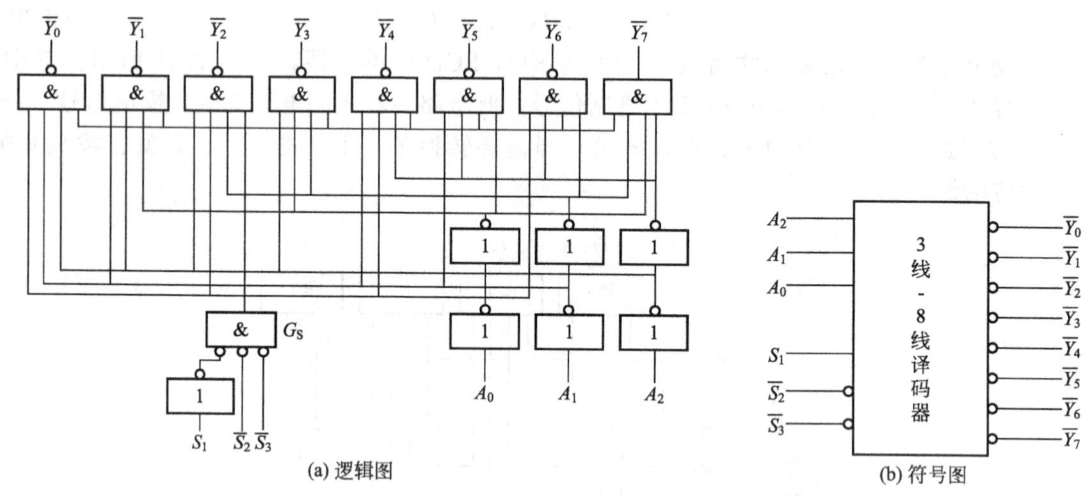

图 7.43　74LS138 逻辑图及方框图

当附加控制门 G_S 的输出为高电平（$S=1$）时，可由逻辑图写出

$$\overline{Y}_0=\overline{\overline{A}_2\,\overline{A}_1\,\overline{A}_0S},\ \overline{Y}_1=\overline{\overline{A}_2\,\overline{A}_1A_0S},\ \overline{Y}_2=\overline{\overline{A}_2A_1\,\overline{A}_0S},\ \overline{Y}_3=\overline{\overline{A}_2A_1A_0S},$$

$$\overline{Y}_4=\overline{A_2\,\overline{A}_1\,\overline{A}_0S},\ \overline{Y}_5=\overline{A_2\,\overline{A}_1A_0S},\ \overline{Y}_6=\overline{A_2A_1\,\overline{A}_0S},\ \overline{Y}_7=\overline{A_2A_1A_0S} \tag{7.36}$$

式(7.36) 中 $S=S_1\,\overline{S_2}\,\overline{S_3}$。$S_1$、$\overline{S_2}$、$\overline{S_3}$ 是 74LS138 设有的 3 个附加的控制端，也称为“片选”输入端（或称功能控制端）。当 $S_1=1$、$\overline{S_2}=\overline{S_3}=0$ 时，G_S 的输出端为高电平（$S=1$），译码器处于工作状态，否则译码器被禁止，所有的输出端被封锁在高电平。利用片选端的作用可以将多片 74LS138 连接起来以扩展译码器的功能。

【例题 7.32】

试用 2 片 74LS138 实现 4 线-16 线译码器。

【解】

把 2 片 74LS138 适当连接可以实现 4 线-16 线译码器，如图 7.44 所示。D、C、B、A 为输入，其中 C、B、A 作为低三位直接与 1# 或 2# 片的 A_2、A_1、A_0 相连，D 为最高位用来作片选信号，$L_0\sim L_{15}$ 为输出。

当 $D=0$ 时，1# 片工作，2# 片禁止工作；当 $D=1$ 时，2# 片工作，1# 片禁止工作。

2. 二-十进制译码器（BCD 译码器）

将 BCD 代码译成十个对应的输出信号的电路称为二-十进制译码器。BCD 代码是由 4 个变量组成的，故电路有 4 个输入端，10 个输出端，因此又称为 4 线-10 线译码器。

图 7.45 是二-十进制译码器 74LS42 的逻辑图。

由图 7.45 可以得到如下逻辑表达式：

$$\overline{Y}_0=\overline{\overline{A}_3\,\overline{A}_2\,\overline{A}_1\,\overline{A}_0},\ \overline{Y}_1=\overline{\overline{A}_3\,\overline{A}_2\overline{A}_1\,A_0},\ Y_2=\overline{\overline{A}_3\,\overline{A}_2\,A_1\,\overline{A}_0},\ \overline{Y}_3=\overline{\overline{A}_3\,\overline{A}_2\,A_1A_0},$$

$$\overline{Y}_4=\overline{\overline{A}_3\,A_2\,\overline{A}_1\,\overline{A}_0},\ \overline{Y}_5=\overline{\overline{A}_3\,A_2\,\overline{A}_1\,A_0},\ \overline{Y}_6=\overline{\overline{A}_3\,A_2A_1\,\overline{A}_0},\ \overline{Y}_7=\overline{\overline{A}_3A_2A_1A_0},$$

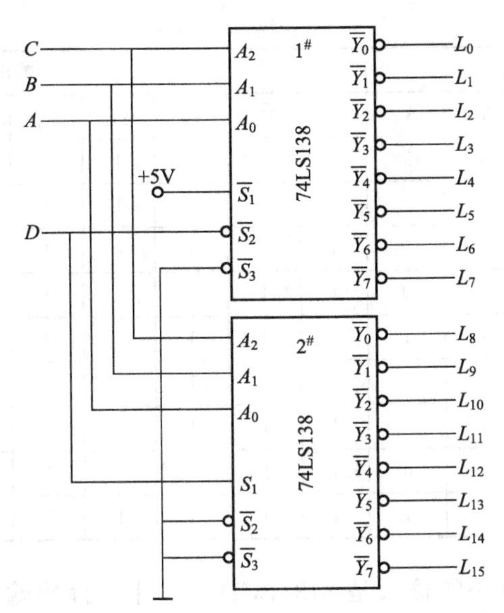

图 7.44　74LS138 实现 4 线-16 线译码器

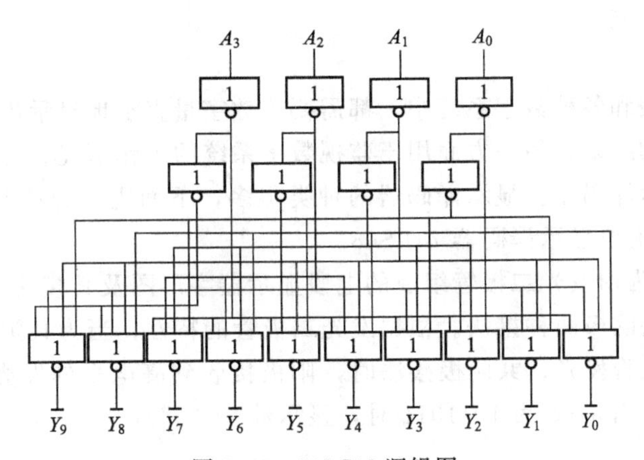

图 7.45　74LS42 逻辑图

$$\overline{Y}_8=\overline{A_3\,\overline{A}_2\,\overline{A}_1\,\overline{A}_0}\ ,\ \overline{Y}_9=\overline{A_3\,\overline{A}_2\,\overline{A}_1A_0} \tag{7.37}$$

根据逻辑表达式(7.37) 列出真值表如表 7.24 所示。

表 7.24　二-十进制译码器真值表

序号	输入				输出									
	A_3	A_2	A_1	A_0	$\overline{Y}_0$	$\overline{Y}_1$	$\overline{Y}_2$	$\overline{Y}_3$	$\overline{Y}_4$	$\overline{Y}_5$	$\overline{Y}_6$	$\overline{Y}_7$	$\overline{Y}_8$	$\overline{Y}_9$
0	0	0	0	0	0	1	1	1	1	1	1	1	1	1
1	0	0	0	1	1	0	1	1	1	1	1	1	1	1
2	0	0	1	0	1	1	0	1	1	1	1	1	1	1
3	0	0	1	1	1	1	1	0	1	1	1	1	1	1
4	0	1	0	0	1	1	1	1	0	1	1	1	1	1
5	0	1	0	1	1	1	1	1	1	0	1	1	1	1
6	0	1	1	0	1	1	1	1	1	1	0	1	1	1

续表

序号	输入				输出									
	A_3	A_2	A_1	A_0	$\overline{Y_0}$	$\overline{Y_1}$	$\overline{Y_2}$	$\overline{Y_3}$	$\overline{Y_4}$	$\overline{Y_5}$	$\overline{Y_6}$	$\overline{Y_7}$	$\overline{Y_8}$	$\overline{Y_9}$
7	0	1	1	1	1	1	1	1	1	1	1	0	1	1
8	1	0	0	0	1	1	1	1	1	1	1	1	0	1
9	1	0	0	1	1	1	1	1	1	1	1	1	1	0
伪码	1	0	1	0	1	1	1	1	1	1	1	1	1	1
	1	0	1	1	1	1	1	1	1	1	1	1	1	1
	1	1	0	0	1	1	1	1	1	1	1	1	1	1
	1	1	0	1	1	1	1	1	1	1	1	1	1	1
	1	1	1	0	1	1	1	1	1	1	1	1	1	1
	1	1	1	1	1	1	1	1	1	1	1	1	1	1

由表 7.24 可知，该电路的输入是 8421BCD 码，十个译码输出端为$\overline{Y_0}\sim\overline{Y_9}$，译中输出为 0，否则为 1。当输入端 $A_3\sim A_0$ 出现 1010～1111 六个伪码时，输出$\overline{Y_0}\sim\overline{Y_9}$均为 1，所以它具有拒绝伪码的功能。

3. 显示译码器

在数字测量仪表和各种数字系统中，都需要将数字量直观地显示出来，一方面供人们直接读取测量和运算的结果，另一方面用于监视数字系统的工作情况。专门用来驱动数码管工作的译码器称为显示译码器。显示译码器的种类很多，下面主要介绍常用的 BCD 码七段显示器和集成 BCD 码七段显示译码器 74LS48。

如图 7.46 所示为由发光二极管组成的七段显示器字形图及其接法。a～g 是 7 个发光二极管，有共阳极和共阴极两种接法。根据发光二极管的特性，当为共阳极接法时，阴极接收到低电平的发光二极管发光；共阴极接法时，阳极接收到高电平的发光二极管发光。例如，如果为共阴极接法，当 a～g 为 1011011 时，显示数字“5”。

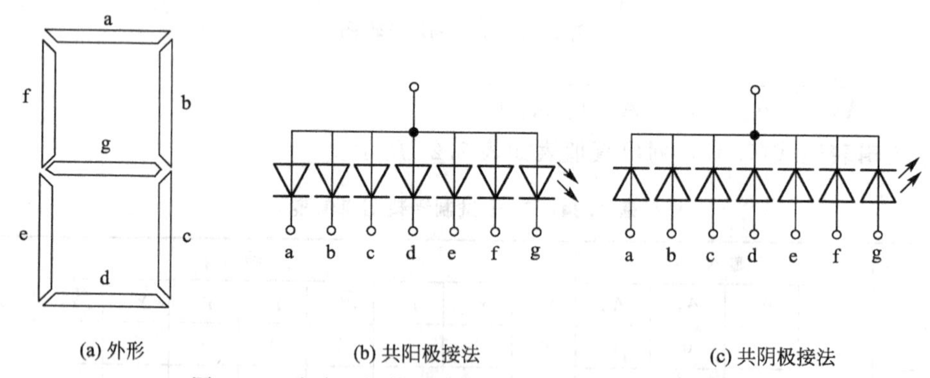

图 7.46 发光二极管组成的七段显示器字形图及接法

常用的集成 BCD 码七段显示译码器的种类很多，如 74LS47、74LS48、CC4511 等多种型号。如图 7.47 所示为 74LS48 的引脚图。

A、B、C、D 为 BCD 码输入端，A 为最低位，$a\sim g$ 为输出端，高电平有效，通过限流电阻，分别驱动显示器的 $a\sim g$ 输入端，其他端为使能控制端。74LS48 的功能表如表 7.25 所示。

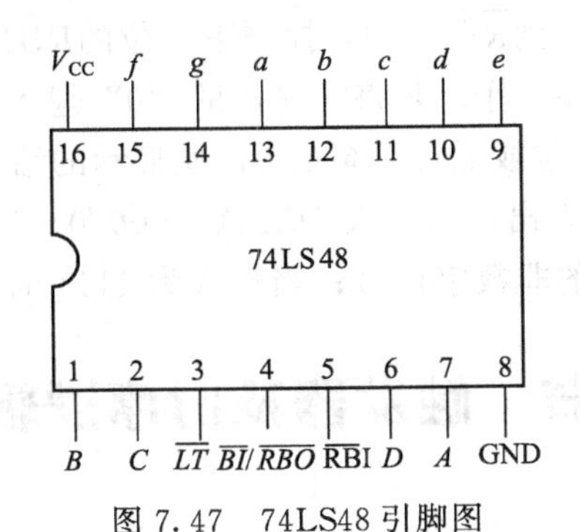

图 7.47 74LS48 引脚图

表 7.25 74LS48 功能表

十进制数	输入信号						$\overline{BI}/\overline{RBO}$	输出信号						
	$\overline{LT}$	$\overline{RBI}$	D	C	B	A		a	b	c	d	e	f	g
0	1	1	0	0	0	0	1/	1	1	1	1	1	1	0
1	1	×	0	0	0	1	1/	0	1	1	0	0	0	0
2	1	×	0	0	1	0	1/	1	1	0	1	1	0	1
3	1	×	0	0	1	1	1/	1	1	1	1	0	0	1
4	1	×	0	1	0	0	1/	0	1	1	0	0	1	1
5	1	×	0	1	0	1	1/	1	0	1	1	0	1	1
6	1	×	0	1	1	0	1/	0	0	1	1	1	1	1
7	1	×	0	1	1	1	1/	1	1	1	0	0	0	0
8	1	×	1	0	0	0	1/	1	1	1	1	1	1	1
9	1	×	1	0	0	1	1/	1	1	1	0	0	1	1
10	1	×	1	0	1	0	1/	0	0	0	1	1	0	1
11	1	×	1	0	1	1	1/	0	0	1	1	0	0	1
12	1	×	1	1	0	0	1/	0	1	0	0	0	1	1
13	1	×	1	1	0	1	1/	1	0	0	1	0	1	1
14	1	×	1	1	1	0	1/	0	0	0	1	1	1	1
15	1	×	1	1	1	1	1/	0	0	0	0	0	0	0
灭灯$\overline{BI}$	×	×	×	×	×	×	0/	0	0	0	0	0	0	0
动态灭 0	1	0	0	0	0	0	/0	0	0	0	0	0	0	0
试灯$\overline{LT}$	0	×	×	×	×	×	1/	1	1	1	1	1	1	1

分析功能表与七段显示译码器的关系可知，只有输入二进制码是 8421BCD 码时，才能显示数字 0～9。当输入的四位码不是 8421BCD 码时，显示的字形就不是十进制数。

74LS48 功能说明如下。

(1) $\overline{LT}$ 为试灯输入端。当 $\overline{LT}=0$、$\overline{BI}/\overline{RBO}=$“1/”时，不管其他输入状态如何，$a \sim g$ 七段全亮，用以检查各段发光二极管的好坏。

(2) $\overline{BI}/\overline{RBO}$ 为熄灯输入端/动态灭“0”输出端，低电平有效。$\overline{BI}$ 和 $\overline{RBO}$ 是线与逻辑，既可以作输入信号 $\overline{BI}$ 为熄灯输入端，也可作输出信号 $\overline{RBO}$ 为动态灭“0”输出端，它们共用一根外引线，以减少端子的数目。当 $\overline{BI}=0$ 时，$a \sim g$ 七段全灭；若作为输出信号 $\overline{RBO}$ 作动

态灭“0”时，若本位灭“0”，则$\overline{RBO}=0$，控制下一位的$\overline{RBI}$，作为灭“0”输入。

(3) $\overline{RBI}$为灭“0”输入端。作用是将能显示的“0”熄灭。在多位显示时，利用$\overline{RBI}$和$\overline{RBO}$的适当连接，可以灭掉高位或低位多余的0，使显示的结果更加符合人们的习惯。

从74LS48功能表中可以看出，当输入$DCBA$为0000～1001时，显示数字0～9；输入为1010～1110时，显示稳定的非数字信号；当输入为1111时，7个显示段全部熄灭。

第八节 触发器及时序逻辑电路

一、触发器

1. 基本 *RS* 触发器

(1) 基本RS触发器：两个与非门交叉连接就构成了一个基本RS触发器，如图7.48(a)所示，图7.48(b)是它的逻辑符号。

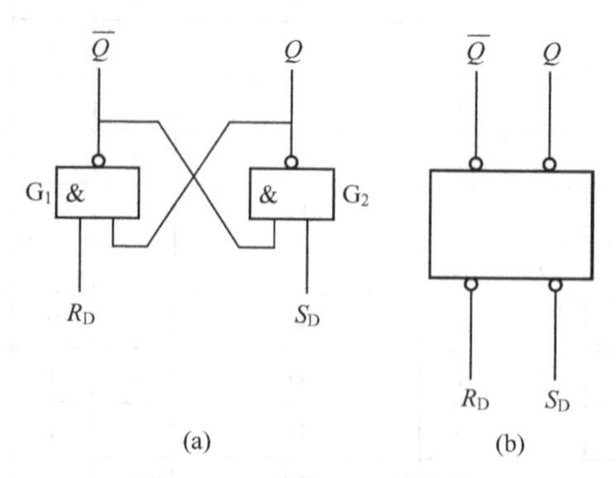

图7.48 基本RS触发器

(2) $\overline{R}_D$和$\overline{S}_D$是信号输入端，用小圆圈表示负脉冲输入有效。Q端的状态规定为触发器的状态，当$Q=1$、$\overline{Q}=0$时，称触发器为1状态；反之触发器为0状态。

(3) 当$\overline{R}_D=\overline{S}_D=1$时，若触发器原状态$Q=1$、$\overline{Q}=0$，$G_1$的输出$\overline{Q}=0$，$G_2$的输出$Q=1$，触发器的状态还是1状态。同样若触发器原状态为$Q=0$、$\overline{Q}=1$，输入信号$\overline{R}_D=\overline{S}_D=1$时，触发器的状态也不变。可见在$\overline{R_D}=\overline{S_D}=1$时，触发器的状态并不变化，这就是触发器“保持”的逻辑功能，也称为记忆功能。

(4) 当$\overline{R}_D=0$、$\overline{S}_D=1$时，不管触发器原有的状态是0状态还是1状态，G_1的输出$\overline{Q}=1$；G_2的输出$Q=0$。不管触发器原来处于什么状态，在输入端加$\overline{R}_D=0$、$\overline{S}_D=1$信号后，触发器的状态为0状态，即$Q=0$、$\overline{Q}=1$。这就是触发器的置0或复位功能。$\overline{R}_D$端也称为置0端或复位端。

(5) 当$\overline{R}_D=1$、$\overline{S}_D=0$时，不管触发器原有的状态是0状态还是1状态，G_2的输出$Q=1$；G_1的输出$\overline{Q}=0$。不管触发器原来处于什么状态，在输入端加$\overline{S}_D=0$、$\overline{R}_D=1$信号后，触发器的状态为1状态，即$Q=1$、$\overline{Q}=0$。这就是触发器的置1或置位功能。$\overline{S}_D$端也称为置1端或置位端。

(6) 当$\overline{R}_D=\overline{S}_D=0$时，$G_1$、$G_2$的输出都为1，根据触发器状态的规定，它既不是1状态，也不是0状态，破坏了Q和$\overline{Q}$的互补关系。当$\overline{S}_D$和$\overline{R}_D$信号同时撤除后，触发器的

下一个状态是 0 状态还是 1 状态很难确定。所以，$\overline{S}_D$、$\overline{R}_D$同时为 0 的输入方式应禁止出现。

基本 RS 触发器的逻辑状态如表 7.26 所示。图 7.49 是其工作波形图。

表 7.26 基本 RS 触发器的逻辑状态表

$\overline{R}_D$	$\overline{S}_D$	Q	逻辑功能
0	1	0	置 0
1	0	1	置 1
1	1	原状态	保持
0	0	不定	应禁止

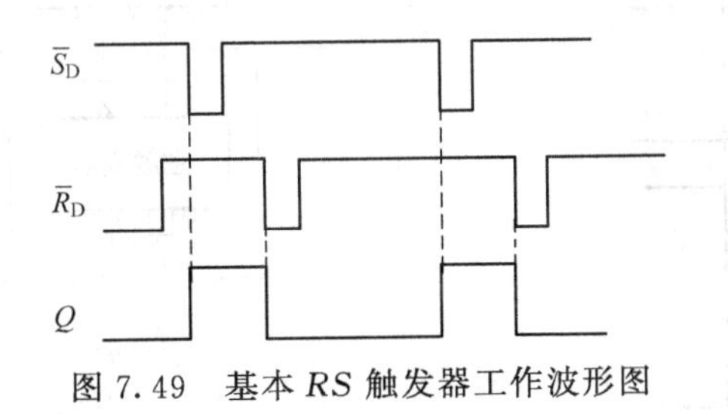

图 7.49 基本 RS 触发器工作波形图

基本 RS 触发器也可采用或非门组成，输入信号应采用正脉冲，其逻辑符号中输入端靠近方框处无小圆圈。

2. 同步 RS 触发器

(1) 同步 RS 触发器：触发器状态的改变与时钟脉冲 CP 同步进行，如图 7.50 所示。

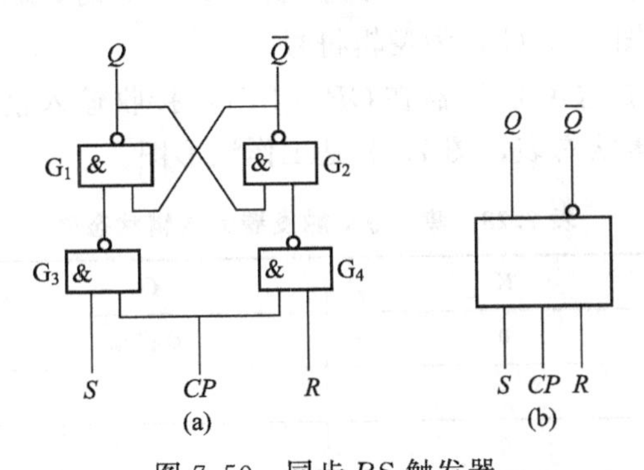

图 7.50 同步 RS 触发器

(2) 当 $CP=0$ 时，G_3、G_4均被封锁，不论 RS 信号如何变化，G_1、G_2组成的基本 RS 触发器状态保持不变。

(3) 当 $CP=1$ 时，G_3、G_4被打开，G_3、G_4的输出就是 S、R 信号取反。

(4) 同步 RS 触发器的逻辑状态如表 7.27 所示，图 7.51 是它的工作波形图。

(5) 存在的问题：在 $CP=1$ 期间，如果输入信号发生多次变化，同步 RS 触发器的输出可能发生多次翻转，不能满足每来一个 CP 脉冲，输出状态只发生一次翻转的要求。

3. 集成 JK 触发器

(1) 触发器的触发方式有：电平触发，一般为高电平触发；边沿触发，分上升沿触发或下降沿触发；主从触发。

表 7.27 同步 *RS* 触发器的逻辑状态表

CP	*R*	*S*	Q	逻辑功能
0	×	×	原状态	保持
1	0	0	原状态	保持
1	0	1	1	置 1
1	1	0	0	置 0
1	1	1	不定	应禁止

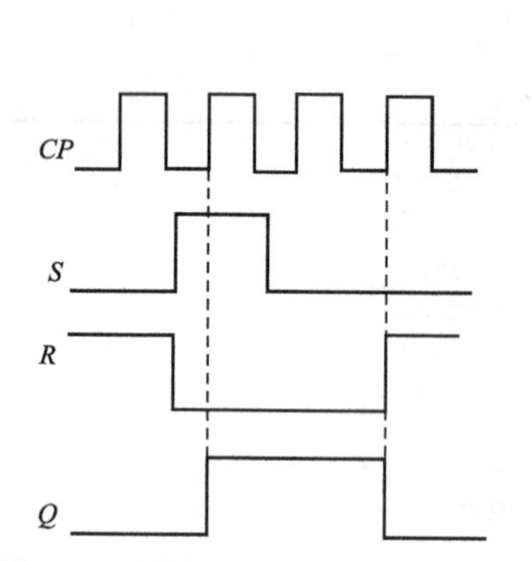

图 7.51 同步 *RS* 触发器工作波形图

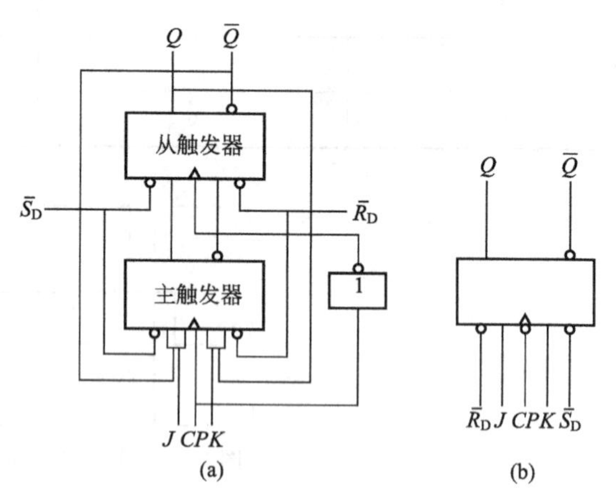

图 7.52 主从 *JK* 触发器

集成 *JK* 触发器分为主从触发和下降沿触发等。主从 *JK* 触发器：由两个同步 *RS* 触发器组成，前一级称主触发器，后一级称从触发器，如图 7.52(a) 所示。

(2) 异步输入端：不受时钟脉冲 *CP* 的控制，$\overline{S}_D=0$ 时，触发器被置位到 1；$\overline{R}_D=0$ 时，触发器被复位到 0。图 7.52(b) 为逻辑符号。

(3) 下降沿触发的集成 *JK* 触发器在 $CP=1$ 时，接收输入信号，在 *CP* 下降沿输出相应的状态。表 7.28 是逻辑状态表，图 7.53 是工作波形图。

表 7.28 集成 *JK* 触发器的逻辑状态表

J	*K*	Q	逻辑功能
0	0	原状态	保持
0	1	0	置 0
1	0	1	置 1
1	1	$\overline{Q}$	翻转

4. 集成 *D* 触发器

逻辑符号如图 7.54 所示。*CP* 处不加小圆圈，表明触发器是由 *CP* 脉冲的上升沿触发的。其逻辑状态表如表 7.29 所示，图 7.55 是它的工作波形图。

表 7.29 集成 *D* 触发器的逻辑状态表

D	Q^{n+1}	逻辑功能
0	0	置 0
1	1	置 1

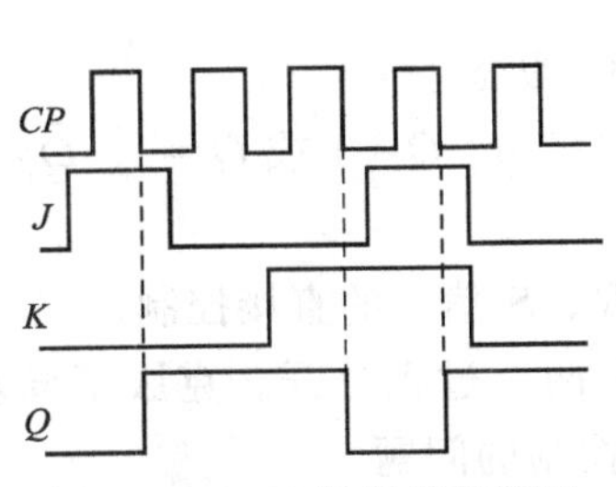

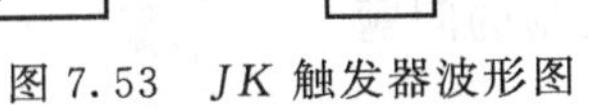
图 7.53 *JK* 触发器波形图

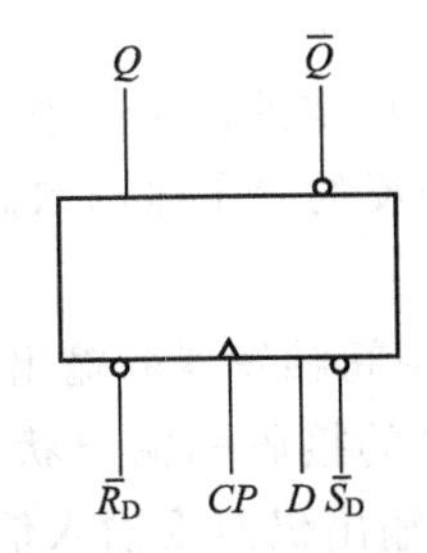

图 7.54 *D* 触发器的逻辑符号

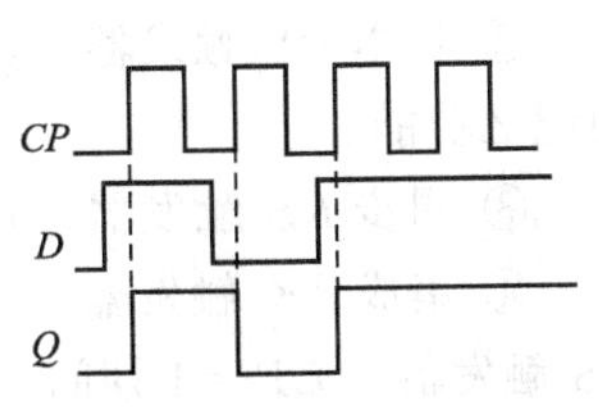

图 7.55 *D* 触发器工作波形

二、触发器应用举例

(1) 以 *JK* 触发器组成的三位二进制加法计数器为例，说明触发器的应用。如图 7.56(a)所示。

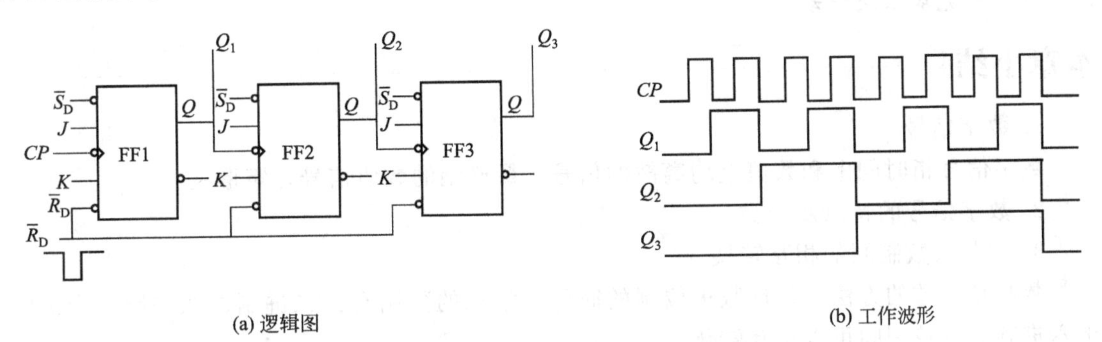

(a) 逻辑图　　　(b) 工作波形

图 7.56 异步三位二进制加法计数器

(2) 工作原理：工作波形如图 7.56(b) 所示。

第一个 *CP*，触发器状态 $Q_3Q_2Q_1$ 由 000 变为 001。

第二个 *CP*，$Q_3Q_2Q_1$ 又由 001 变为 010。

依次分析，可得出触发器状态 $Q_3Q_2Q_1$ 与计数脉冲 *CP* 的关系，如表 7.30 所示。当输入 8 个 *CP* 脉冲后，计数器状态恢复为 000，则该计数器的模 M=8。

表 7.30 3 位二进制加法计数器状态表

计数脉冲	触发器状态			十进制数
CP	Q_3	Q_2	Q_1	
0	0	0	0	0
1	0	0	1	1
2	0	1	0	2
3	0	1	1	3
4	1	0	0	4
5	1	0	1	5
6	1	1	0	6
7	1	1	1	7
8	0	0	0	0

(3) 总结。

① 触发器共同的特点是都有两个稳定的输出状态 0 状态和 1 状态。

② 基本 RS 触发器。具有两种相反的稳定输出状态，即：$Q=0$、$\overline{Q}=1$ 或 $Q=1$、$\overline{Q}=0$ 的记忆功能。

③ 同步 RS 触发器。在 $CP=1$ 期间触发器的输出仍然受 R、S 信号的直接控制。

④ 集成 JK 触发器。将输入信号的接收和输出状态的翻转两个过程分开。克服了同步 RS 触发器在 $CP=1$ 期间，触发器的输出仍然受输入信号直接控制的问题。

⑤ D 触发器。分析方法与主从 JK 触发器完全相同。

拓展与提高

表决器的制作

假设在学校某次活动中有 5 个评委，评委中的多数人同意则选手晋级，根据所学知识，设计表决器完成本次活动。

本章小结

1. 数字信号

数字信号指时间上和数值上均离散的信号，最典型的数值信号是矩形波。

2. 数字信号的特点及分类

3. 数制及数制间的相互转换

数制是计数的方法，是计数进位制的简称。常见的数制有：二进制、八进制、十进制、十六进制。各数制间可以相互转化。

4. 编码

建立二进制代码与对象之间对应关系的过程成为编码。知道 8421BCD 码、格雷码、余 3BCD 码等的编码过程。

5. 逻辑门

(1) 最基本的逻辑门有：与门、或门、非门。

(2) 基本逻辑门的逻辑运算、逻辑符号、真值表等。

(3) 复合逻辑门的逻辑符号、真值表、逻辑表达式、逻辑图、波形图、卡诺图等逻辑函数的表示方法。

6. 逻辑代数的基本定律和基本规则

(1) 逻辑代数的基本公式和定律。

(2) 逻辑代数的重要规则：代入规则、反演规则和对偶规则。

(3) 逻辑代数的化简。

7. 组合逻辑电路

(1) 组合逻辑电路的表示方法。

(2) 组合逻辑电路的分类。

(3) 组合逻辑电路的分析与设计。

(4) 加法器、编码器和译码器。

8. 触发器及时序逻辑电路

(1) 常见的触发器：基本 RS 触发器、同步 RS 触发器、JK 触发器、D 触发器。

(2) 触发器的逻辑符号、表达式、逻辑状态表、波形图。

(3) 计数器及分析过程。

复习题

一、填空题

1. 将下列二进制数转化为十进制数。

$(101001)_2=$ (　　　　)$_{10}$　$(110.1001)_2=$ (　　　　)$_{10}$

2. 将下列十进制数转化为二进制数、八进制数和十六进制数。

$(51)_{10}=$ (　　　　)$_2=$ (　　　　)$_8=$ (　　　　)$_{16}$

$(5.3125)_{10}=$ (　　　　)$_2=$ (　　　　)$_8=$ (　　　　)$_{16}$

3. 将下列二进制数转化为十进制数。

$(1001011)_2=$ (　　　　)$_{10}$　$(11.011)_2=$ (　　　　)$_{10}$

4. 把下列4个不同数制的数 $(376.125)_{10}$、$(110000)_2$、$(17A)_{16}$、$(67)_8$ 按从大到小的次序排列，应为______＞______＞______＞______。

5. 一数字信号的波形如下图所示，则该波形所代表的二进制数是______。

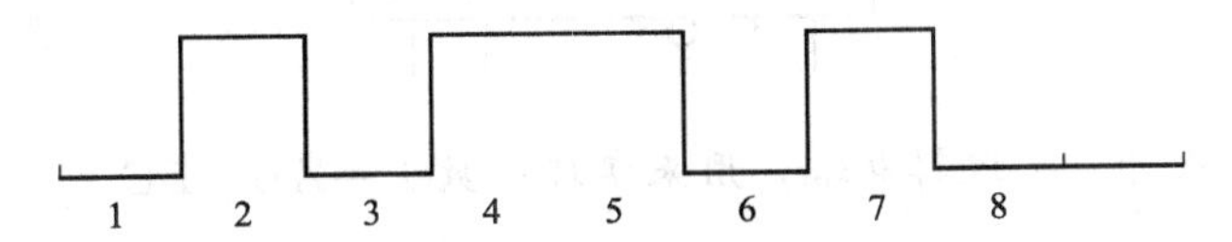

6. 逻辑代数的基本运算有三种，它们是______、______、______。

7. 已知 $F_1=\overline{A}\,\overline{B}+AB$、$F_2=\overline{A}\,B+A\,\overline{B}$，则两式之间的逻辑关系为______。

8. 将下列各式变换成最简与或式的形式。

$\overline{A+B}=$______；

$A+\overline{A}B=$______；

$AB+\overline{A}C+\overline{B}C=$______。

9. 函数 $L=AC+BC$ 的对偶式为：______。

10. 时序逻辑电路的输出不仅取决于当时的______，还取决于电路的______。

11. RS 触发器的状态方程为______，约束条件为______。

12. 触发器的 CP 时钟端不连接在一起的时序逻辑电路称之为______步时序逻辑电路。

13. 对于 D 触发器，欲使 $Q^{n+1}=Q^n$，输入 $D=$______。

14. 对于 JK 触发器，若 $J=K$，可完成______触发器的逻辑功能。

二、分析与设计

1. 分析如图所示组合逻辑电路的逻辑功能。

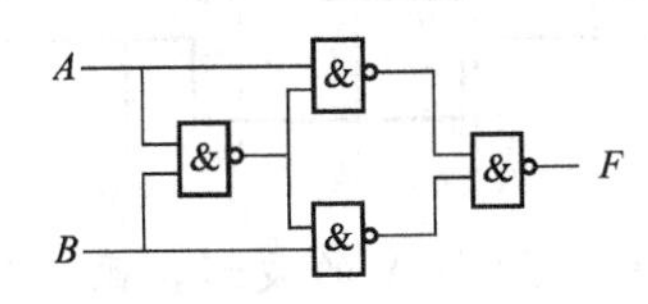

2. 分析如图所示逻辑电路的功能。

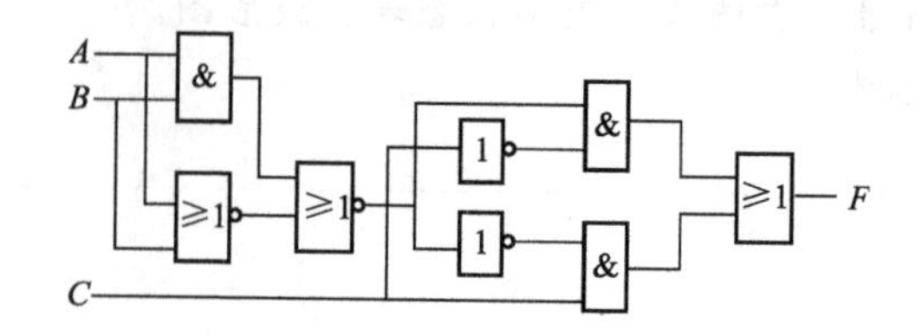

3. 设计一个3变量"不一致电路"，即当3个输入变量全部为0或全部为1时，输出为0，其他情况输出为1。

4. 在举重比赛中，有甲、乙、丙三位裁判，其中甲为主裁判，当两位或两位以上裁判（其中必须包括甲裁判在内）认为运动员上举合格，才可发出合格信号，试用3位-8位译码器和逻辑门设计上述要求的组合逻辑电路。

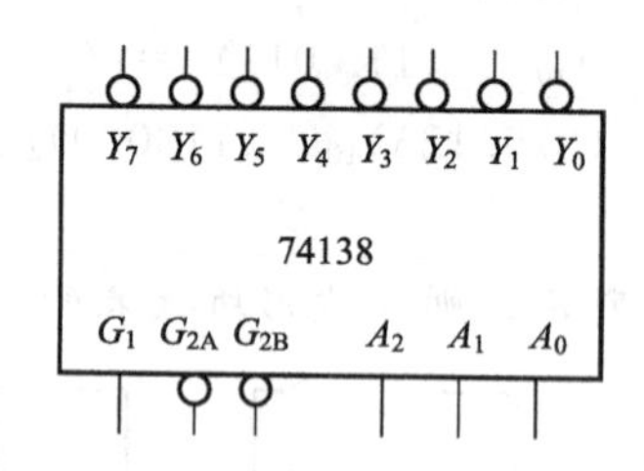

5. 用74LS138设计一个逻辑电路，用来实现函数 $F=AB+BC$。

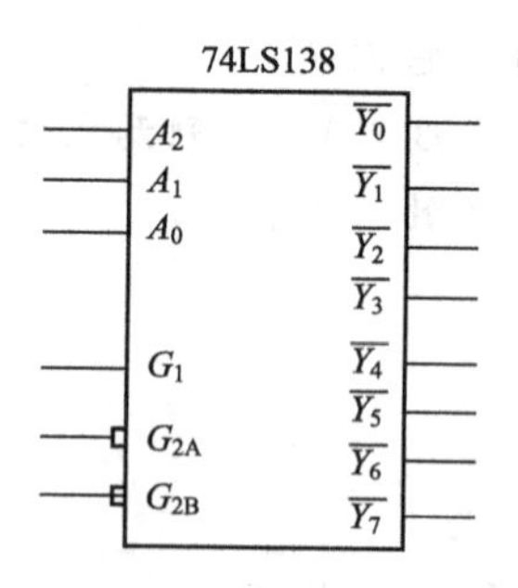

6. 试用两个半加器和一个或门构成一个全加器。

(1) 写出 S_i 和 C_i 的逻辑表达式。

(2) 画出逻辑图。

7. 设主从 JK 触发器的初始状态为0，CP、J、K 信号如下图所示，试画出触发器 Q 端的波形。

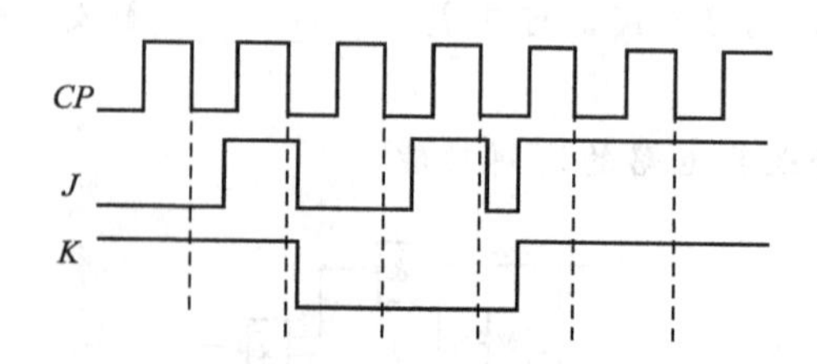

8. 逻辑电路如下图所示，已知 CP 和 A 的波形，画出触发器 Q 端的波形，设触发器的初始状态为0。

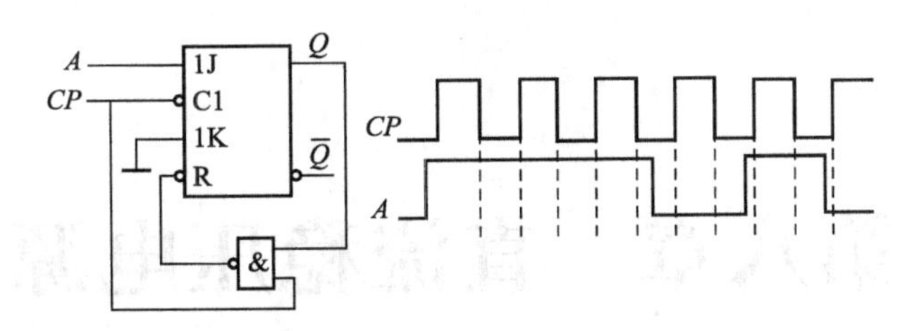

9. 分析如下电路，说明电路功能。

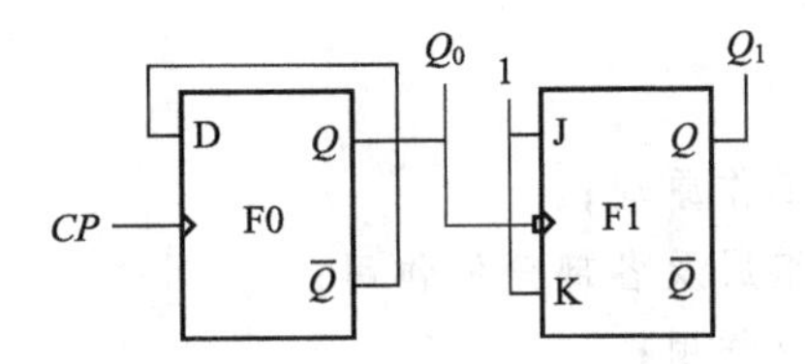

三、证明或化简

1. 用逻辑代数证明下列不等式。

（1）$A+\overline{A}B=A+B$

（2）$ABC+A\overline{B}C+AB\overline{C}=AB+AC$

2. 用代数法化简下列等式。

（1）$AB(BC+A)$

（2）$\overline{\overline{A}BC}(B+\overline{C})$

（3）$A+ABC+A\overline{BC}+CB+C\overline{B}$

（4）$\overline{B}+ABC+\overline{A}\,\overline{C}+\overline{A}\,\overline{B}$

第八章　直流稳压电源

学习目标：

1. 了解变压器的结构、工作原理；
2. 掌握直流稳压电源的组成及各部分的作用；
3. 掌握整流电路的组成及作用；
4. 掌握滤波电路的组成及作用；
5. 掌握稳压电路的组成及作用。

直流稳压电源的组成：主要由电源变压器、整流电路、滤波电路和稳压电路四部分组成，如图 8.1 所示。

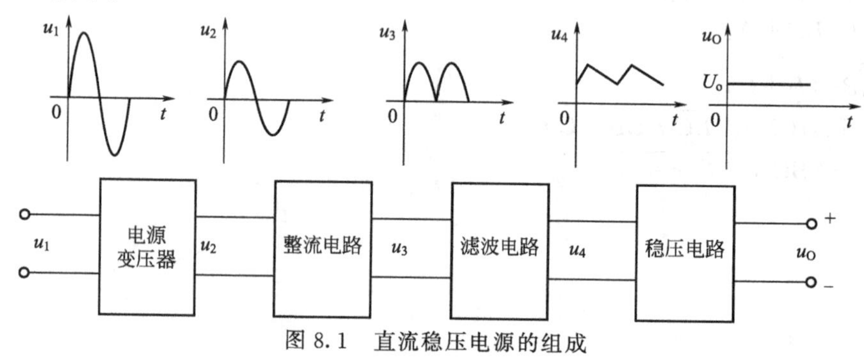

图 8.1　直流稳压电源的组成

各部分的作用：

(1) 电源变压器的作用是将电网电压变为所需要的交流电源，并起到直流电源与电网的隔离作用。

(2) 整流电路作用是将交流电压变为脉动的直流电压，这样的过程称为整流，能实现整流功能的电路称为整流电路。

(3) 滤波电路的作用是滤除掉直流电中的交流成分。

(4) 稳压电路的作用是当输入电压、负载和环境温度变化时，能自动调节输出直流电压保持不变。

第一节　变　压　器

一、变压器简介

变压器是一种电能转换装置，也是一种常见的电气设备。在电力系统中，向远方传输电力时，为了减少线路上的电能损失和增加输送容量，需要升高电压；为了满足用户用电的要求，又需要降低电压，这就需要能改变电压的变压器。

变压器，可将某一交变电压转换成同频的另一电压，它主要由铁芯和线圈（又称绕组）组成。

（1）铁芯。变压器铁芯的作用是构成磁路。为了减小涡流和磁滞损耗，铁芯用具有绝缘层的硅钢片叠成。变压器的铁芯一般分为芯式和壳式两大类，其结构和符号如图 8.2 所示。

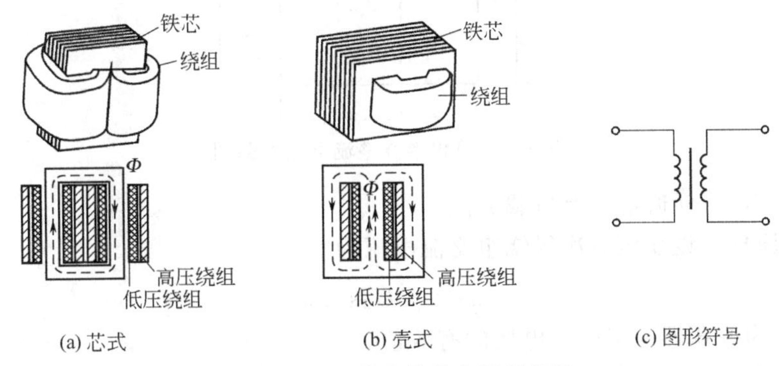

图 8.2 变压器的结构和图形符号

（2）线圈（绕组）。接电源的绕组称为初级绕组，接负载的绕组称为次级绕组。

二、变压器的变压原理

如图 8.3 所示为变压器工作原理图，为了分析问题的方便，将互相绝缘的两个绕组分别画在两个铁柱上。与电源相连的绕组称为初级绕组（或称一次绕组、原绕组、原边），与其有关的各个物理量均标有下标 1。与负载相连的绕组称为次级绕组（或二次绕组、副绕组、副边），与其有关的各个物理量均标有下标 2。设初级、次级绕组的匝数分别为 N_1、N_2。

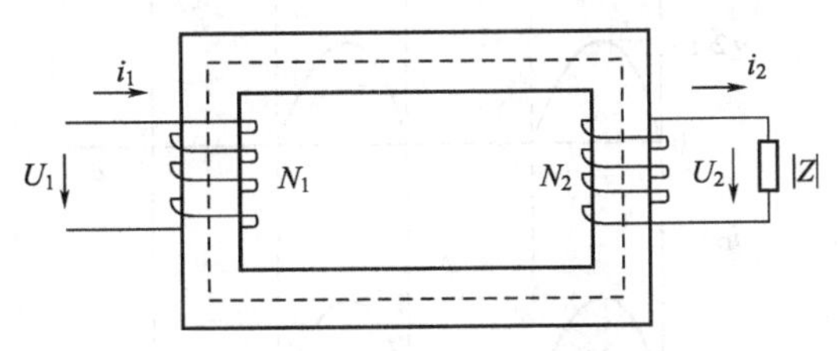

图 8.3 变压器工作原理图

当初级绕组接上交流电源后，交变电流即在铁芯中产生交变磁场，磁感线绝大部分都从闭合的铁芯中通过。磁感线不光在初级绕组中产生感应电动势，而且由于磁感线穿过次级绕组，从而也在次级绕组中产生感应电动势，如图 8.3 所示。由此可见，变压器是利用电磁感应原理，将能量从一个绕组传输到另一个绕组而进行工作的。

第二节 整流电路

将交流电变成脉动直流电的过程叫做整流，能实现整流功能的电路叫做整流电路。利用半导体二极管的单向导电性可以组成各种整流电路，既简单又经济实用。

1. 单相半波整流电路

（1）电路组成。单相半波整流电路如图 8.4 所示，主要由整流二极管组成，前端通常接

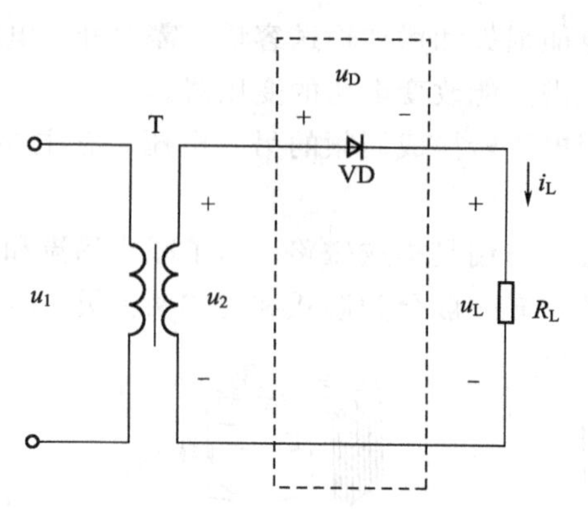

图 8.4 单相半波整流电路电路图

有降压变压器 T，后面通常接有负载 R_L。

(2) 工作原理。设变压器次级绕组交流电压为

$$u_2=\sqrt{2}U_2\sin\omega t \tag{8.1}$$

式中，U_2 为变压器次级交流电压的有效值。

如图 8.5 所示，在 u_2 的正半波期间，变压器二次侧上端为正，下端为负，二极管因正向偏置而导通，有电流流过二极管和负载。若忽略二极管导通时的正向压降，则有 $u_L=u_2$。

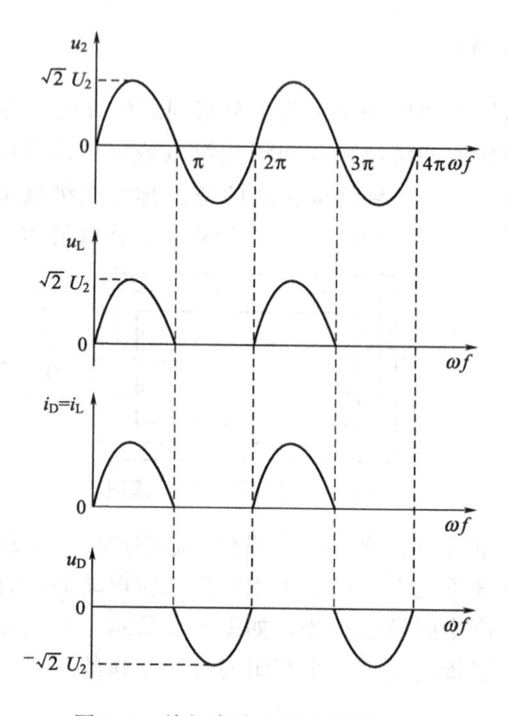

图 8.5 单相半波整流电路波形图

在 u_2 的负半波期间，变压器二次侧上端为负，下端为正，二极管因反向偏置而截止，没有电流流过负载，$u_L=0$。则二极管两端电压 $u_D=u_L$。

在图 8.5 中还画出了负载上的电压和电流的波形。

(3) 负载上直流电压和直流电流的计算。直流电压是指一个周期内的脉动电压的平均值。对于半波整流电路为

$$U_{L(AV)}=\frac{1}{2\pi}\int_0^{2\pi}u_L\,d(\omega t) \tag{8.2}$$

$$=\frac{1}{2\pi}\int_0^{2\pi}\sqrt{2}U_2\sin\omega t\,d(\omega t) \tag{8.3}$$

$$=\frac{2\sqrt{2}U_2}{2\pi}\approx 0.45U_2 \tag{8.4}$$

即

$$U_{L(AV)}\approx 0.45U_2 \tag{8.5}$$

流经负载的直流电流为

$$I_{L(AV)}=\frac{U_L}{R_L}\approx 0.45\frac{U_2}{R_L} \tag{8.6}$$

(4) 整流二极管的选择。流经二极管的电流 I_D 与负载电流 I_L 相等，故选用的二极管要求其

$$I_{FM}>I_{D(AV)}=I_{L(AV)} \tag{8.7}$$

二极管承受的最大反向电压，等于二极管截止时的两端电压的最大值，故选用时要求

$$U_{RM}>U_{DM}=\sqrt{2}U_2 \tag{8.8}$$

根据 I_{FM} 和 U_{RM} 的计算值，查阅有关半导体器件手册，选用合适的二极管型号使其定额略大于计算值，通常取：

$$I_{FM}=(2\sim4)I_{L(AV)} \tag{8.9}$$

$$U_{RM}=(2\sim3)U_{DM} \tag{8.10}$$

2. 单相桥式整流电路

单相桥式整流电路及波形图如下图所示，设变压器次级绕组交流电压为

$$u_2=\sqrt{2}U_2\sin\omega t$$

有

$$U_{L(AV)}\approx 0.9U_2$$

$$I_{L(AV)}\approx 0.9\frac{U_2}{R_L}$$

读者可以自己推导。

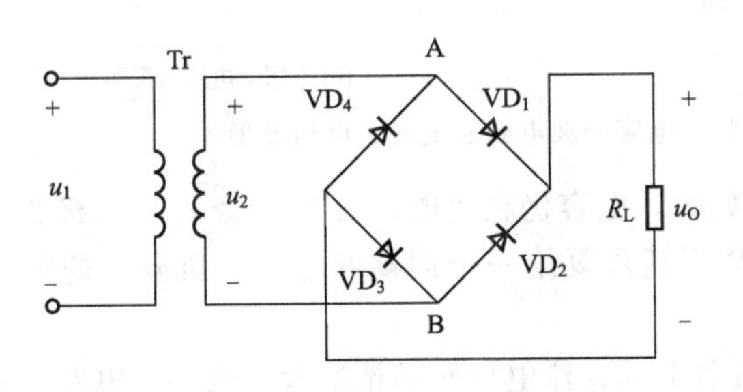

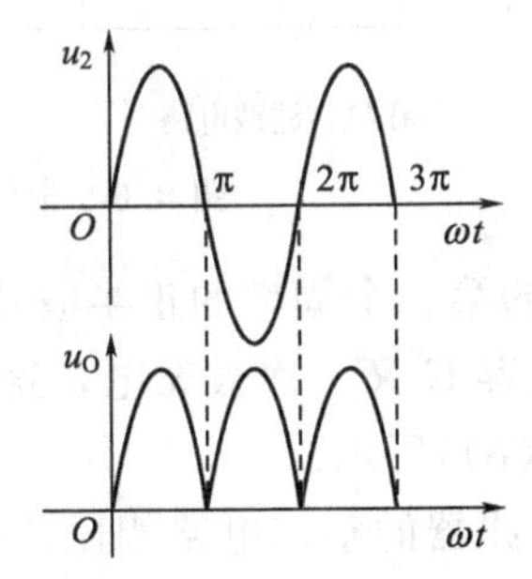

第三节　滤波电路

前面讲解的半波整流、桥式整流电路输出的都是脉动的直流电，含有很多的交流成分，这样的脉动直流电可以用来给蓄电池充电，或者作为小容量直流电动机、电磁铁等的直流电

源，但不能作为电子设备的电源使用，因为直流电中的交流成分会使电子设备受到严重干扰。

将脉动直流电中的交流成分尽可能滤除掉，使输出电压变得平滑，接近直流电压源的电压，这一过程称为滤波。常用的滤波电路有电容滤波电路、电感滤波电路、π 形 LC 滤波电路、π 形 RC 滤波电路等。这里只讨论电容滤波和电感滤波。

1. 电容滤波

（1）电路组成。电容滤波是一种并联滤波，滤波电容直接并联在负载两端。图 8.6(a) 是一个半波整流电容滤波电路，滤波电容直接并联在负载两端。

（2）工作原理。电容能够储存电荷，电容器两端的电压不能突变。在图 8.6(b) 中当 u_2 的正半波开始时，若 u_2 大于电容两端电压，则二极管 VD 导通，电容被充电。由于充电回路电阻很小，充电很快，当 $\omega t=\frac{\pi}{2}$时，u_2 达到峰值，电容两端的电压也近似达到$\sqrt{2}u_2$。u_2 过了峰值开始下降，由于放电回路电阻很大，电容上存储的电荷尚未放掉，这时就出现了 $u_C>u_2$ 的现象，二极管因反偏而截止。VD 截止后，电容 C 向 R_L 放电，放电速度较慢，当 u_2 进入负半波后，二极管仍处于截止状态，电容继续放电，端电压 $u_C=u_L$ 也逐渐下降。

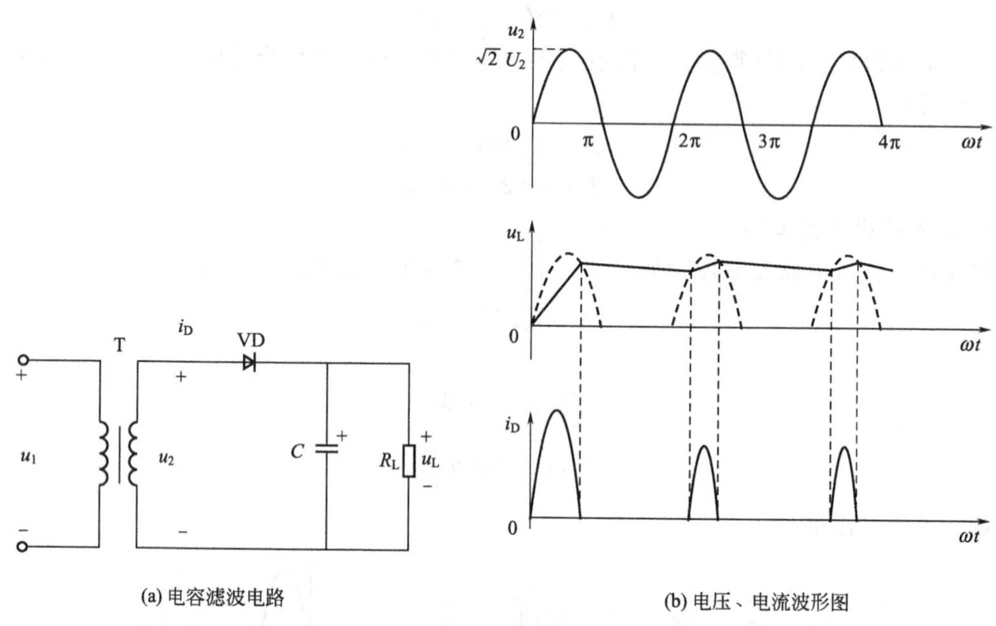

(a) 电容滤波电路　　(b) 电压、电流波形图

图 8.6　半波整流电容滤波电路及电流、电压波形

当 u_2 的第二个周期的正半波开始时，电容仍在放电，直到 $u_2>u_C$，二极管因正向偏置而导通，电容 C 又一次被充电，这样不断重复第一个周期的过程。负载上的电压、电流波形如图 8.6(b) 所示。

与无滤波器的整流电路相比，负载上的直流电压脉动情况大大改善。电路的放电时间常数 R_LC 越大，放电过程就越慢，负载上得到的直流电就越平滑。

（3）电容器滤波的特点。

① 输出电压平滑，电压略微升高。

② 接通电源瞬间，有浪涌电流流过，二极管的导电角 $\theta<\pi$。

（4）滤波电容 C 的选择与负载上直流电压的估算。滤波电容 C 的大小与负载 R_L 和脉

动电压的频率 f 有关。

$$R_L C \geqslant (3\sim5) T_{\text{整流波形中的最低次谐波}} \tag{8.11}$$

【例题 8.1】

某桥式整流电容滤波电路，已知 $U_L=12V$，$I_L=1A$（即 $R_L=U_L/I_L=12\Omega$），交流电源频率 $f=50Hz$（$T=0.02s$），试选择滤波电容。

【解】

根据公式(8.11) 可知 $C\geqslant(3\sim5)\dfrac{0.01}{R_L}\times10^6\mu F=(2500\sim4167)\mu F$

C 可以选择标称值 $3300\mu F$，当负载断开时，电容两端的电压升高至$\sqrt{2}U_2$，电容器的耐压值应大于此值，通常取（1.5～2）U_2，可选电容器的耐压值为 25V。

滤波电容一般采用电解电容，选择电容时注意标称容量和标称耐压。使用电解电容时，注意极性不要接反。

2. 电感滤波电路

（1）电路组成：滤波电感与负载电阻相串联。电路如图 8.7 所示。

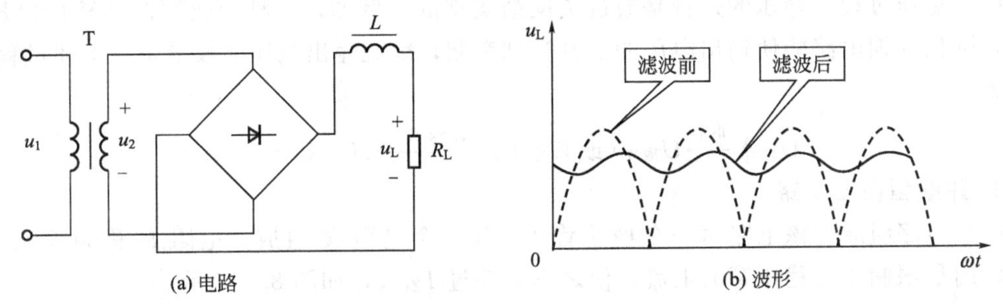

图 8.7　电感滤波电路和波形

（2）电路原理。由于电感中的电流不能突变，通过电感的电流增加时，自感电压会阻碍电流的增加，同时将电能转化为磁场能储存起来，使电流缓慢增加，反之，当流过电感的电流减小时，自感电压会阻碍电流减小，同时电感将磁场能转变为电能释放出来，使电流减小的速度放慢。

（3）电感滤波特点。电感量越大，产生的自感电压越大，阻碍流过负载电流变动的能力也越强，输出电压和电流的脉动就越小，滤波效果就越好；但电感越大，其体积和重量就越大，成本越高。

第四节　稳 压 电 路

许多自动控制装置需要用稳定性非常高的直流电源。而经过整流和滤波后得到的直流电压易受到电网电压的波动、负载和环境温度变化的影响而发生变化。因此，需要在滤波后加上稳压电路才能获得稳定性高的直流电压。

1. 串联型稳压电路

（1）电路组成。串联型稳压电路如图 8.8 所示。由于三极管 V_1 与负载相串联，输出电压 $U_O=U_I-U_{CE1}$，因此称为串联型稳压电路。V_1 起到调节输出电压的作用，称之为调整管，V_2 管组成比较放大电路，R_1、R_w、R_2 组成取样电路，稳压管电压 U_{VZ}为基准电压。

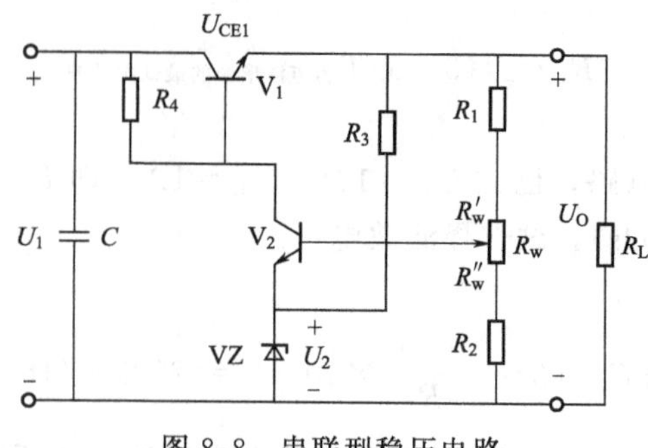

图 8.8 串联型稳压电路

（2）工作原理。这个电路的工作原理可分两个方面来分析。一是输出电压随意可调的原理，二是稳压的原理。输出电压的可调通过调节电位器 R_w 实现。设电位器滑动触点的下部分阻值为 R''_w，忽略 U_{BE2}，则有

$$U_O \approx \frac{U_Z}{R_2 + R''_w}(R_1 + R_w + R_2) \tag{8.12}$$

（3）稳压过程。稳压的过程是通过负反馈实现的。例如，某种变化原因使输出电压 U_O 上升，则负反馈电路能使输出电压的上升受到牵制，因此输出电压就较稳定，上述过程可以表示为

$$U_O\uparrow \xrightarrow{\text{取样}} U_{\text{取样}}(\text{或}U_{B2})\uparrow \xrightarrow{\text{比较放大}} U_{B1}\downarrow \rightarrow U_O\downarrow$$

2. 并联型稳压电路

（1）电路组成。该电路由一个稳压管 VZ 和一个电阻 R 组成。电阻 R 称为限流电阻，它的作用是限制流过稳压管的电流，使之不要超过 I_{Zmax}，如图 8.9 所示。

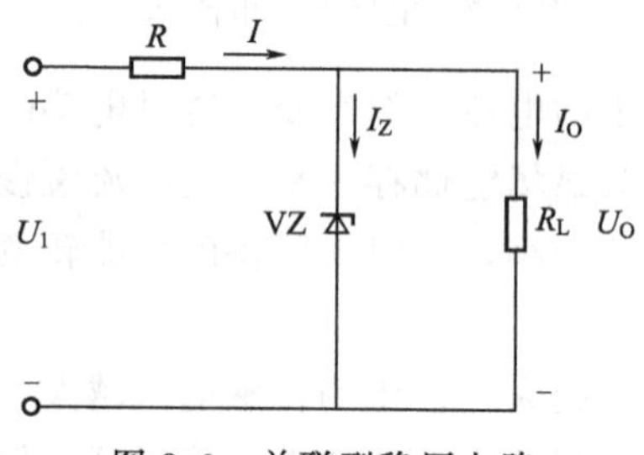

图 8.9 并联型稳压电路

（2）工作原理。无论是负载变化还是电网电压变化，稳压电路都能通过一系列调节，使负载两端电压 U_O 保持不变。它的稳压原理通过下列过程来说明。

电网电压升高：$U_I\uparrow \rightarrow U_O\uparrow \rightarrow I_Z\uparrow \rightarrow I_R\uparrow \rightarrow U_R\uparrow \rightarrow U_O\downarrow$

电网电压降低：$U_I\downarrow \rightarrow U_O\downarrow \rightarrow I_Z\downarrow \rightarrow I_R\downarrow \rightarrow U_R\downarrow \rightarrow U_O\uparrow$

负载增大：$R_L\uparrow \rightarrow U_O\uparrow \rightarrow I_Z\uparrow \rightarrow I_R\uparrow \rightarrow U_R\uparrow \rightarrow U_O\downarrow$

负载减小：$R_L\downarrow \rightarrow U_O\downarrow \rightarrow I_Z\downarrow \rightarrow I_R\downarrow \rightarrow U_R\downarrow \rightarrow U_O\uparrow$

3. 集成稳压器

稳压电路可以由分立的电子元件搭建而成，但随着半导体工业的发展，稳压电路制成了集成器件。这类器件一般有三个引线端，即输入端、输出端、公共端，因此也被称为三端稳压器。它的内部设置了过流保护、芯片过热保护及调整管安全工作区保护电路，使用起来安全、方便、性能稳定且价格便宜。按照输出电压的不同来分，稳压电路可分为固定式稳压电

路和可调式稳压电路。

（1）三端固定式稳压器。

① 外形及引脚排列。常用三端固定式集成稳压器的外形、引脚排列和电路符号如图8.10所示。

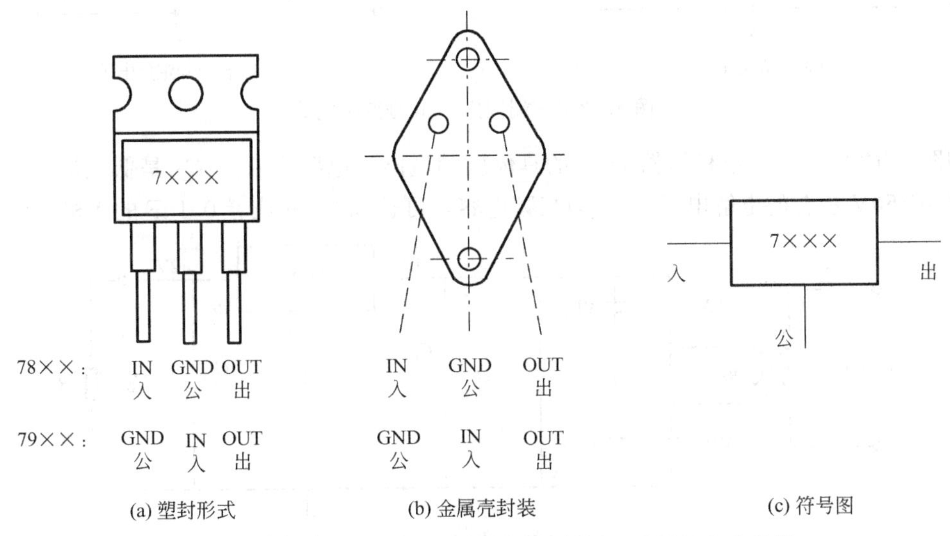

图 8.10 三端固定式集成稳压器外形、引脚排列及电路符号

② 型号组成及意义。CW78系列是三端固定正电压输出的集成稳压器。其输出有5V、6V、9V、12V、15V、18V和24V七个挡位，如图8.11所示。

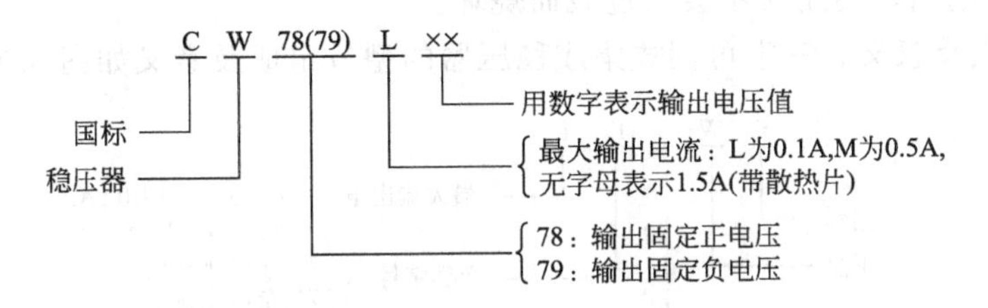

图 8.11 三端固定式集成稳压器型号组成及其意义

与CW78系列产品对应的负电压输出的集成稳压器CW79系列，在输出电压挡位和输出电流挡位上与CW78系列基本相同。

③ 实用电路。图8.12(a) 和 (b) 分别为输出正电压和负电压的电路，各部分作用如下。

a. 输入的电压 U_I 就是整流滤波后的输出电压；

b. 电容 C_1 在输入线较长时用以旁路干扰高频脉冲；

c. 电容 C_2 用以改善输出的瞬态特性并具有消振作用。

若输出电压过高，且 C_2 的容量较大，必须在输入端和输出端之间跨接一个二极管，否则一旦短路 C_2 上的电压将通过内部电路放电，有击穿集成块的可能性。接上二极管后，电容可通过二极管放电。

另外，还要防止公共端开路，若接地端断开，其输出电位接近不稳定的输入电位，这可能使负载过压受损。

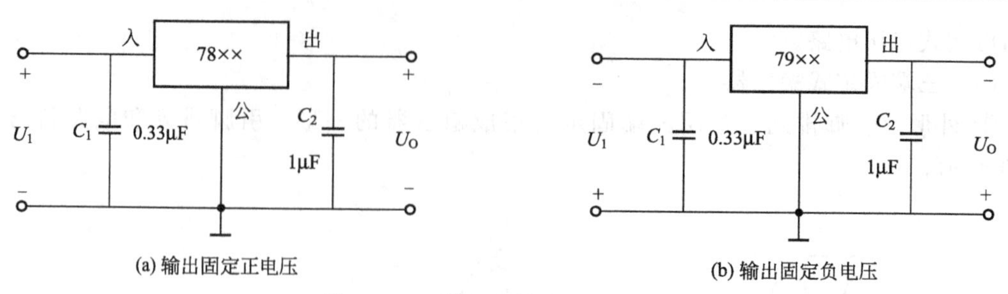

图 8.12 三端固定输出的稳压电路

如图 8.13 所示为三端稳压器 7812 的具体应用电路，电路中 C_1、C_3 是低频滤波电容，可用 1000μF/50V 左右的电解电容，C_2 为高频电容，可选 0.33μF 或者 0.1μF 的无极性电容。

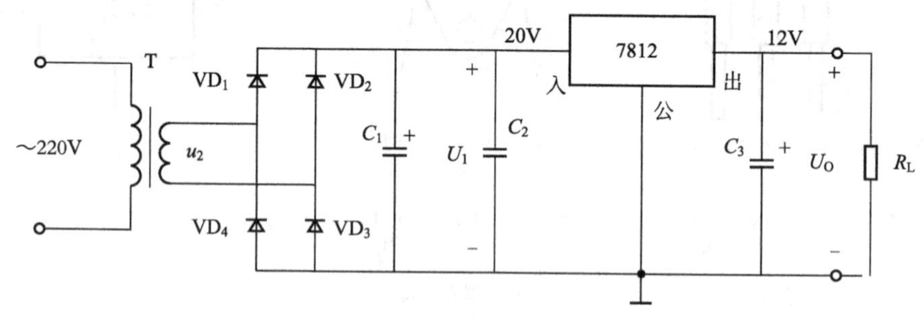

图 8.13 三端固定式稳压器 CW7812 应用电路

（2）三端可调式集成稳压器及其应用。三端可调稳压器克服了三端稳压器输出电压不可调的缺点，可输出可以调节的电压。CW317 是三端可调式正电压输出的稳压器，器件内部具有限流等保护电路，使用时不会因过载而烧坏。

① 型号组成及意义。三端可调式集成稳压器的型号组成及意义如图 8.14 所示。

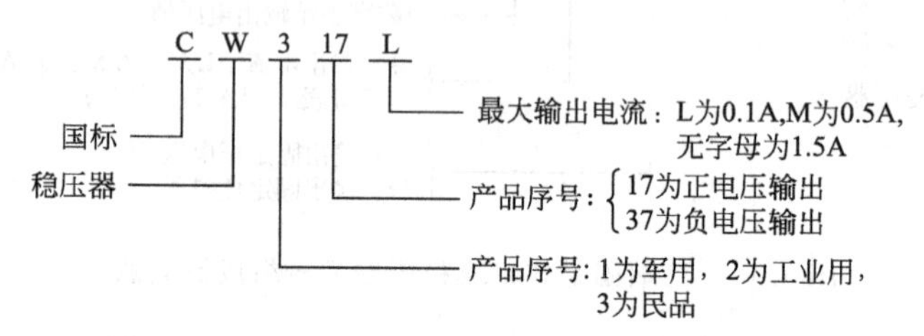

图 8.14 三端可调式集成稳压器型号组成及意义

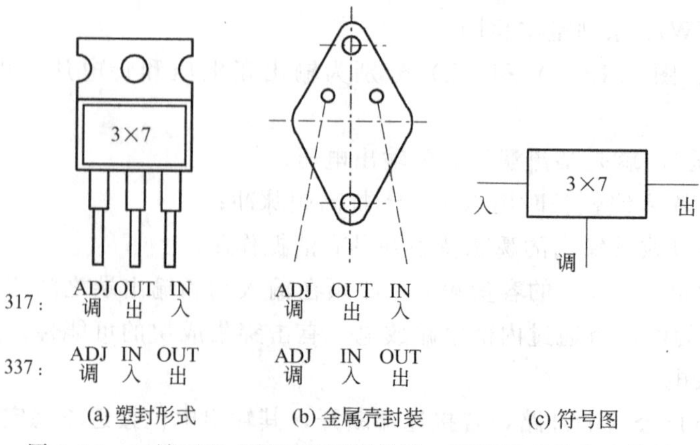

图 8.15 三端可调式集成稳压器外形、引脚排列及电路符号

② 三端可调稳压器的外形、引脚排列和电路符号。它们的外形如图 8.15 所示，同三端固定式稳压器的外形和大功率三极管的外形一样，有输入端（IN）、输出端（OUT）和调节端（ADJ）三个端，在电路中正常工作时，输出端和调节端之间电压恒等于 1.5V。

③ 基本应用电路。CW317 基本应用电路如图 8.16 所示。

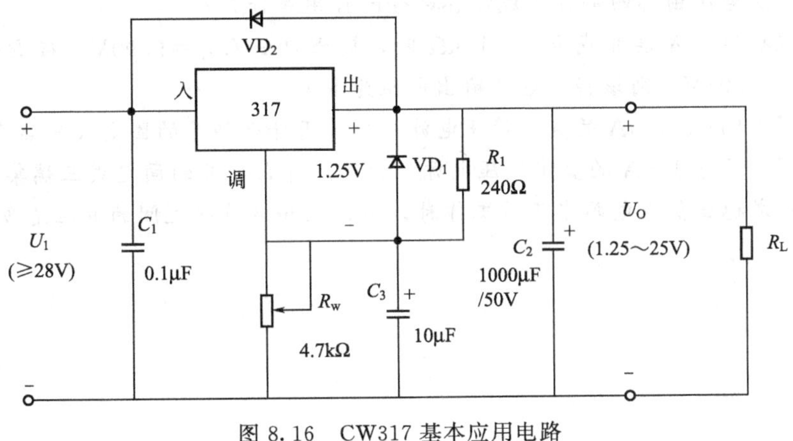

图 8.16　CW317 基本应用电路

拓展与提高

查阅相关资料，自己动手制作一个直流稳压电源。

本章小结

1. 变压器的组成及变压原理

2. 整流电路

(1) 常见的整流电路有单相半波整流电路和单相桥式整流电路。

(2) 整流电路的组成、工作原理、波形图。

(3) 整流电路中，负载上的直流电压和电流值的计算。

3. 滤波电路

(1) 常见的滤波电路有电容滤波电路、电感滤波电路、LC 滤波电路和 RC 滤波电路等。

(2) 电容滤波的电路组成、工作原理及电容滤波的特点。

(3) 电感滤波的电路组成、工作原理及电感滤波的特点。

4. 稳压电路

(1) 稳压电路有串联型稳压电路和并联型稳压电路。

(2) 稳压电路的电路组成、工作原理和稳压过程。

(3) 集成稳压器有：三端固定式集成稳压器和三端可调式集成稳压器。

(4) 集成稳压器的引脚排列、电路符号及应用电路。

5. 直流稳压电源的组成及各部分的作用

直流稳压电源主要由电源变压器、整流电路、滤波电路和稳压电路四部分组成。

(1) 变压器：把电网电压变到所需要的交流电压。

(2) 整流电路：把交流电压变为脉动直流电压。

(3) 滤波电路：滤除掉直流电中的交流成分。

（4）稳压电路：保持直流输出电压不变。

复习题

1．直流稳压电源的作用是什么？影响输出电压稳定的因素有哪些？

2．直流稳压电源由哪四部分组成？各部分的作用是什么？

3．若直流稳压电源接负载 $R_{L1}=10k\Omega$ 时，输出电压 $U_{o1}=9.90V$，接 $R_{L2}=20k\Omega$ 时，输出电压 $U_{o2}=9.91V$，则该稳压电源输出电阻为多大？

4．要获得＋15V、1.5A 的直流稳压电源，应选用什么型号的固定式三端集成稳压器？

5．要获得－9V、1.5A 的直流稳压电源，应选用什么型号的固定式三端集成稳压器？

6．可调集成稳压器在电路中正常工作时，输出端和调节端之间的电压是多少伏？

第九章　三相异步电动机

学习目标：

1. 理解三相交流异步电动机的工作原理；
2. 了解三相交流异步电动机的结构、型号及主要参数；
3. 掌握三相交流异步电动机的运行特性；
4. 理解三相交流异步电动机的启动、调速、反转、制动等控制原理。

实现电能与机械能相互转换的电工设备总称为电机。电机是利用电磁感应原理实现电能与机械能的相互转换。把机械能转换成电能的设备称为发电机，而把电能转换成机械能的设备叫做电动机。

在生产上主要用的是交流电动机，特别是三相交流异步电动机。因为它具有结构简单、坚固耐用、运行可靠、价格低廉、维护方便等优点。它被广泛地用来驱动各种金属切削机床、起重机、锻压机、传送带、铸造机械、功率不大的通风机及水泵等。

第一节　三相异步电动机的工作原理和结构

一、三相异步电动机的工作原理

1. 基本原理

为了说明三相异步电动机的工作原理，下面做如下演示实验，如图 9.1 所示。

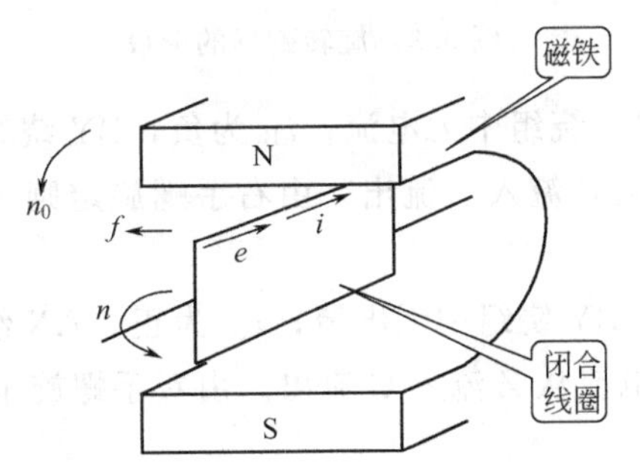

图 9.1　三相异步电动机工作原理

(1) 演示实验：在装有手柄的蹄形磁铁的两极间放置一个闭合导体，当转动手柄带动蹄形磁铁旋转时，将发现导体也跟着旋转；若改变磁铁的转向，则导体的转向也跟着改变。

(2) 现象解释：当磁铁旋转时，磁铁与闭合的导体发生相对运动，导体切割磁力线而在其内部产生感应电动势和感应电流。感应电流又使导体受到一个电磁力的作用，于是导体就沿磁铁的旋转方向转动起来，这就是异步电动机的基本原理。转子转动的方向和磁极旋转的方向相同。

（3）结论：欲使异步电动机旋转，必须有旋转的磁场和闭合的转子绕组。

2. 旋转磁场

（1）旋转磁场的产生。如图 9.2 所示为最简单的三相定子绕组 AX、BY、CZ，它们在空间按互差 120°的规律对称排列。三相定子绕组接成星形与三相电源 U、V、W 相连，其中通过的三相对称电流为

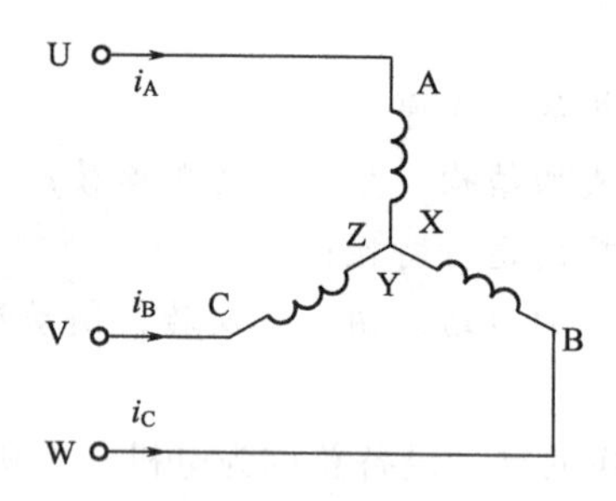

图 9.2 三相异步电动机定子接线

$$i_U = I_m \sin\omega t$$
$$i_V = I_m \sin(\omega t - 120°)$$
$$i_W = I_m \sin(\omega t + 120°)$$

随着电流在定子绕组中通过，在三相定子绕组中就会产生旋转磁场，如图 9.3 所示。

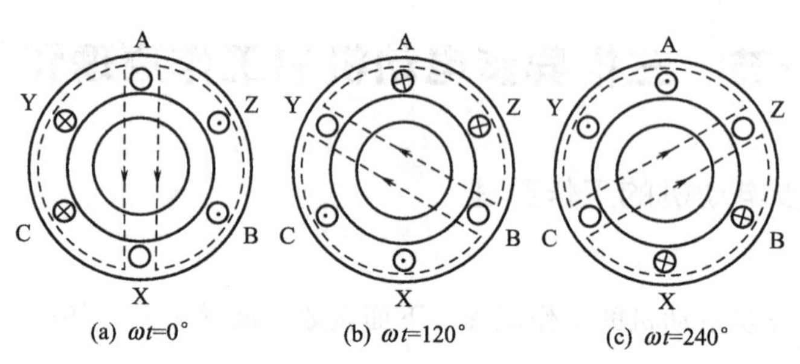

图 9.3 旋转磁场的形成

当 $\omega t = 0°$时，$i_A = 0$，AX 绕组中无电流；i_B 为负，BY 绕组中的电流从 Y 流入 B 流出；i_C 为正，CZ 绕组中的电流从 C 流入 Z 流出。由右手螺旋定则可得合成磁场的方向如图 9.3（a）所示。

当 $\omega t = 120°$时，$i_B = 0$，BY 绕组中无电流；i_A 为正，AX 绕组中的电流从 A 流入 X 流出；i_C 为负，CZ 绕组中的电流从 Z 流入 C 流出。由右手螺旋定则可得合成磁场的方向如图 9.3(b) 所示。

当 $\omega t = 240°$时，$i_C = 0$，CZ 绕组中无电流；i_A 为负，AX 绕组中的电流从 X 流入 A 流出；i_B 为正，BY 绕组中的电流从 B 流入 Y 流出。由右手螺旋定则可得合成磁场的方向如图 9.3(c) 所示。

可见，当定子绕组中的电流变化一个周期时，合成磁场也按电流的相序方向在空间旋转一周。随着定子绕组中的三相电流不断地作周期性变化，产生的合成磁场也不断地旋转，因

此称为旋转磁场。

（2）旋转磁场的方向。旋转磁场的方向是由三相绕组中电流的相序决定的，若想改变旋转磁场的方向，只要改变通入定子绕组的电流相序，即将三根电源线中的任意两根对调即可。这时，转子的旋转方向也跟着改变。

3. 三相异步电动机的极数、转速与转差率

（1）磁极对数 p。三相异步电动机的磁极对数就是旋转磁场的磁极对数。旋转磁场的磁极对数和三相绕组的安排有关。当每相绕组只有一个线圈，绕组的始端之间相差 120°空间角时，产生的旋转磁场具有一对极，即 $p=1$；当每相绕组为两个线圈串联，绕组的始端之间相差 60°空间角时，产生的旋转磁场具有两对极，即 $p=2$；同理，如果要产生三对极，即 $p=3$ 的旋转磁场，则每相绕组必须有均匀安排在空间的串联的三个线圈，绕组的始端之间相差 40°（$=120°/p$）空间角。极数 p 与绕组的始端之间的空间角 θ 的关系为：

$$\theta=\frac{120°}{p}$$

（2）同步转速 n_0。三相异步电动机旋转磁场的转速 n_0 与电动机磁极对数 p 有关，它们的关系是：

$$n_0=\frac{60f_1}{p} \tag{9.1}$$

由式(9.1) 可知，旋转磁场的转速 n_0 决定于电流频率 f_1 和磁场的极数 p。对某一异步电动机而言，f_1 和 p 通常是一定的，所以磁场转速 n_0 是个常数。

对于工频 $f_1=50\text{Hz}$，不同磁极对数 p 的旋转磁场转速如表 9.1 所示。

表 9.1　转速与磁极对数的关系

p	1	2	3	4	5	6
n_0	3000	1500	1000	750	600	500

（3）转差率 s。电动机转子转动方向与磁场旋转的方向相同，但转子的转速 n 不可能达到与旋转磁场的转速 n_0 相等，否则转子与旋转磁场之间就没有了相对运动，因而磁力线就不切割转子导体，转子电动势、转子电流以及转矩也就都不存在了。也就是说旋转磁场与转子之间存在转速差，因此把这种电动机称为异步电动机，又因为这种电动机的转动原理是建立在电磁感应基础上的，故又称为感应电动机。

旋转磁场的转速 n_0 常称为同步转速。

转差率 s——用来表示转子转速 n 与磁场转速 n_0 相差程度的物理量。即

$$s=\frac{n_0-n}{n_0}=\frac{\Delta n}{n_0} \tag{9.2}$$

转差率是异步电动机一个重要的物理量。

当旋转磁场以同步转速 n_0 开始旋转时，转子则因机械惯性尚未转动，转子的瞬间转速 $n=0$，这时转差率 $s=1$。转子转动起来之后，$n>0$，（n_0-n）差值减小，电动机的转差率 $s<1$。如果转轴上的负载转矩加大，则转子转速 n 降低，即异步程度加大，才能产生足够大的感应电动势和电流，产生足够大的电磁转矩，这时的转差率 s 增大。反之，s 减小。异步电动机运行时，转速与同步转速一般很接近，转差率很小。在额定工作状态下为

0.015～0.06。

根据公式(9.2)，可以得到电动机的转速公式

$$n=(1-s)n_0 \tag{9.3}$$

【例题 9.1】

有一台三相异步电动机，其额定转速 $n=975\text{r/min}$，电源频率 $f=50\text{Hz}$，求电动机的极数和额定负载时的转差率 s。

【解】

由于电动机的额定转速接近且略小于同步转速，而同步转速对应于不同的极对数有一系列固定的数值。显然，与 975r/min 最相近的同步转速 $n_0=1000\text{r/min}$，与此相应的磁极对数 $p=3$。因此，额定负载时的转差率为：

$$s=\frac{n_0-n}{n_0}\times 100\%=\frac{1000-975}{1000}\times 100\%=2.5\%$$

二、三相异步电动机的结构

由前面的结论得知：欲使异步电动机旋转，必须有旋转的磁场和闭合的转子绕组。而三相异步电动机的两个基本组成部分定子（固定部分）和转子（旋转部分），可以满足这两个要求，如图 9.4 所示。三相笼型异步电动机实物结构如图 9.5 所示。

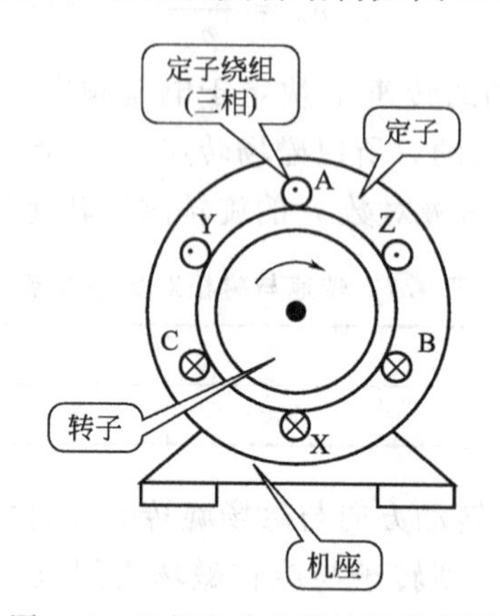

图 9.4 三相电动机的结构示意图

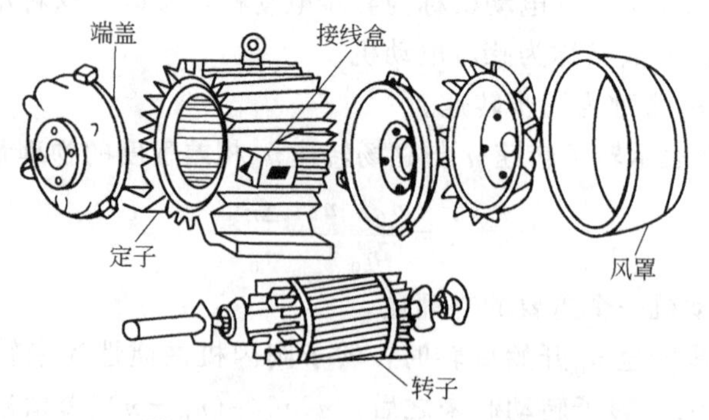

图 9.5 三相笼型异步电动机结构

1. 定子

三相异步电动机的定子由三部分组成，如表 9.2 所示。

表 9.2 三相异步电动机的定子组成

定子	定子铁芯	由厚度为 0.5mm 的、相互绝缘的硅钢片叠成，如图 9.6 所示，硅钢片内圆上有均匀分布的槽，其作用是嵌放定子三相绕组 AX、BY、CZ
	定子绕组	三组用漆包线绕制好的，对称地嵌入定子铁芯槽内的相同的线圈。这三相绕组可接成星形或三角形，通三相交流电后可以产生旋转磁场
	机座	机座用铸铁或铸钢制成，其作用是固定铁芯和绕组

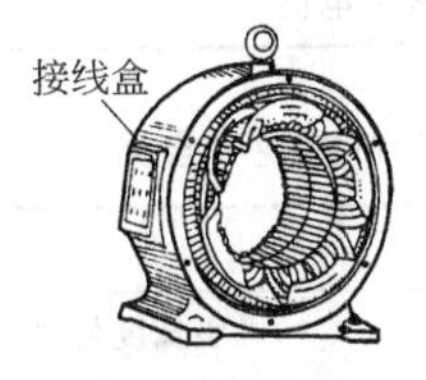

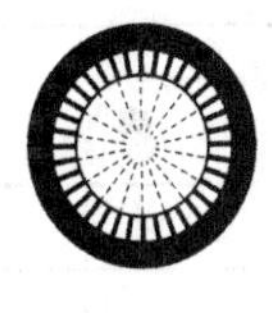

图 9.6 电动机定子外形和硅钢片

2. 转子

三相异步电动机的转子由三部分组成，如表 9.3 所示。

表 9.3 三相异步电动机的转子组成

转子	转子铁芯	由厚度为 0.5mm 的、相互绝缘的硅钢片叠成，硅钢片外圆上有均匀分布的槽，其作用是嵌放转子三相绕组
	转子绕组	转子绕组有两种形式： ① 笼式(图 9.7)——笼式异步电动机 ② 绕线式——绕线式异步电动机
	转 轴	转轴上加机械负载

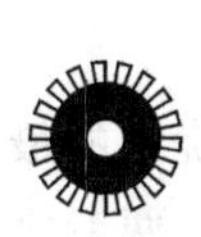
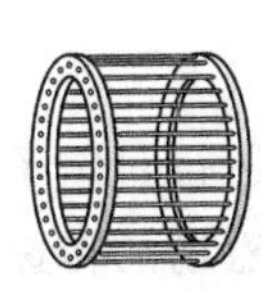
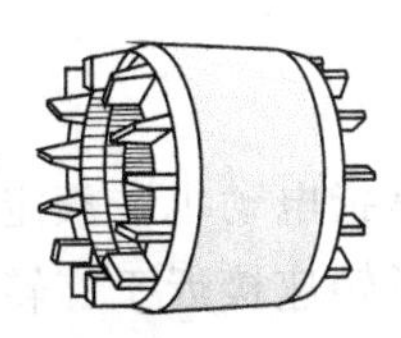

图 9.7 笼式电动机转子

笼式电动机由于构造简单，价格低廉，工作可靠，使用方便，成为了生产上应用得最广泛的一种电动机。

为了保证转子能够自由旋转，在定子与转子之间必须留有一定的空气隙，中小型电动机的空气隙在 0.2～1.0mm 之间。

三、三相异步电动机的铭牌和额定值

每台电动机的机座上都装有一块铭牌，铭牌上标注有该电动机的主要性能和技术数据，如表 9.4 所示。

1. 型号

为满足不同用途和不同工作环境的需要，电机制造厂把电动机制成各种系列，每个系列的不同电动机用不同的型号表示，如表 9.5 所示。

2. 接法

接法指电动机三相定子绕组的连接方式。

表 9.4 三相异步电动机铭牌

三相异步电动机		
型　号 Y132M-4	功　率 7.5kW	频　率 50Hz
电　压 380V	电　流 15.4A	接　法 △
转　速 1440r/min	绝缘等级 E	工作方式 连续
温　升 80℃	防护等级 IP44	重　量 55kg
年 月 编号	××电机厂	

表 9.5 电动机的型号含义

Y	315	S	6
三相异步电动机	机座中心高(mm)	机座长度代号 S:短铁芯 M:中铁芯 L:长铁芯	磁极数

一般笼式电动机的接线盒中有六根引出线，标有 A、B、C、X、Y、Z，其中：A、B、C 是每一相绕组的首端，X、Y、Z 是每一相绕组的末端。

三相异步电动机的连接方法有两种：星形（Y）连接和三角形（△）连接。通常功率在 4kW 以下的电动机定子绕组接成星形，在 4kW（不含）以上的电动机定子绕组接成三角形。

3. 电压

铭牌上所标的电压值是指电动机在额定运行时定子绕组上应加的线电压值。一般规定电动机的电压不应高于或低于额定值的 5%。

必须注意：在低于额定电压下运行时，最大转矩 T_{max} 和启动转矩 T_{st} 会显著地降低，这对电动机的运行是不利的。

4. 电流

铭牌上所标的电流值是指电动机在额定运行时定子绕组的最大线电流允许值。

当电动机空载时，转子转速接近于旋转磁场的转速，两者之间相对转速很小，所以转子电流近似为零，这时定子电流几乎全为建立旋转磁场的励磁电流。当输出功率增大时，转子电流和定子电流都随着相应增大。

5. 功率与效率

铭牌上所标的功率值是指电动机在规定的环境温度下，在额定运行时电动机轴上输出的机械功率值。

$$P=\sqrt{3}I_N U_N \cos\varphi_N \eta \tag{9.4}$$

输出功率与输入功率不等，其差值等于电动机本身的损耗功率，包括铜损、铁损及机械损耗等。

所谓效率 η 就是输出功率与输入功率的比值。一般笼式电动机在额定运行时的效率为 72%～93%。

6. 功率因数

因为电动机是电感性负载，定子相电流比相电压滞后一个 φ 角，$\cos\varphi$ 就是电动机的功率因数。三相异步电动机的功率因数较低，在额定负载时为 0.7～0.9，而在轻载和空载时更低，空载时只有 0.2～0.3。选择电动机时应注意其容量，防止“大马拉小车”，并力求缩短空载时间。

7. 转速

电动机额定运行时的转子转速，单位为转/分。不同的磁极数对应有不同的转速等级。最常用的是四个极的，即 $n_0=1500\text{r/min}$。

8. 绝缘等级

绝缘等级是按电动机绕组所用的绝缘材料在使用时容许的极限温度来分级的。

所谓极限温度是指电动机绝缘结构中最热点的最高容许温度。表 9.6 为三相异步电动机的绝缘等级。

表 9.6　三相异步电动机的绝缘等级　℃

绝缘等级	环境温度为 40℃时的容许温升	极限允许温度
A	65	105
E	80	120
B	90	130

【例题 9.2】

有一台 Y225M-4 型三相笼式异步电动机，额定数据如下。试求

(1) 额定电流。

(2) 额定转差率 s_N。

功率	转速	电压	效率	功率因数	I_{st}/I_N	T_{st}/T_N	$T_{max}/T_N(\lambda)$
4.5kW	1480r/min	380V	92.3%	0.88	7.0	1.9	2.2

【解】

(1) 4～10kW 电动机通常都采用△接法

$$I_N=\frac{P_2}{\sqrt{3}U_N\cos\varphi\eta}=\frac{4.5\times10^3}{\sqrt{3}\times380\times0.88\times0.923}\text{A}\approx8.42\text{A}$$

(2) 已知电动机是四极的，即 $p=2$，$n_0=1500\text{r/min}$，所以

$$s_N=\frac{n_0-n}{n_0}=\frac{1500-1480}{1500}\approx0.013$$

第二节　三相异步电动机的运行特性

一、电磁转矩

电磁转矩（T）简称转矩，是三相异步电动机重要的物理量之一，是由旋转磁场的每极磁通 Φ 与转子电流 I_2 相互作用而产生的。电磁转矩的大小与转子绕组中的电流 I 及旋转磁场的强弱有关：

$$T=K_T\Phi I_2\cos\varphi_2 \tag{9.5}$$

式中，T 为电磁转矩；K_T 为与电动机结构有关的常数；Φ 为旋转磁场每个极的磁通量；I_2 为转子绕组电流的有效值；φ_2 为转子电流滞后于转子电势的相位角。

若考虑电源电压及电动机的一些参数与电磁转矩的关系，公式（9.5）修正为：

$$T=K_T'\frac{sR_2U_1^2}{R_2^2+(sX_{20})^2} \tag{9.6}$$

式中，K_T'为常数；U_1为定子绕组的相电压；s 为转差率；R_2为转子每相绕组的电阻；X_{20}为转子静止时每相绕组的感抗。

由上式可知，转矩 T 与定子每相电压 U_1的平方成比例，所以当电源电压有所变动时，对转矩的影响很大。此外，转矩 T 还受转子电阻R_2的影响。

二、机械特性曲线

在一定的电源电压U_1和转子电阻 R_2下，电动机的转矩 T 与转差率 s 之间的关系曲线 $T=f(s)$ 或转速与转矩的关系曲线 $n=f(T)$，称为电动机的机械特性曲线，它可根据公式(9.6) 得出，如图 9.8 所示。

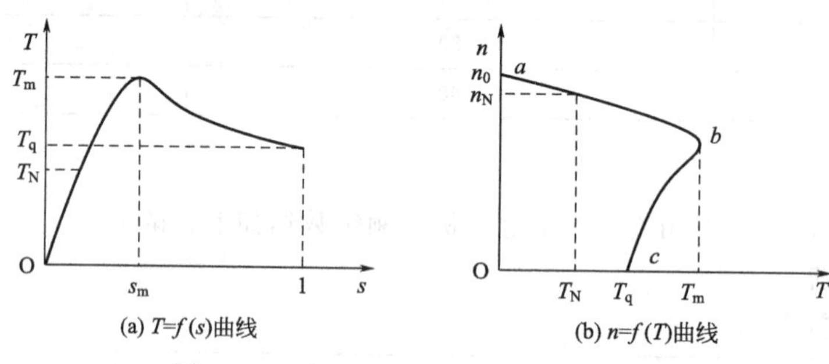

图 9.8 三相异步电动机的机械特性曲线

1. 额定转矩 T_N

额定转矩 T_N是异步电动机带额定负载时，转轴上的输出转矩。

$$T_N=9550\frac{P_2}{n} \tag{9.7}$$

式中，P_2是电动机轴上输出的机械功率，kW；n 的单位是 r/min；T_N的单位是 N·m。

当忽略电动机本身机械摩擦转矩 T_0时，阻转矩近似为负载转矩 T_L，电动机作等速旋转时，电磁转矩 T 必与阻转矩 T_L相等，即 $T=T_L$。额定负载时，则有 $T_N=T_L$。

2. 最大转矩 T_m

T_m又称为临界转矩，是电动机可能产生的最大电磁转矩。它反映了电动机的过载能力。

最大转矩的转差率为 s_m，此时的 s_m叫做临界转差率，见图 9.8(a)，最大转矩 T_m与额定转矩 T_N之比称为电动机的过载系数 λ，即

$$\lambda=\frac{T_m}{T_N} \tag{9.8}$$

一般三相异步的过载系数在 1.8～2.2 之间。

在选用电动机时，必须考虑可能出现的最大负载转矩，而后根据所选电动机的过载系数算出电动机的最大转矩，它必须大于最大负载转矩，否则必须重新选择电动机。

3. 启动转矩 T_{st}

T_{st}为电动机启动初始瞬间的转矩，即 $n=0$、$s=1$ 时的转矩。

为确保电动机能够带额定负载启动，必须满足：$T_{st}>T_N$，一般的三相异步电动机有

$\frac{T_{st}}{T_N}=1\sim2.2$。

【例题 9.3】

一台三相异步电动机额定功率 $P_N=4kW$，额定转数 $n_N=1440r/min$，过载能力为 2.2，启动能力为 1.8。试求额定转矩 T_N、启动转矩 T_{st}、最大转矩 T_m。

【解】

额定转矩

$$T_N=9550\frac{P_N}{n_N}=9550\times\frac{4}{1440}N\cdot m\approx26.5N\cdot m$$

启动转矩

$$T_{st}=1.8T_N\approx1.8\times26.5N\cdot m=47.7N\cdot m$$

最大转矩

$$T_m=2.2T_N\approx2.2\times26.5N\cdot m=58.3N\cdot m$$

第三节　三相异步电动机的控制

一、三相异步电动机的启动

1. 启动特性分析

(1) 启动电流 I_{st}。在刚启动时，由于旋转磁场对静止的转子有着很大的相对转速，磁力线切割转子导体的速度很快，这时转子绕组中感应出的电动势和产生的转子电流均很大，同时，定子电流必然也很大。一般中小型笼式电动机定子的启动电流可达额定电流的 5～7 倍。

注意：在实际操作时应尽可能不让电动机频繁启动。如在切削加工时，一般只是用摩擦离合器或电磁离合器将主轴与电动机轴脱开，而不将电动机停下来。

(2) 启动转矩 T_{st}。电动机启动时，转子电流 I_2 虽然很大，但转子的功率因数 $\cos\varphi_2$ 很低，由公式 $T=K_T\Phi I_2\cos\varphi_2$ 可知，电动机的启动转矩较小，通常 $\frac{T_{st}}{T_N}=1\sim2.2$。

启动转矩小存在以下问题：一是会延长启动时间；二是不能在满载下启动。因此应设法提高。但启动转矩如果过大，会使传动机构受到冲击而损坏，所以一般机床的主电动机都是空载启动（启动后再切削），对启动转矩没有什么要求。

综上所述，异步电动机的主要缺点是启动电流大而启动转矩小。因此，必须采取适当的启动方法，以减小启动电流并保证有足够的启动转矩。

2. 笼式异步电动机的启动方法

(1) 直接启动。直接启动又称为全压启动，就是利用闸刀开关或接触器将电动机的定子绕组直接加到额定电压下启动。

这种方法只用于小容量的电动机或电动机容量远小于供电变压器容量的场合。

(2) 降压启动。在启动时降低加在定子绕组上的电压，以减小启动电流，待转速上升到接近额定转速时，再恢复到全压运行。

这种方法适于大中型笼式异步电动机的轻载或空载启动。

① 星形-三角形（Y-△）降压启动。启动时，将三相定子绕组接成星形，待转速上升到接近额定转速时，再接成三角形。这样，在启动时就可把定子每相绕组上的电压降到正常工作电压的 $1/\sqrt{3}$ 。

这种方法只能用于正常工作时定子绕组为三角形连接的电动机，可采用星三角启动器来实现。星三角启动器具有体积小、成本低、寿命长、动作可靠等特点。

② 自耦变压器降压启动。自耦变压器降压启动是利用三相自耦变压器将电动机在启动过程中的端电压降低。启动时，先把开关扳到“启动”位置，当转速接近额定值时，再将开关扳向“工作”位置，切除自耦变压器。

采用自耦变压器降压启动，也同时能使启动电流和启动转矩减小。

正常运行作星形连接或容量较大的笼式异步电动机，常用自耦变压器降压启动。

二、三相异步电动机的调速

调速就是在同一负载下能得到不同的转速，以满足生产过程的要求。

$$s=\frac{n_0-n}{n_0}$$

$$n=(1-s)n_0=(1-s)\frac{60f}{p}$$

根据上式可知，通过三个途径可以对三相异步电动机进行调速：改变电源频率 f，改变磁极对数 p，改变转差率 s。前两者是笼式电动机的调速方法，后者是绕线式电动机的调速方法。

1. 变频调速

此方法可获得平滑且范围较大的调速效果，且具有硬的机械特性，随着科学技术的发展，变频调速在多个领域得到了广泛应用。

2. 变极调速

此方法不能实现无级调速，但它简单方便，常用于金属切割机床或其他生产机械上。

3. 转子回路串电阻调速

在绕线式异步电动机的转子电路中，串入一个三相调速变阻器进行调速。此方法能平滑地调节绕线式电动机的转速，且设备简单、投资少。但变阻器增加了损耗，故常用于短时调速或调速范围不太大的场合。

以上可知，异步电动机的各种调速方法都不太理想，所以异步电动机常用于要求转速比较稳定或调速性能要求不高的场合。

三、三相异步电动机的反转

据前所述，只要将从电源接到定子绕组的 3 根端线的任意两根对调，磁场旋转方向就会改变，电动机的旋转方向就随之改变。同样，只要将连接电动机的 3 根相线中的任意两根对调过来，再接通电源，电动机就能够反转。

但要注意，改变电动机的旋转方向，应在停转之后换接。如果电动机正在高速旋转时突然将电源反接，不但冲击强烈，而且电流较大，如果缺乏防范措施，容易发生事故。

四、三相异步电动机的制动

制动是给三相异步电动机一个与转动方向相反的转矩，使它在断开电源后很快地减速或停转。

对电动机制动，也就是要求它的转矩与转子的转动方向相反，这时的转矩称为制动转矩。

常见的电气制动方法有以下几种。

(1) 反接制动。当电动机快速转动而需停转时，改变电源相序，使转子受一个与原转动方向相反的转矩而迅速停转。这种办法制动时应当注意，当转子转速接近零时，应及时切断电源，以免电动机反转。

为了限制电流，对功率较大的电动机进行制动时必须在定子电路（笼式）或转子电路（绕线式）中接入电阻。

这种方法比较简单，制动力强，效果较好，但制动过程中的冲击也强烈，易损坏传动器件，且能量消耗较大，频繁反接制动会使电动机过热。对有些中型车床和铣床的主轴的制动采用这种方法。

(2) 能耗制动。电动机脱离三相电源的同时，给定子绕组接入一直流电源，使直流电流通入定子绕组。于是在电动机中便产生一方向恒定的磁场，使转子受一与转子转动方向相反的 F 力的作用，于是产生制动转矩，实现制动。直流电流的大小一般为电动机额定电流的0.5～1倍。

由于这种方法是用消耗转子的动能（转换为电能）来进行制动的，所以称为能耗制动。这种制动能量消耗小，制动准确而平稳，无冲击，但需要直流电流。在有些机床中常采用这种制动方法。

(3) 发电反馈制动。当转子的转速 n 超过旋转磁场的转速 n_0 时，这时的转矩也是制动的。例如，当起重机快速下放重物时，重物拖动转子旋转，使其转速 $n>n_0$，产生制动转矩，电动机在平衡转矩作用下等速下降。

拓展与提高

电机的发展过程及电机在国民经济中的地位

一、直流电机的发展过程

1821年9月3日，法拉第重做了奥斯特的实验，发明了“电磁旋转器”，这是科学史上最早的一台电动机。

1831年，法拉第发现了电磁感应现象，同年10月，他制造了一台圆盘式直流发电机，如图9.9所示。

法拉第把一个铜盘放在一个马蹄形磁铁的中间，圆心处固定一个摇柄，圆盘的圆心和边缘各与一个电刷紧贴，铜盘的轴和边缘各接出一根导线，与电流表相连构成回路。铜盘转动的过程当中，电流表有示数。这便是直流发电机的雏形。

1832年，意大利帕杜亚大学教授内格罗进行了探索实验，将4个线圈串联放在桌上，与一个电流表相连，并将一个永久磁铁放在一个框架上，让磁铁先靠近线圈再离开，反复进行，内格罗发现电流表中有电流流过。实验说明了线圈中的电流为感应电流。

1832年，法国电学工程师皮克西对外公布了手摇永久磁铁旋转式交流发电机，一年以后，皮克西在发电机上安装了换向器，把发电机所发的交流电变成了直流电。同年，楞次提出了楞次定律，证明了发电机和电动机是可逆的。

1833年，英国仪器制造商萨克斯顿制造了一台手摇直流发电机，基本原理是转动的线

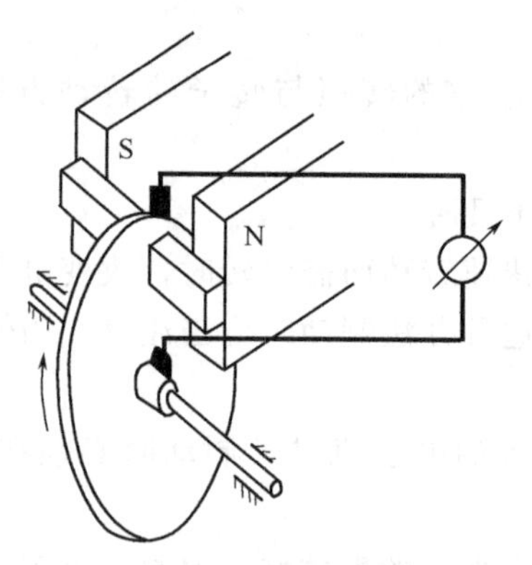

图 9.9 圆盘式直流发电机

图 9.10 手摇式直流发电机

圈在固定的磁场中切割磁感线，使线圈中产生感应电流，如图 9.10 所示。

1835 年，英国人克拉克制成了世界上第一台具有使用价值的直流发电机，这台发电机产生的电压高于一般电池组电压，还可以提供不同的电流。

1842 年，俄国科学家雅克比制造了用两个马蹄形磁铁作为磁极的手摇发电机，并首次应用于军事中。

1840 年，惠斯通制成了供电报机使用的直流发电机。1845 年惠斯通首次在发电机上用电磁铁代替了永久磁铁。

1844 年，英国制造了电镀用伍尔里奇发电机，这是第一台工业用直流发电机。

1850 年，布鲁塞尔海军学校教师诺莱设计了蒸汽机驱动的直流发电机。

1854 年，丹麦的乔尔塞制成了永久磁铁和电磁铁混合激励的发电机。

1857 年，惠斯通发明了自励电磁铁型发电机。

1860 年，意大利人巴奇诺蒂发明了齿状电枢。

1863 年，英国人文尔德制成了自激式发电机。

1867 年，西门子对电动机提出了重大改进。

1870 年，比利时人齐纳布·格拉姆发明了真正能用于工业生产的发电设备。之后，他将 T 形电枢绕组改为了环形电枢绕组。

1873 年，麦克斯韦完成了经典电磁理论，1875 年，格拉姆将发电机安装在了发电厂。

1880 年，爱迪生提出用叠片铁芯来减少损耗，降低绕组温升。

1886 年，霍普金森确定了磁路欧姆定律，1891 年，阿诺尔特建立了直流电枢绕组理论。到 19 世纪 90 年代，直流发电机具备了现代直流发电机的主要结构特点。

二、交流电机的发展过程

1832 年，法国皮克西制造的手摇永久磁铁旋转发电机，可以产生交流。

1876 年，雅勃洛奇科夫采用交流发电机和开磁路式串联变压器供电。

1883 年，台勃莱兹阐明，两个磁场可以合成一个磁场。

1885 年，意大利人费拉里斯发现了费拉里斯电动机。

19 世纪 80 年代，特斯拉独立地提出了依靠旋转磁场工作的感应电动机。1890 年，他提出了多相交流发电机和变压器的设想，同年制成了能自动启动的同步电动机。1891 年，他提出了单相电动机的启动方法。至此，电动机方面的主要发明已经完成，进入了产品发展阶段。

三、电机的发展现状

随着现代高新技术的发展，如大功率高电压等级的电子器件的出现，材料领域的进步，新的永磁材料的出现，网络的发展等，电机技术逐渐成熟，未来电机将向高效率、高功率密度、高可靠性、低噪声以及良好的可维修和可替换性方向发展。

超声电机是国际上 20 世纪末发展起来的一种新型电机，它突破了传统电磁电机的概念，没有电枢电路和磁路，不依靠电磁相互作用来转换能量，利用的是压电陶瓷片和超声振动，将材料的形变通过放大和传动转换成转子的宏观运动。

磁悬浮电机利用定子和转子磁场"同性相斥、异性相吸"的原理，使得转子悬浮起来，同时产生驱动力使得转子在悬浮状态下运动，所以，转子和定子间没有机械接触，减小了机械摩擦，产生较大的加速度。

四、电机在国民经济中的地位

(1) 生产机械和装备的动力设备。电机在工业自动化和人们的生活工作中正起着越来越大的作用。小功率电机作为一个动力驱动源应用十分广泛，在世界各国的经济发展中占据着越来越重要的地位，这一产业为牵引许多工业国经济发展的腾飞发挥着重要作用。它不仅是工业设备的动力，同时也是实现生活现代化的动力。电机质量和先进程度同样也是反映一个国家自动化水平的指标，电机质量决定着人们的生活质量和国家的工业化水平。

(2) 电能生产、传输和分配的主要设备。电机作为机电能量转换的重要装置，是电气传动的基础部件，其耗电量占据了全部用电量的 60%以上，对国民经济、能源利用、环境保护和人民生活质量的提高都起着十分重要的作用。

因此，开发高效、节能、降耗、可靠性高的小功率电机产品，推荐一批产品技术质量高、市场信誉好的小功率电机名优产品给国内外广大用户选择，打造具有民族品牌的电机产品，增强国际竞争力，对确保国民经济可持续发展具有极其重要的战略意义。

(3) 自动控制系统中的重要元件。随着自动化领域的不断发展，电机尤其是控制类电机，在国民生活中发挥着越来越重要的作用。

本章小结

1. 三相异步电动机的工作原理

2. 旋转磁场的产生及电动机的转速

(1) 旋转磁场的产生。

(2) 电动机的同步转速：

$$n_0=\frac{60f_1}{p}$$

3. 三相异步电动机的结构和额定值

（1）三相异步电动机由定子和转子组成。

（2）三相异步电动机的额定值：额定电压、额定电流、功率与效率、功率因数、转速等。

4．三相异步电动机的运行特性

额定转矩：$T_N=9550\frac{P_2}{n}$。

最大转矩：$\lambda=\frac{T_m}{T_N}$。

启动转矩：T_{st}。

5．三相异步电动机的控制

（1）三相异步电动机的启动：有直接启动和降压启动，降压启动有星形-三角形降压启动和自耦变压器降压启动。

（2）三相异步电动机的调速：有变频调速、变极调速和变转差率调速。

（3）三相异步电动机的反转：将接到定子绕组的任意两根相线对调即可实现电动机反转。

（4）三相异步电动机的制动：有反接制动、能耗制动和发电反馈制动三种。

复习题

1．笼式异步电动机常用的降压启动方法有几种？

2．笼式异步电动机降压启动的目的是什么？重载时宜采用降压启动吗？

3．三相异步电动机常用的制动方法有几种？

4．什么是反接制动？什么是能耗制动？各有什么特点及适应什么场合？

5．有一台四极三相异步电动机，电源电压的频率为50Hz，满载时电动机的转差率为0.02。求电动机的同步转速、转子转速。

6．稳定运行的三相异步电动机，当负载转矩增加时，为什么电磁转矩相应增大；当负载转矩超过电动机的最大磁转矩时，会产生什么现象？

7．已知某三相异步电动机的技术数据为：$P_N=2.8\text{kW}$，$U_N=220\text{V}/380\text{V}$，$I_N=10\text{A}/5.8\text{A}$，$n_N=2890\text{r/min}$，$\cos\varphi_N=0.89$，$f_1=50\text{Hz}$。求：

① 电动机的磁极对数 p。

② 额定转矩 T_N。

第十章　电动机控制电路

学习目标：

1. 了解低压电气元件的定义、分类；
2. 掌握常用的低压电器的符号、结构、工作原理以及在电路中的作用；
3. 掌握三相异步电动机的启动控制电路；
4. 掌握三相异步电动机的正反转控制电路；
5. 掌握三相异步电动机的降压启动控制电路。

电动机或其他电气设备电路的接通或断开，目前普遍采用继电器、接触器、按钮及开关等控制电器来组成控制系统。这种控制系统一般称为继电-接触器控制系统。

要弄清一个控制电路的原理，必须了解其中各个电气元件的结构、动作原理以及它们的控制作用。电器的种类繁多，可分为手动的和自动的两类。手动电器是由工作人员手动操纵的，例如刀开关、点火开关等。而自动电器则是按照指令、信号或某个物理量的变化而自动动作的，例如各种继电器、接触器、电磁阀等。

第一节　低压电器基本知识

电器对电能的产生、输送、分配与应用起着控制、检测、调节和保护等作用。

一、电器的定义

用于接通和断开电路或对电路和电气设备进行保护、控制和调节的电工器件。

二、电器的分类

(1) 按工作电压等级区分，可分为高压电器和低压电器。

① 高压电器为用于交流电压 1200V、直流电压 1500V 及以上电路中的电器。高压电器用于高压供配电电路中，实现电路的保护和控制等，例如高压断路器、高压隔离开关、高压熔断器等。

② 低压电器为用于交流电压 1200V、直流电压 1500V 以下电路中的电器。低压电器常用低压供配电系统和机电设备自动控制系统中，实现电路的保护、控制、检测和转换等，例如各种刀开关、按钮、继电器、接触器等。

(2) 按用途区分，可分为配电电器和控制电器。

① 配电电器主要用于供配电系统中实现电能的输送、分配和保护，例如熔断器、断路器、开关及保护继电器等。

② 控制电器主要用于生产设备自动控制系统中对设备进行控制、检测和保护，例如接触器、控制继电器、主令电器、启动器、电磁阀等。

(3) 按触点的动力来源区分，可分为手动电器和自动电器。

① 手动电器是通过人力驱动使触点动作的电器，例如刀开关、按钮、转换开关等。

② 自动电器是通过非人力驱动使触点动作的电器，例如接触器、继电器、热继电器等。

(4) 按工作环境来区分，可分为一般用途低压电器和特殊用途低压电器。

① 一般用途低压电器用于海拔高度不超过 2000m；周围环境温度在 −25～40℃之间；空气相对湿度为 90%；安装倾斜度不大于 5°；无爆炸危险的介质及无显著摇动和冲击振动的场合。

② 特殊用途电器用于特殊环境和工作条件下，通常是在一般用途低压电器的基础上进行派生而成的，如防爆电器、船舶电器、化工电器、热带电器、高原电器以及牵引电器等。

三、常用低压电器

1. 刀开关 (QS)

刀开关俗称刀闸开关，是一种最常用的手动电器，由安装在瓷质底板上的刀片（也称动触点）、刀座（也称静触点）和胶木盖构成。刀开关按刀片数量不同，可分为单刀、双刀和三刀三种，如图 10.1 所示。

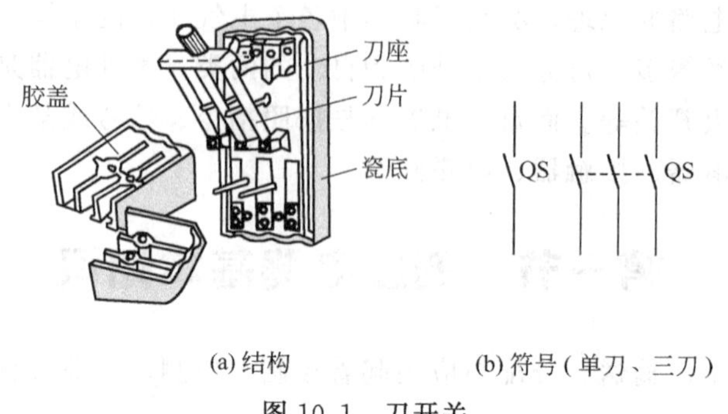

(a) 结构 (b) 符号（单刀、三刀）

图 10.1 刀开关

刀开关在电路中主要用于隔离、转换以及接通和分断电路，多数用于电源开关、照明设备的控制，也可以用来控制小容量的电动机的启动和停止操作。

2. 断路器 (QF)

断路器称为自动空气开关，用于不频繁接通和断开电路以及控制电动机的运行，相当于刀开关、熔断器、过电流继电器、欠电压继电器和热继电器的组合，当电路发生短路、过载和失压等情况时，能自动切断电路，也就是人们常说的跳闸。

断路器的结构主要由触点、脱扣器、灭弧装置和操作机构组成，正常工作时，手柄处于“合”位置，此时触点保持闭合状态，扳动手柄处于“分”位置，触点处于断开状态，这两个状态在机械上是互锁的，如图 10.2 所示。

(1) 当电路发生短路或严重过载时，过电流脱扣器的衔铁被吸合，通过杠杆将搭钩顶开，主触点迅速切断短路或严重过载电路。

(2) 当电路过载时，产生的热量使双金属片弯曲变形推动杠杆顶开搭钩，主触点断开，切断过载电路。过载越严重，主触点断开越快，但不可能瞬动。

(3) 当电路失压或电压过低时，欠压脱扣器中衔铁因吸力不足而将被释放，主触点被断

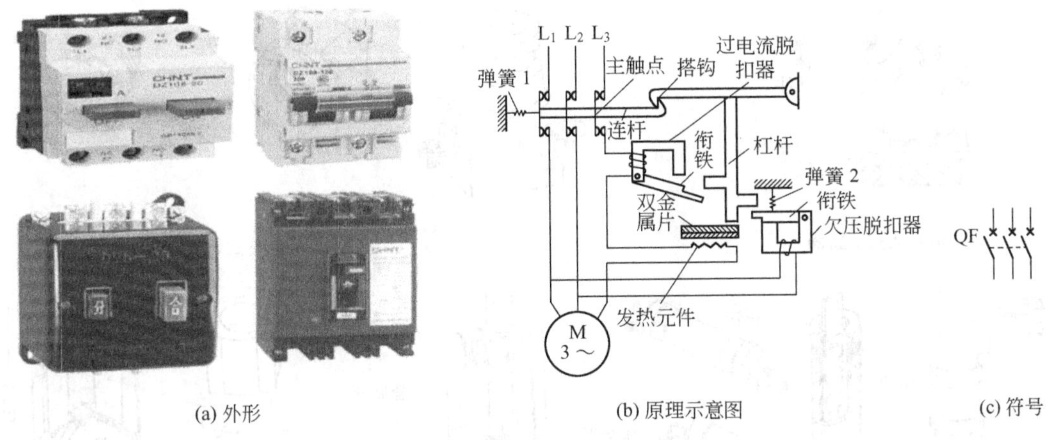

(a) 外形　(b) 原理示意图　(c) 符号

图 10.2　断路器

开。当电源恢复正常时，必须重新合闸后才能工作，实现欠压保护。

3. 按钮（SB）

按钮是一种手动操作，用来接通或断开电路，并具有复位功能的控制开关，一般由动触点、静触点、按钮帽、复位弹簧和外壳组成，如图 10.3 所示。

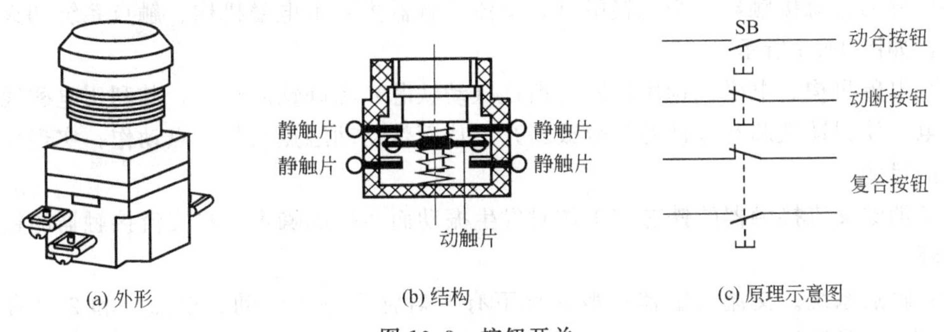

(a) 外形　(b) 结构　(c) 原理示意图

图 10.3　按钮开关

动合按钮：未按下按钮时触点是断开的，按下按钮时触点闭合，也就是“一动就闭合”的意思。松开按钮，按钮自动复位。

动断按钮：未按下按钮时触点是闭合的，按下按钮时触点断开，也就是“一动就断开”的意思。松开按钮，按钮自动复位。

复合按钮：将动合按钮和动断按钮组合为一体，按下复合按钮时，动断触点先断开，动合触点再闭合，松开复合按钮，动合触点先断开，动断触点再闭合。

按钮帽有颜色之分，启动按钮用绿色，停止按钮用红色。

4. 熔断器（FU）

熔断器是一种最常见的短路保护装置，一般由熔管、熔体和底座组成，如图 10.4 所示。

当电路发生短路，通过熔断器的电流达到某一规定值时，熔断器以其自身产生的热量使得熔体熔断，从而切断电路，起到保护作用。熔断器具有结构简单、分断能力强、体积小、使用维护方便等优点，在电路中得到了普遍使用。熔断器的缺点是：当熔断器烧坏之后，需要重新更换。

5. 交流接触器（KM）

接触器主要用来远距离接通和断开电路以及频繁控制电动机的接通和断开操作，按照电

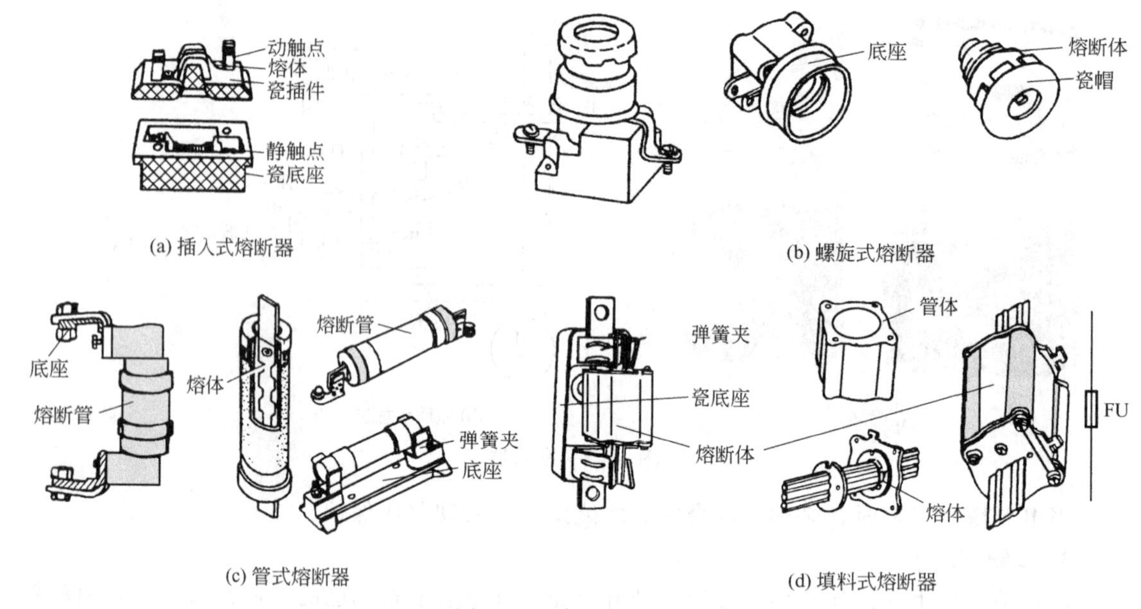

(a) 插入式熔断器

(b) 螺旋式熔断器

(c) 管式熔断器

(d) 填料式熔断器

图 10.4 常见的熔断器

流种类可分为直流接触器和交流接触器。交流接触器主要由电磁机构、触点系统和灭弧装置等组成，如图 10.5 所示。

(1) 电磁机构。电磁机构由线圈、衔铁（动铁芯）和静铁芯组成，其利用电磁线圈的通电或断电，使得动铁芯和静铁芯吸合或断开，从而带动动触点与静触点动作，实现接通或断开电路的目的。

为了消除交流接触器的铁芯在工作时发生振动而产生的噪声，在交流接触器的铁芯上装有短路环。

(2) 触点系统。交流接触器一般情况下有 5 对常开触点（动合触点）和 2 对常闭触点（动断触点），常开触点中有 3 对主触点和 2 对辅助触点。主触点设有灭弧装置，允许通过较大电流，所以接在主电路中与负载串联。辅助触点不设灭弧装置，用于通断电流较小的控制电路中。

(3) 灭弧装置。接触器在接通或断开大电流时，在触点之间会产生电弧，所以交流接触器有灭弧装置。

6. 热继电器 (FR)

热继电器是一种利用电流的热效应来切断电路的保护电器，由热元件、双金属片、脱扣机构、触点、复位按钮和电流整定装置组成，在电路中主要起过载保护，如图 10.6 所示。

热继电器的发热元件串联在被保护设备的电路中，过载时负载电流增大导致发热元件产生的热量使双金属片产生弯曲变形，当弯曲程度达一定幅度时，导板推动杠杆使热继电器的触点动作，其动断触点断开，切断电路，从而起到保护作用。

热继电器双金属片冷却后，按下复位按钮，使热继电器的常闭触点恢复闭合状态后，热继电器才能重新工作。热继电器动作电流的大小可以通过偏心凸轮进行调整，值得注意的是，从电气设备开始过载到热继电器动作需要一定的时间，所以热继电器不能用于电路的短路保护。

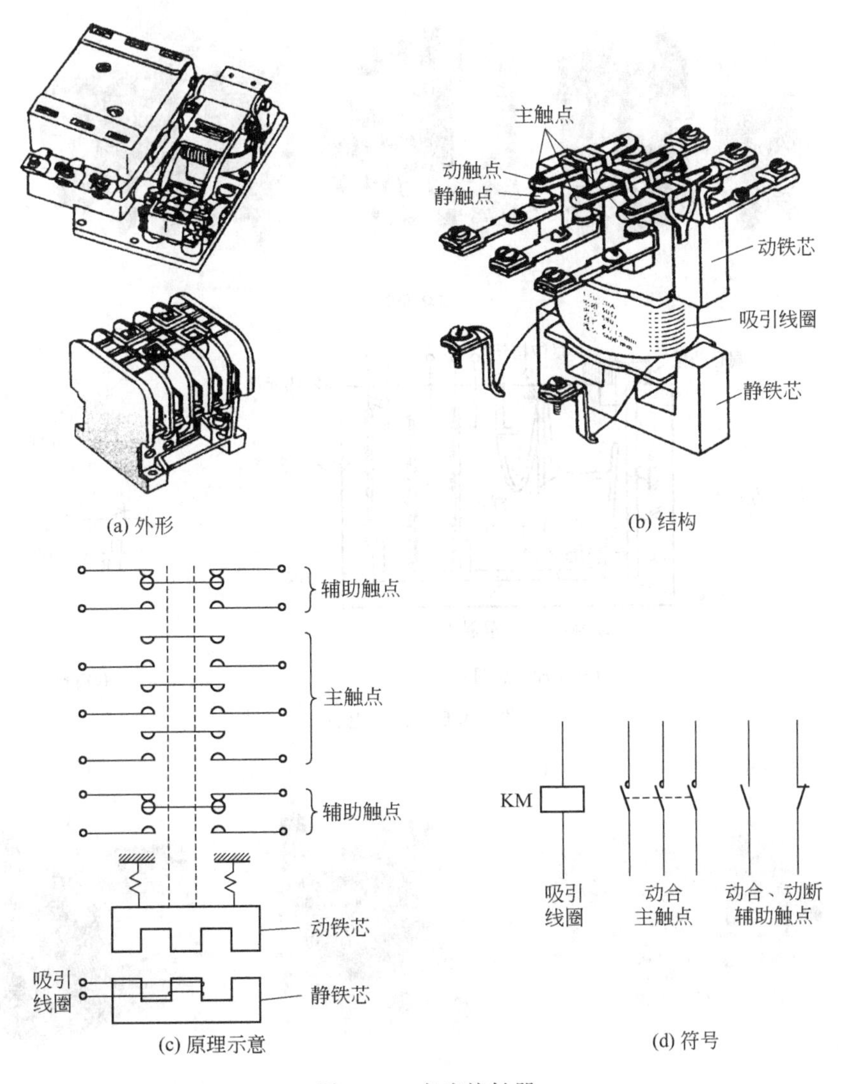

(a) 外形 (b) 结构

(c) 原理示意 (d) 符号

图 10.5 交流接触器

7. 时间继电器

时间继电器在电路中起着控制动作时间的作用，按照工作原理分为电磁式、空气阻尼式、电动式和电子式时间继电器；按照延时方式可分为通电延时型和断电延时型。常见的时间继电器如图 10.7 所示。

当线圈通电时，衔铁及托板被铁芯吸引而瞬时下移，使瞬时动作触点接通或断开。但是活塞杆和杠杆不能同时跟着衔铁一起下落，因为活塞杆的上端连着气室中的橡胶膜，当活塞杆在释放弹簧的作用下开始向下运动时，橡胶膜随之向下凹，上面空气室的空气变得稀薄而使活塞杆受到阻尼作用而缓慢下降。经过一定时间，活塞杆下降到一定位置，便通过杠杆推动延时触点动作，使动断触点断开，动合触点闭合。从线圈通电到延时触点完成动作，这段时间就是继电器的延时时间，延时时间的长短可以用螺钉调节空气室进气孔的大小来改变。吸引线圈断电后，继电器依靠恢复弹簧的作用而复原，空气经出气孔被迅速排出。

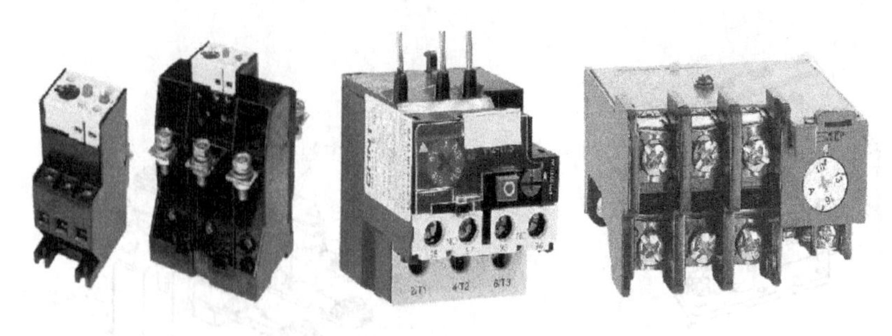

(a) 外形

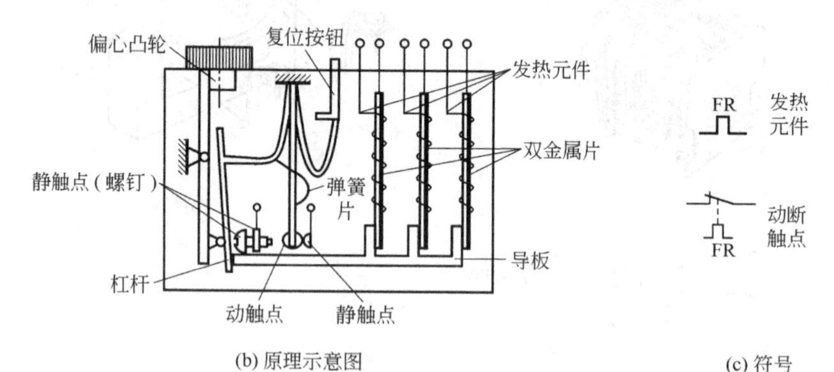

(b) 原理示意图

(c) 符号

图 10.6 热继电器

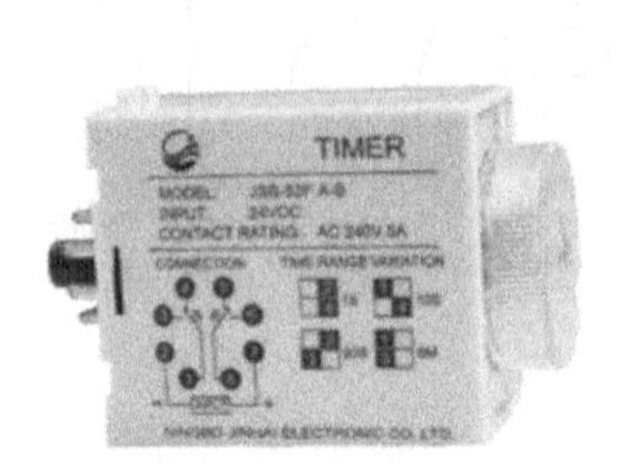

(a) 外形

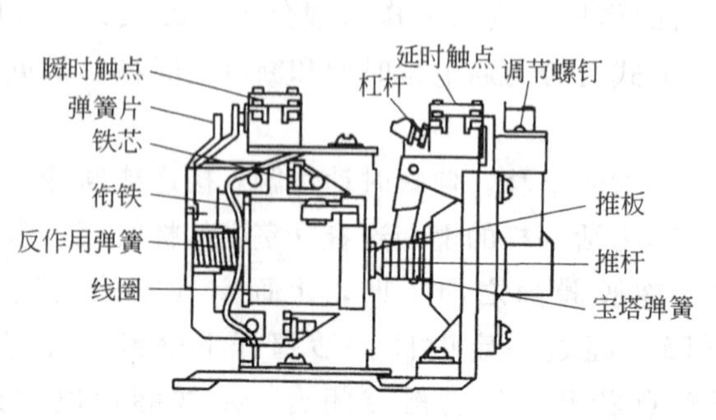

(b) 空气阻尼式时间继电器结构示意图

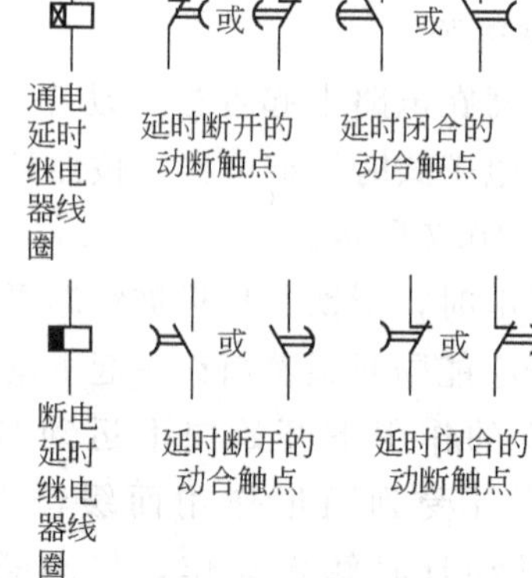

(c) 符号

图 10.7 时间继电器

第二节 三相异步电动机的直接启动控制电路

直接启动是把电动机直接接入电网，加上额定电压，一般来说，电动机的容量不大于直接供电变压器容量的20%～30%时，都可以直接启动。

一、三相异步电动机点动控制电路

1. 电路组成

图10.8为三相异步电动机点动控制电路。

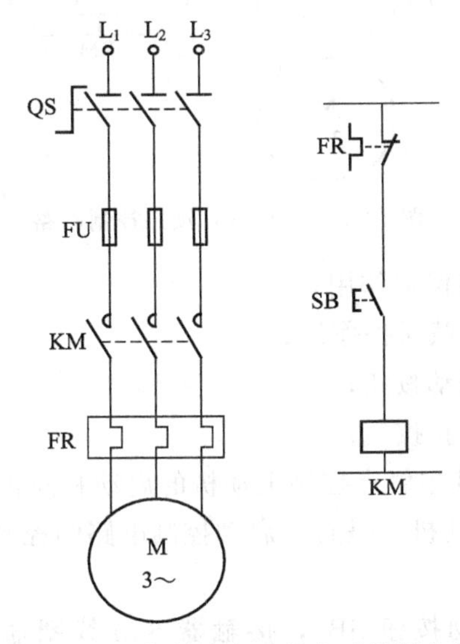

图10.8 三相异步电动机点动控制电路

2. 相关电气元件

① QS为闸刀开关，在电路中起隔离开关作用。

② FU为熔断器，起短路保护作用。

③ SB为动合按钮，也称点动按钮。

④ KM为交流接触器，其主触点控制电动机的启动和停止。

⑤ M为三相交流异步电动机，是直接启动控制电路的控制对象。

3. 工作原理

合上开关QS，三相电源被引入控制电路，但电动机还不能启动。按下按钮SB，接触器KM线圈通电，衔铁吸合，常开主触点接通，电动机定子接入三相电源，电动机启动运转。松开按钮SB，接触器KM线圈断电，衔铁松开，常开主触点断开，电动机因断电而停转。

二、三相异步电动机长动控制电路

1. 电路组成

三相异步电动机的长动控制电路，又叫自锁控制电路，电路组成如图10.9所示。

2. 相关电气元件

① QS为闸刀开关，在电路中起隔离开关作用；

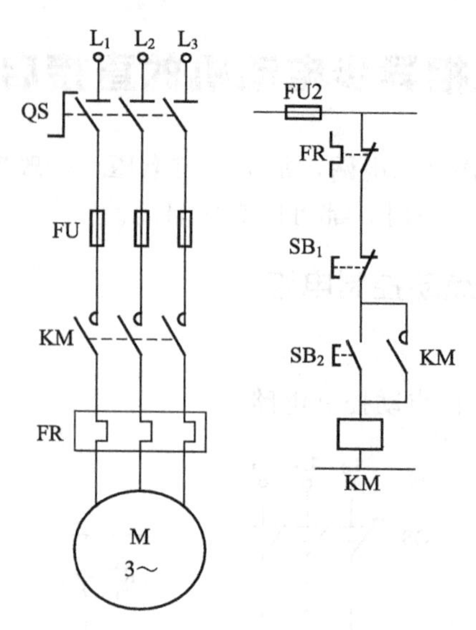

图 10.9 长动（自锁）控制电路

② FU 为熔断器，起短路保护作用；

③ FR 为热继电器，起过载保护作用；

④ SB_2为动合按钮，是启动按钮；

⑤ SB_1为动断按钮，是停止按钮；

⑥ KM 为交流接触器，其主触点控制电动机的启动和停止；

⑦ M 为三相交流异步电动机，是直接启动控制电路的控制对象。

3. 工作原理

(1) 启动过程。按下启动按钮 SB_2，接触器 KM 线圈通电，与 SB_2并联的 KM 的辅助常开触点闭合，以保证松开按钮 SB_2后 KM 线圈持续通电，串联在电动机回路中的 KM 的主触点持续闭合，电动机连续运转，从而实现连续运转控制，这种现象称为自锁。

(2) 停止过程。按下停止按钮 SB_1，接触器 KM 线圈断电，与 SB_2并联的 KM 的辅助常开触点断开，以保证松开按钮 SB_1后 KM 线圈持续失电，串联在电动机回路中的 KM 的主触点持续断开，电动机停转。

4. 电路中的保护环节

如图 10.9 所示的控制电路中，可实现短路保护、过载保护和失压、欠压保护。

(1) 短路保护：通过串接在电路中的熔断器 FU 实现短路保护，如果电路发生短路故障，熔体立即熔断，电动机立即停转。

(2) 过载保护：通过热继电器 FR 实现电路的过载保护。当电路过载时，热继电器的发热元件发热，将其常闭触点断开，使接触器 KM 线圈断电，串联在电动机回路中的 KM 的主触点断开，电动机停转。同时 KM 辅助触点也断开，解除自锁。故障排除后若要重新启动，需按下 FR 的复位按钮，使 FR 的常闭触点复位即可。

(3) 失压（欠压）保护：通过接触器 KM 本身实现电路的失压、欠压保护。当电源暂时断电或电压严重下降时，接触器 KM 线圈的电磁吸力不足，衔铁自行释放，使主触点、辅助触点自行复位，切断电源，电动机停转，同时解除自锁。

第三节　三相异步电动机的正反转控制电路

一、三相异步电动机的正反转控制电路

1. 电路组成

图 10.10 为三相异步电动机的正反转控制电路。

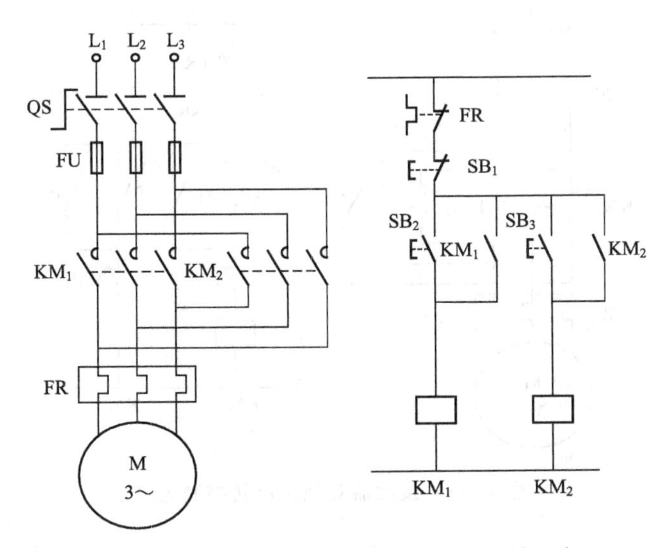

图 10.10　三相异步电动机的正反转控制电路

2. 相关电气元件

① QS 为闸刀开关，在电路中起隔离开关作用；

② FU 为熔断器，起短路保护作用；

③ FR 为热继电器，起过载保护作用；

④ SB_2为动合按钮，是正转启动按钮；

⑤ SB_3为动合按钮，是反转启动按钮；

⑥ SB_1为动断按钮，是停止按钮；

⑦ KM_1为接触器，其主触点控制电动机的正转启动和停止；

⑧ KM_2为接触器，其主触点控制电动机的反转启动和停止；

⑨ M 为三相交流异步电动机，是直接启动控制电路的控制对象。

3. 工作原理

（1）正向启动过程。按下启动按钮 SB_2，接触器 KM_1线圈通电，与 SB_2并联的 KM_1的辅助常开触点闭合，形成自锁，串联在电动机回路中的 KM_1的主触点持续闭合，电动机正向运转。

（2）停止过程。按下停止按钮 SB_1，接触器 KM_1线圈断电，与 SB_2并联的 KM_1的辅助触点断开，串联在电动机回路中的 KM_1的主触点断开，切断电动机定子电源，电动机停转。

（3）反向启动过程。按下启动按钮 SB_3，接触器 KM_2线圈通电，与 SB_3并联的 KM_2的辅助常开触点闭合，形成自锁，串联在电动机回路中的 KM_2的主触点持续闭合，电动机反向运转。

由于 KM_1和 KM_2线圈不能同时通电，因此不能同时按下 SB_2和 SB_3，也不能在电动机

正转时按下反转启动按钮，或在电动机反转时按下正转启动按钮。

二、接触器互锁的正反转控制电路

1. 电路组成

图 10.11 为接触器互锁正反转控制电路。

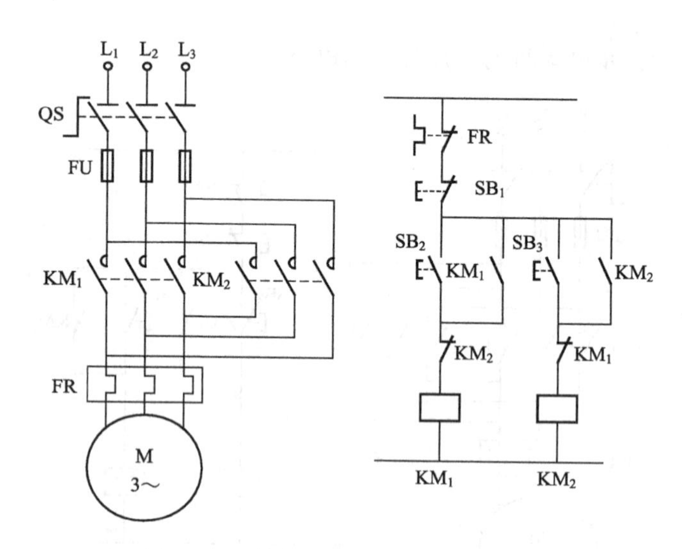

图 10.11　接触器互锁正反转控制电路

2. 相关电气元件

① FR 为热继电器，起过载保护作用；

② SB_2 为动合按钮，是正转启动按钮；

③ SB_3 为动合按钮，是反转启动按钮；

④ SB_1 为动断按钮，是停止按钮；

⑤ KM_1 为接触器，其主触点控制电动机的正转启动和停止，辅助常闭触点串入 KM_2 的线圈回路中；

⑥ KM_2 为接触器，其主触点控制电动机的反转启动和停止，辅助常闭触点串入 KM_1 的线圈回路中。

3. 工作原理

将接触器 KM_1 的辅助常闭触点串入 KM_2 的线圈回路中，从而保证在 KM_1 线圈通电时 KM_2 线圈回路总是断开的；将接触器 KM_2 的辅助常闭触点串入 KM_1 的线圈回路中，从而保证在 KM_2 线圈通电时 KM_1 线圈回路总是断开的。这样接触器的辅助常闭触点 KM_1 和 KM_2 保证了两个接触器线圈不能同时通电，这种控制方式称为互锁或者联锁，这两个辅助常开触点称为互锁触点或者联锁触点。

若电动机处于正转状态要反转时必须先按停止按钮 SB_1，使电动机停止后才能按下按钮 SB_3 使电动机反转；若电动机处于反转状态要正转时必须先按停止按钮 SB_1，使电动机停止后才能按下正转启动按钮 SB_2 才能使电动机正转。这构成了“正转—停止—反转”或“反转—停止—正转”的控制方式。

三、双重互锁正反转控制电路

1. 电路组成

图 10.12 为双重互锁正反转控制电路。

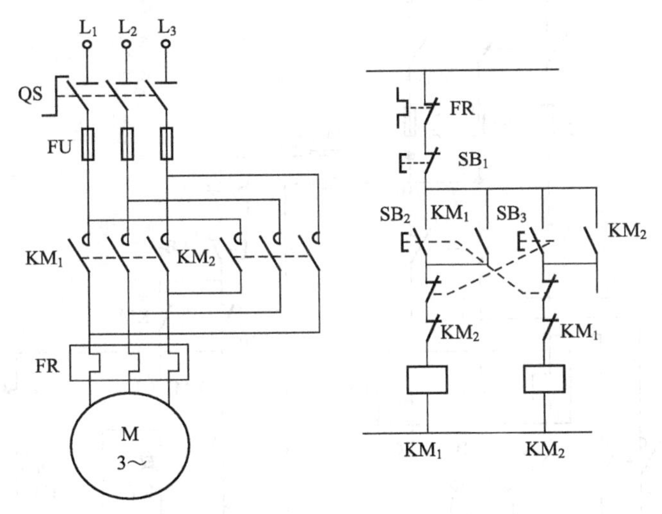

图 10.12　双重互锁正反转控制电路

2. 相关电气元件

① FR 为热继电器，起过载保护作用；

② SB_2为复合按钮，动合按钮是正转启动按钮，动断按钮串入 KM_2的线圈回路中；

③ SB_3为复合按钮，动合按钮是反转启动按钮；动断按钮串入 KM_1的线圈回路中；

④ SB_1为动断按钮，是停止按钮；

⑤ KM_1为接触器，其主触点控制电动机的正转启动和停止，辅助常闭触点串入 KM_2的线圈回路中；

⑥ KM_2为接触器，其主触点控制电动机的反转启动和停止，辅助常闭触点串入 KM_1的线圈回路中。

3. 工作原理

将两个启动按钮的动断触点分别串联到另一接触器线圈的控制支路上。这样，若正转时要反转，直接按反转按钮 SB_3，其动断触点断开，正转接触器 KM_1线圈断电，主触点断开。接着串联于反转接触器线圈支路中的动断触点 KM_1恢复闭合，SB_3动合触点闭合，KM_2线圈通电自锁，电动机就反转。这种既有电气互锁，又有机械互锁的电路叫双重互锁控制电路。构成了“正转—反转—停止”的操作方式。

第四节　三相异步电动机的降压启动控制电路

三相异步电动机降压启动，是利用启动设备将电源电压降低后接到电动机绕组上进行启动，等到电动机转速稳定后，再使电动机定子绕组上的电压恢复到额定值正常运行。

三相异步电动机降压启动的目的是减小启动电流，以减小电动机启动时对电网电压的影响，但是降压启动也将导致电动机启动转矩减小，因此降压启动适用于空载或轻载运行的电动机的启动。

常见的三相异步电动机降压启动的方法主要有：定子绕组串电阻降压启动、星形-三角形降压启动、自耦变压器降压启动等。本节只介绍星形-三角形降压启动。

1. 星形-三角形（Y-△）降压启动电路组成

图 10.13 为 Y-△降压启动控制电路。

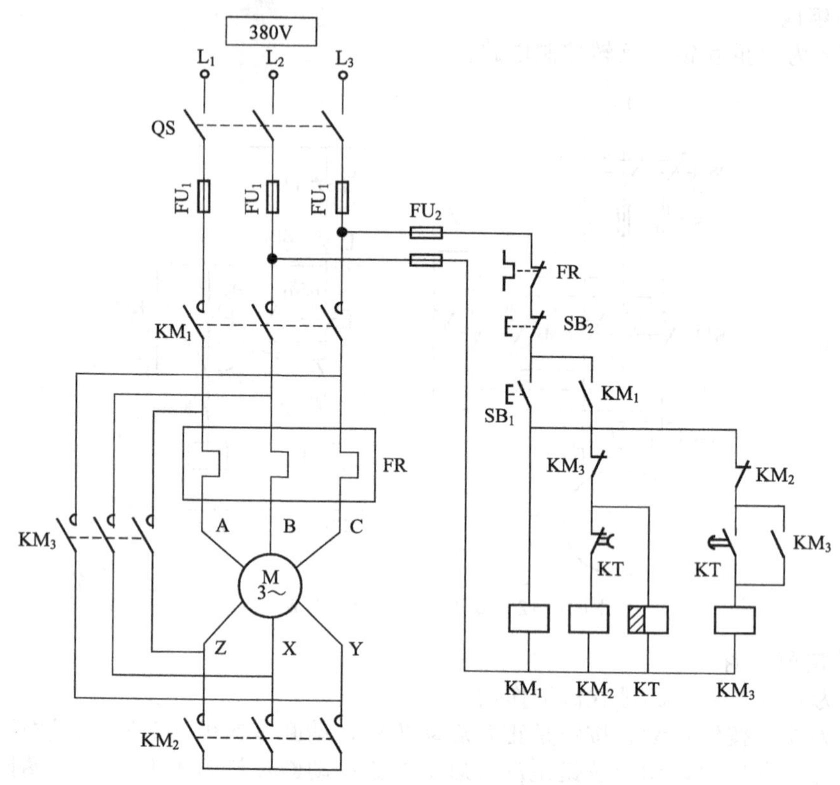

图 10.13　Y-△降压启动控制电路

2. 相关电气元件

① QS 为刀开关，在电路中起隔离开关作用；

② FU 为熔断器，起短路保护作用；

③ FR 为热继电器，起过载保护作用；

④ SB_1 为动合按钮，是启动按钮；

⑤ SB_2 为动断按钮，是停止按钮；

⑥ KM_1 为接触器，其主触点控制电动机的启动和停止；

⑦ KM_2 为接触器，其主触点控制电动机星形启动；

⑧ KM_3 为接触器，其主触点控制电动机三角形运转；

⑨ KT_1 为时间继电器，使电动机在星形启动后转为三角形运转；

⑩ M 为三相交流异步电动机，是直接启动控制电路的控制对象。

3. 工作原理

按下启动按钮 SB_1，时间继电器 KT 和接触器 KM_2 同时通电吸合，KM_2 的常开主触点闭合，把定子绕组连接成星形，其常开辅助触点闭合，接通接触器 KM_1。KM_1 的常开主触点闭合，将定子接入电源，电动机在星形连接下启动。KM_1 的一对常开辅助触点闭合，进行自锁。经一定延时，KT 的常闭触点断开，KM_2 断电复位，接触器 KM_3 通电吸合。KM_3 的常开主触点将定子绕组接成三角形，使电动机在额定电压下正常运行。

与按钮 SB_1 串联的 KM_3 的常闭辅助触点的作用是：当电动机正常运行时，该常闭触点断开，切断了 KT、KM_2的通路，即使误按 SB_1，KT 和 KM_2也不会通电，以免影响电路正常运行。若要停车，则按下停止按钮 SB_2，接触器 KM_1、KM_3同时断电释放，电动机脱离电源停止转动。按下启动按钮 SB_1，接触器 KM_1 线圈得电，主触点闭合，将定子接入电源，接触器 KM_1 的常开辅助触点闭合，进行自锁。同时，时间继电器 KT 和接触器 KM_2 线圈得电，KM_2 主触点闭合，把定子绕组连接成星形，电动机在星形连接下启动。KM_2 常闭辅助触点断开，防止 KM_3 接入，形成互锁。

拓展与提高

生活中常见的自动门、卷帘门等都是由电动机控制的，试着画出其控制电路图。

本章小结

(1) 电器的定义及电器的分类。

(2) 常用低压电器的符号、工作原理、在电路中的用途。

(3) 三相异步电动机的直接启动控制电路。

三相异步电动机的点动和自锁控制的电路图、工作原理、保护环节。

(4) 三相异步电动机的正反转控制。

正反转控制、接触器互锁正反转控制、双重互锁正反转控制的电路、工作原理、保护环节。

(5) 三相异步电动机的降压启动。

降压启动的控制电路、工作原理、保护环节。

复习题

1. 在电气原理图中，QS、FU、KM、KT、FR、SB 各代表什么电气元件？
2. 什么叫自锁、互锁？如何实现？
3. 在正、反转控制线路中，为什么要采用双重互锁？
4. 在接触器正反转控制线路中，若正反向接触器同时得电，会发生什么现象？
5. 既然三相异步电动机主电路中装有熔断器，为什么还要装热继电器？可否二者中任意选择。
6. 什么是失电压、欠电压保护？采用什么元件实现失电压、欠电压保护？
7. 点动、长动在控制电路上的区别是什么？
8. 设计可从两地对一台电动机实现连续运行和点动控制的电路。
9. 画出三相异步电动机的正反转控制电路（主电路及控制电路）。
10. 画出时间继电器控制实现的三相异步电动机星形-三角形降压启动控制电路的主电路和控制电路图。

第十一章　实验实训与技能训练

实验实训是高等职业教育教学过程的一个重要环节，是巩固基本理论、基本知识，提高学生动手能力，培养高技能应用型人才的重要过程。

实验实训与技能训练 1　基尔霍夫定律的验证及电位的测定

基尔霍夫定律是电路分析中一个非常重要的定律，通过实践教学环节，要求能够正确理解基尔霍夫定律，并在电路分析中能够灵活应用。通过实验数据的测量，电路的连接，电路故障的排除，积累实践经验，提高操作水平。

一、实验实训目的

1. 验证基尔霍夫定律的正确性，加深对基尔霍夫定律的理解；
2. 学会电位的测定，加深对电位概念的理解；
3. 学会用电流插头、插座测量各支路电流；
4. 学会直流电压表、直流电流表的使用方法。

二、实验实训原理

基尔霍夫定律是电路的基本定律。测量某电路的各支路电流及每个元件两端的电压，应能分别满足基尔霍夫电流定律（KCL）和电压定律（KVL）。即对电路中的任一个节点而言，应有$\sum I=0$；对任何一个闭合回路而言，应有$\sum U=0$。

运用上述定律时必须注意各支路或闭合回路中电流的正方向，此方向可预先任意设定。

三、实验实训设备

表 11.1 为实验实训设备。

表 11.1　实验实训设备

序号	名称	型号与规格	数量	备注
1	直流可调稳压电源	0～30V	二路	
2	直流数字电压表	0～200V	1	
3	基尔霍夫定律实验电路板		1	

四、操作要领及步骤

实验线路如图 11.1，采用实验装置配置的“基尔霍夫定律”电路实验板。

（1）实验前先任意设定三条支路和三个闭合回路的电流正方向。图 11.1 中的 I_1、I_2、I_3的方向已设定。三个闭合回路的电流正方向可设为 $ADEFA$、$BADCB$ 和 $FBCEF$。

（2）分别将两路直流稳压源接入电路，令 $U_1=6\text{V}$，$U_2=12\text{V}$。

（3）熟悉电流插头的结构，将电流插头的两端接至数字毫安表的“+、-”两端。

（4）将电流插头分别插入三条支路的三个电流插座中，读出并记录电流值，填入

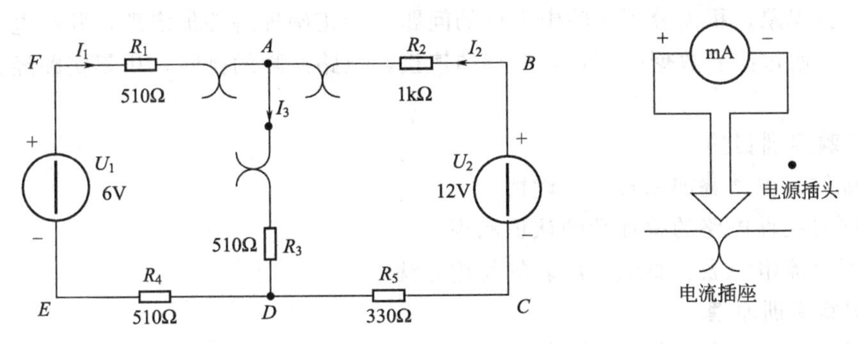

图 11.1　基尔霍夫定律实验电路

表 11.2。

(5) 以 A 点为参考点，用直流数字电压表分别测量两路电压源和各电阻元件上的电压值以及各点的电位值，记录并填入表 11.2。

(6) 将 U_1 调为 10V，U_2 调为 15V，以 D 点为参考点，重复上述步骤，并将测量结果分别填入表 11.2 中。

(7) 依据接线图所给参数，计算各支路电流值和电压值并将数据填入表 11.2 中。

(8) 验证基尔霍夫定律。

表 11.2　测量结果

被测量	I_1 /mA	I_2 /mA	I_3 /mA	U_A /V	U_B /V	U_C /V	U_D /V	U_E /V	U_F /V	U_1 /V	U_2 /V	U_{FA} /V	U_{AB} /V	U_{AD} /V	U_{CD} /V	U_{DE} /V
计算值																
A 为参考点																
D 为参考点																

五、操作注意事项

1. 所有需要测量的电压值，均以电压表测量的读数为准。U_1、U_2 也需测量，不应取电源本身的显示值。

2. 所读得的电压或电流值的正、负号应根据设定的电压或电流参考方向来判断。

六、思考与提高

实验实训中，若用指针式万用表直流毫安挡测各支路电流，在什么情况下可能出现指针反偏，应如何处理？在记录数据时应注意什么？若用直流数字毫安表进行测量，则会有什么显示呢？

实验实训与技能训练 2　叠加原理的验证

叠加定理是电工电子技术课程中的重要定理，是分析电路的基础，在实验实训过程中，注意观察实验现象，积极分析实验中出现的问题，能正确理解叠加定理，并在电路分析中能够灵活应用。通过实验数据的测量，电路的连接，电路故障的排除，积累实践经验，提高操作水平。

一、实验实训目的

1. 验证线性电路叠加原理的正确性；
2. 加深对线性电路的叠加性的认识和理解；
3. 复习直流电流表、直流电压表的使用方法。

二、实验实训原理

在有多个独立源共同作用下的线性电路中，通过每一个元件的电流或其两端的电压，等于每一个独立源单独作用时在该元件上所产生的电流或电压的代数和，这就是叠加定理。

三、实验实训设备

表 11.3 为实验实训设备。

表 11.3 实验实训设备

序号	名称	型号与规格	数量	备注
1	直流稳压电源	0～30V 可调	二路	
2	万用表		1	
3	直流数字电压表	0～200V	1	
4	直流数字毫安表	0～200mV	1	
5	叠加原理实验电路板		1	

四、操作要领及步骤

实验线路如图 11.2 所示，用实验装置配置的“叠加原理”电路实验板。

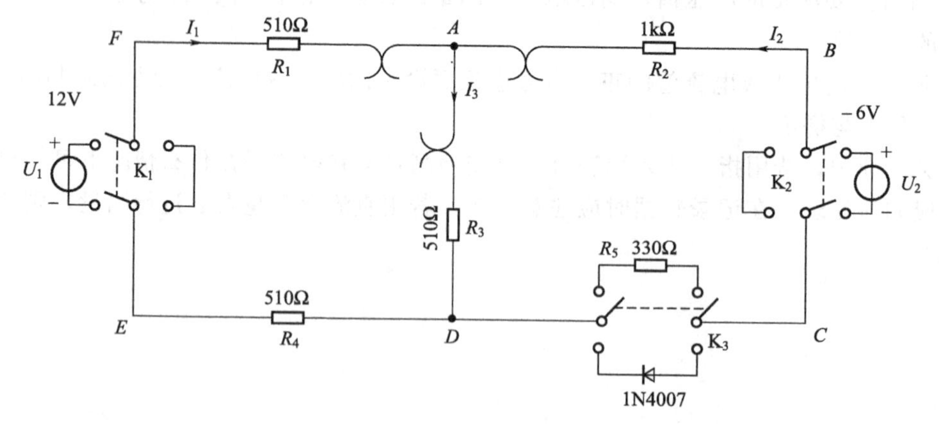

图 11.2 叠加定理实验线路图

(1) 将两路稳压源的输出分别调节为 12V 和 6V，接入 U_1 和 U_2 处。

(2) 令 U_1 电源单独作用（将开关 K_1 投向 U_1 侧，开关 K_2 投向短路侧）。用直流数字电压表和毫安表（接电流插头）测量各支路电流及各电阻元件两端的电压，数据记入表 11.4。

表 11.4　测量内容 1

测量项目	U_1/V	U_2/V	I_1/mA	I_2/mA	I_3/mA	U_{AB}/V	U_{CD}/V	U_{AD}/V	U_{DE}/V	U_{FA}/V
U_1单独作用										
U_2单独作用										
U_1、U_2共同作用										
U_2 调至＋12V 单独作用										

（3）令U_2电源单独作用（将开关K_1投向短路侧，开关K_2投向U_2侧），重复实验步骤 2 的测量和记录，数据记入表 11.4。

（4）令U_1和U_2共同作用（开关K_1和K_2分别投向U_1和U_2侧），重复上述的测量和记录，数据记入表 11.4。

（5）将U_2的数值调至＋12V，重复上述步骤（3）的测量并记录，数据记入表 11.4。

（6）将R_5（330Ω）换成二极管 1N4007（即将开关K_3投向二极管 1N4007 侧），重复（1）～（5）的测量过程，数据记入表 11.5。

表 11.5　测量内容 2

测量项目	U_1/V	U_2/V	I_1/mA	I_2/mA	I_3/mA	U_{AB}/V	U_{CD}/V	U_{AD}/V	U_{DE}/V	U_{FA}/V
U_1单独作用										
U_2单独作用										
U_1、U_2共同作用										
U_2 调至＋12V 单独作用										

五、操作注意事项

1. 用电流插头测量各支路电流时，或者用电压表测量电压降时，应注意仪表的极性，正确判断测得值的＋、－号后，记入数据表格。

2. 注意仪表量程的及时更换。

六、思考与提高

1. 在叠加原理实验中，要令U_1、U_2分别单独作用，应如何操作？

2. 实验电路中，把电阻器改为二极管，试问叠加原理的叠加性还成立吗？为什么？

3. 根据实验数据验证电阻R_3上的功率是否符合叠加定理？叠加定理为什么只适用于线性电路？

实验实训与技能训练 3　日光灯电路的研究与功率因数提高

日光灯是常用的一种照明方式，具有光线柔和、光谱接近日光、寿命长、效率高的特点。通过对日光灯电路的研究可以帮助人们深刻理解正弦交流电路的基本概念，正确理解功率因数的含义，掌握提高功率因数的方法。在操作过程中要注意观察现象，学会解决操作过程中出现的问题，积累实践经验，提高操作水平。

一、实验实训目的

1. 研究正弦稳态交流电路中电压、电流相量之间的关系；
2. 掌握日光灯线路的接线，明确各元件的作用；
3. 理解提高电路功率因数的意义和提高功率因数的方法。

二、实验实训原理

日光灯线路如图 11.3 所示，图中 A 是日光灯管，L 是镇流器，S 是启辉器，C 是补偿电容器，用以改善电路的功率因数（$\cos\varphi$ 值）。

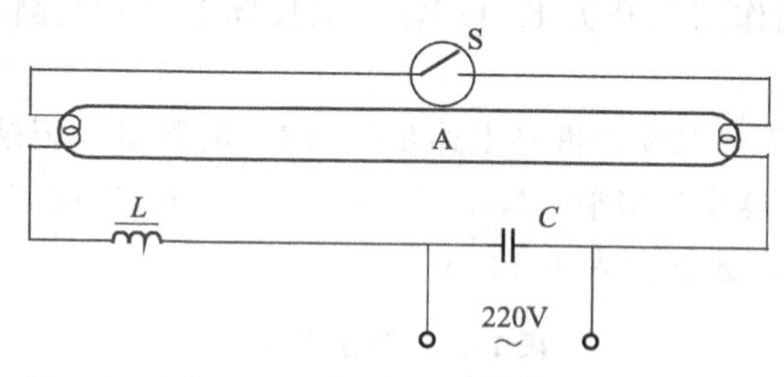

图 11.3 日光灯线路图

在日光灯电路合闸瞬间，电压降在起辉器动、静触点之间，灯管不导通，起辉器发生辉光放电，逐渐发热，双金属片受热后，弯曲变形，动、静触点碰在一起之后，逐渐冷却，突然断开，镇流器产生高压，与电源电压叠加后加在灯管两端，导致管内惰性气体电离发生弧光放电，管内温度急剧升高，液态水银汽化游离，游离的水银分子剧烈运动，撞击惰性气体分子的机会急剧增加，引起水银蒸气弧光放电，辐射出紫外线，紫外线激发灯管内壁的荧光粉后，发出近似日光的光线。灯管起辉后，管内阻下降，电流上升，镇流器限流，灯管电阻下降，灯管两端压降下降，所以不足以引起起辉器放电，起辉器不起作用。电流由管内气体导电而形成回路，灯管进入工作状态。

镇流器由铁芯和线圈组成，镇流器的作用有两个：一个是产生很高的自感电势，点亮日光灯管；第二个是灯管起辉后维持灯管的工作电压和限制灯管工作电流在额定值内，以保证灯管稳定运行。

启辉器起到一个自动开关的作用。它主要有动、静触点，玻璃外壳组成，其中动触点由双金属片构成。玻璃外壳内部充有惰性气体。另外并联在氖泡上的电容的作用有两个：一是与镇流器形成 LC 振荡电路，能延长灯丝的预热时间和维持感应电势，二是能吸收收音机和电视机的交流杂声。当电容击穿后，剪除电容，启辉器仍能正常使用。

三、实验实训设备

表 11.6 为实验实训设备。

表 11.6 实验实训设备

序号	名称	型号与规格	数量	备注
1	交流电压表	0～500V	1	
2	交流电流表	0～5A	1	
3	功率表		1	
4	自耦调压器		1	

续表

序号	名称	型号与规格	数量	备注
5	镇流器、启辉器	与30W灯管配用	各1	
6	日光灯灯管	30W	1	
7	电容器	1μF/500V，2.2μF/500V，5.7μF/500V	各1	
8	白炽灯	220V，25W	1～3	
9	电流表插座		3	

四、操作要领及步骤

接通实验台电源，将自耦调压器的输出调至220V，然后停电。

按图11.4连接实验线路。经现场指导老师检查后，送电，记录功率表、电压表读数。通过一个电流表和三个电流表插座的配合，分别测出三条支路的电流值，改变电容值，进行三次重复测量，数据记入表11.7中。

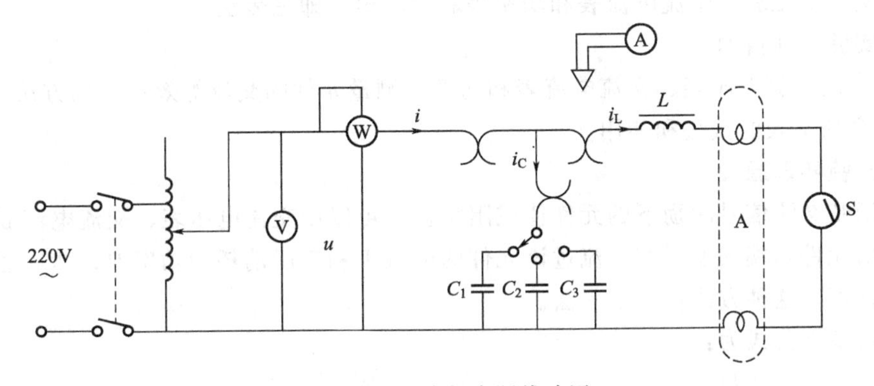

图11.4　日光灯实际线路图

表11.7　实验实训数据

电容值/μF	测量数值								计算值	
	P/W	cosφ	U/V	I/A	I_L/A	I_C/A	U_R/V	U_L/V	I/A	cosφ
0										
1										
2.2										
5.7										

五、操作注意事项

1. 本实验使用交流市电220V，务必注意用电和人身安全；

2. 功率表要正确接入电路；

3. 线路接线正确，日光灯不能启辉时，应检查启辉器及其接触是否良好。

六、思考与提高

1. 在日常生活中，当日光灯上启辉器损坏时，人们常用一根导线将启辉器的两铜触点短接一下，然后迅速断开，日光灯就可以启辉点亮，这是为什么？

2. 为了改善电路的功率因数，常在感性负载上并联电容器，此时增加了一条电流支路，试问电路的总电流是增大还是减小，此时感性元件上的电流和功率是否改变？

3. 提高线路功率因数为什么只采用并联电容器法，而不用串联法？

实验实训与技能训练 4　用三表法测量电路

在日常生活中，并不存在纯电阻元件、纯电容元件、纯电感元件，实际电路中往往都是它们的组合元件，日光灯电路中的镇流器可以看作是纯电感元件与纯电阻元件的串联组成，一般电容元件可以看作是纯电容元件与纯电阻元件的并联组合。在交流电路中 RLC 元件参数可以用交流电压表、交流电流表和功率表联合测出，即三表法。

一、实验实训目的

1. 学会用交流电压表、交流电流表和功率表测量元件的交流等效参数的方法；

2. 学会功率表的接法和使用。

二、实验实训原理

（1）正弦交流信号激励下的元件值或阻抗值，可以用交流电压表、交流电流表及功率表分别测量出元件两端的电压 U、流过该元件的电流 I 和它所消耗的功率 P，然后通过计算得到所求的各值，这种方法称为三表法。

计算的基本公式为：

阻抗的模 $|Z|=\frac{U}{I}$，电路的功率因数 $\cos\varphi=\frac{P}{UI}$

等效电阻 $R=\frac{P}{I^2}=|Z|\cos\varphi$，等效电抗 $X=|Z|\sin\varphi$

或 $X=X_{\rm L}=2\pi fL$，$X=X_{\rm C}=\frac{1}{2\pi fC}$

（2）本项目所用的功率表为智能交流功率表，其电压接线端应与负载并联，电流接线端应与负载串联。

三、实验实训设备

表 11.8 为实验实训设备。

表 11.8　实验实训设备

序号	名称	型号与规格	数量	备注
1	交流电压表	0～500V	1	
2	交流电流表	0～5A	1	
3	功率表		1	
4	自耦调压器		1	
5	镇流器(电感线圈)	与 30W 日光灯配用	1	
6	电容器	1μF/500V，4.7μF/500V	1	
7	白炽灯	25W/220V	3	

四、操作要领及步骤

（1）按图 11.5 接线，并经指导教师检查后，方可接通市电电源。

（2）分别测量 15W 白炽灯（R）、30W 日光灯镇流器（L）和 4.7μF 电容器（C）的等效参数。

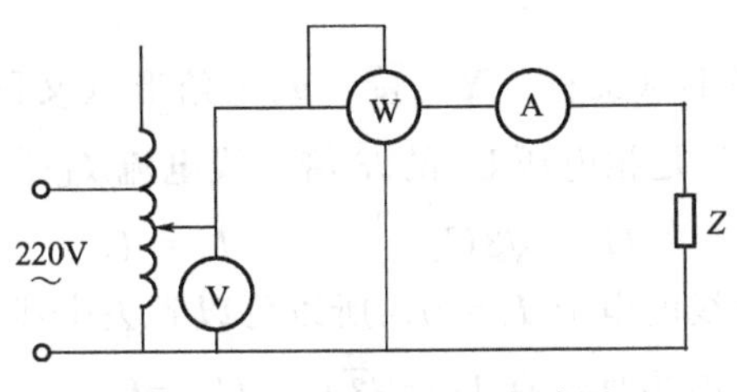

图 11.5 三表法测量电路图

（3）测量 L、C 串联与并联后的等效参数，记入表 11.9 中。

表 11.9 实验实训数据

被测阻抗	测量值			计算值			电路等效参数		
	U/V	I/A	P/W	$\cos\varphi$	Z/Ω	$\cos\varphi$	R/Ω	L/mH	C/μF
15W 白炽灯 R									
电感线圈 L									
电容器 C									
L 与 C 串联									
L 与 C 并联									

五、操作注意事项

1. 本项目直接用 220V 交流电源供电，操作中要特别注意人身安全，不可用手直接触摸带电线路的裸露部分，以免触电，进实训室应穿绝缘鞋。

2. 自耦调压器在接通电源前，应将其手柄置在零位上，调节时，使其输出电压从零开始逐渐升高。每次改接线路及操作完毕，都必须先将其旋柄慢慢调回零位，再断电源。必须严格遵守这一安全操作规程。

3. 操作前应详细阅读智能交流功率表的使用说明书，熟悉其使用方法。

六、思考与提高

在 50Hz 的交流电路中，测得一个铁芯线圈的 P、I 和 U，如何算得它的阻值及电感量？

实验实训与技能训练 5 三相星形负载电路研究

通过对三相星形负载电路的研究可以帮助人们深刻理解三相正弦交流电路的基本概念。在实验过程中要注意观察实验现象，积极分析实验中出现的问题。通过实验数据的测量，电路的连接，电路故障的排除，积累实践经验，提高操作水平。

一、实验实训目的

1. 掌握三相负载作星形连接的方法，验证在星形接法下线电压、相电压及线电流、相电流之间的关系；

2. 充分理解三相四线供电系统中中线的作用。

二、实验实训原理

(1) 三相负载可接成星形（又称“Y”接）或三角形（又称“△”接）。当三相对称负载作 Y 形连接时，线电压 U_L 是相电压 U_p 的 $\sqrt{3}$ 倍。线电流 I_L 等于相电流 I_p，即

$$U_L=\sqrt{3}U_p \qquad I_L=I_p$$

在这种情况下，流过中线的电流 $I_0=0$，所以可以省去中线。

当对称三相负载作△形连接时，有 $I_L=\sqrt{3}I_p$，$U_L=U_p$。

(2) 不对称三相负载作 Y 连接时，必须采用三相四线制接法，即 Y_0 接法。而且中线必须牢固连接，以保证三相不对称负载的每相电压维持对称不变。

倘若中线断开，会导致三相负载电压的不对称，致使负载轻的那一相的相电压过高，使负载遭受损坏；负载重的一相相电压又过低，使负载不能正常工作。尤其是对于三相照明负载，无条件地一律采用 Y_0 接法。

三、实验实训设备

表 11.10 为实验实训设备。

表 11.10 实验实训设备

序号	名称	型号与规格	数量	备注
1	交流电压表	0～500V	1	
2	交流电流表	0～5A	1	
3	万用表		1	自备
4	三相自耦调压器		1	
5	三相灯组负载	220V,25W 白炽灯	9	
6	电流表插座		3	

四、操作要领及步骤

接通三相交流电源。将三相调压器的旋柄置于输出为 0V 的位置，然后调节调压器的输出，使输出的三相线电压为 220V。

按图 11.6 组接三相负载星形连接（三相四线制供电）实验电路。经指导教师检查合格

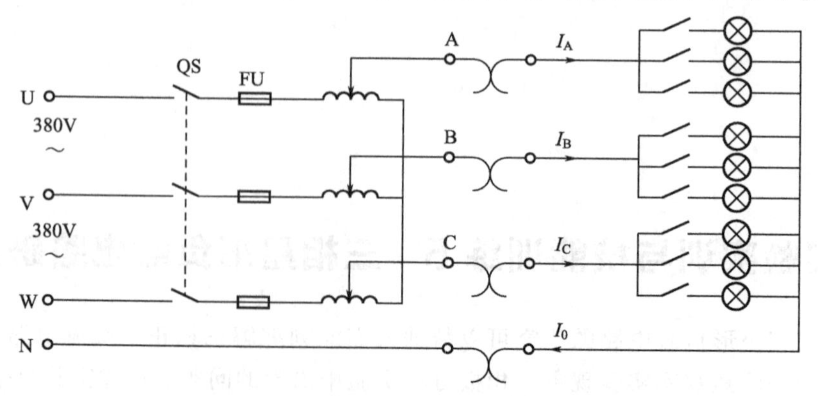

图 11.6 三相负载星形连接实验电路

后，方可开启实验台电源，并按表格11.11要求，分别测量三相负载的线电压、相电压、线电流、相电流、中线电流、电源与负载中点间的电压。将所测得的数据记入表11.11中，并观察各相灯组亮暗的变化程度，特别要注意观察中线的作用。

表11.11　实验实训数据

负载情况	中线设置	开灯盏数			线电流/A			线电压/V			相电压/V			中线电流 I_0/A	中点电压 U_{N0}/V
		A相	B相	C相	I_A	I_B	I_C	U_{AB}	U_{BC}	U_{CA}	U_{A0}	U_{B0}	U_{C0}		
Y_0接平衡负载	有	3	3	3											
Y接平衡负载	无	3	3	3											
Y_0接不平衡负载	有	1	2	3											
Y接不平衡负载	无	1	2	3											
Y_0接B相断开	有	1	∞	3											
Y接B相断开	无	1	∞	3											

五、操作注意事项

1. 本实验应将三相电源的线电压调为220V。实验时要注意人身安全，不可触及导电部件，防止意外事故发生。

2. 每次接线完毕，同组同学应自查一遍，然后由指导教师检查后，方可接通电源，必须严格遵守先断电、再接线、后通电，先断电、后拆线的实验操作原则。

3. 为避免烧坏灯泡，在做Y接不平衡负载或缺相实验时，所加线电压应以最高相电压<220V为宜。

六、思考与提高

1. 三相负载根据什么条件作星形或三角形连接？

2. 复习三相交流电路有关内容，试分析三相星形连接不对称负载在无中线情况下，当某相负载开路或短路时会出现什么情况？如果接上中线，情况又如何？

3. 用实验数据和观察到的现象，总结三相四线供电系统中中线的作用。

4. 为什么在工程实践中，三相四线制电路中的中性线上不能安装开关或熔断器？

实验实训与技能训练6　三相三角形负载电路研究

通过对三相三角形负载电路的研究可以帮助人们深刻理解三相正弦交流电路的基本概念。在实验过程中要注意观察实验现象，积极分析实验中出现的问题。通过实验数据的测量，电路的连接，电路故障的排除，积累实践经验，提高操作水平。

一、实验实训目的

1. 掌握三相负载作三角形连接的方法；

2. 验证在三角形连接这种接法下线电压、相电压及线电流、相电流之间的关系。

二、实验实训原理

（1）三相负载可接成星形（又称“Y”接）或三角形（又称“△”接）。当三相对称负载作三角形连接时，线电流 I_L 是相电流 I_p 的 $\sqrt{3}$ 倍。线电压 U_L 等于相电压 U_p，即

$$I_L=\sqrt{3}I_p, U_L=U_p$$

（2）当不对称负载作△连接时，$I_L\neq\sqrt{3}I_p$，但只要电源的线电压 U_L 对称，加在三相负载上的电压仍是对称的，对各相负载工作没有影响。

三、实验实训设备

表 11.12 为实验实训设备。

表 11.12 实验实训设备

序号	名称	型号与规格	数量	备注
1	交流电压表	0～500V	1	
2	交流电流表	0～5A	1	
3	万用表		1	
4	三相自耦调压器		1	
5	三相灯组负载	220V,25W 白炽灯	9	

四、操作要领及步骤

首先接通三相交流电源，并调节三相调压器，使其输出线电压为 220V，然后停电。

按图 11.7 接线路，经指导教师检查合格后并按表 11.13 的内容进行测试，并将数据填入表中。

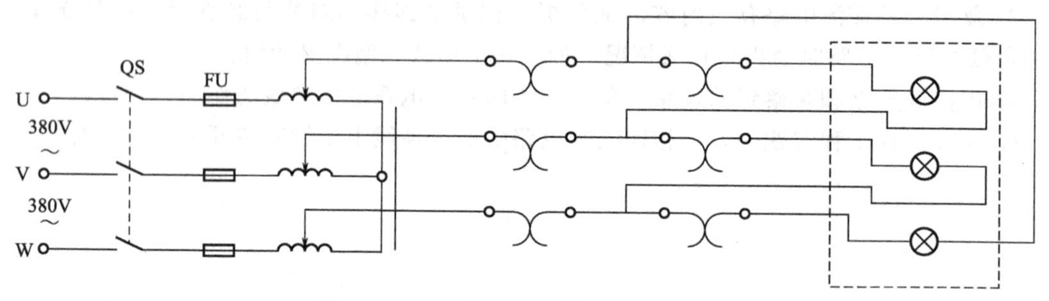

图 11.7 三相负载三角形连接实验电路

表 11.13 实验实训数据

测量数据 负载情况	开灯盏数			线电压＝相电压/V			线电流/A			相电流/A		
	A-B 相	B-C 相	C-A 相	U_{AB}	U_{BC}	U_{CA}	I_A	I_B	I_C	I_{AB}	I_{BC}	I_{CA}
三相平衡	3	3	3									
三相不平衡	1	2	3									
A 相负载换成电容器(1μF)												
A 相负载开路												

五、操作注意事项

1. 本实验采用三相交流市电，线电压为380V，应穿绝缘鞋进实验室。实验时要注意人身安全，不可触及导电部件，防止意外事故发生。

2. 每次接线完毕，同组同学应自查一遍，然后由指导教师检查后，方可接通电源，必须严格遵守先断电、再接线、后通电，先断电、后拆线的实验操作原则。

3. 为避免烧坏灯泡，在做Y接不平衡负载或缺相实验时，所加线电压应以最高相电压<220V为宜。

六、思考与提高

1. 三相负载根据什么条件作星形或三角形连接？

2. 不对称三角形连接的负载，能否正常工作？实验是否能证明这一点？

实验实训与技能训练7　二极管、三极管的识别与检测

一、实验实训目的

1. 掌握二极管的识别及用万用表测量的方法；

2. 掌握三极管的识别及用万用表测量的方法。

二、实验实训原理

二极管、三极管的特性。

三、实验实训设备

表11.14为实验实训设备。

表11.14　实验实训设备

序号	名称	型号与规格	数量	备注
1	指针式万用表		1	
2	数字式万用表		1	
3	二极管		若干	
4	三极管		若干	

四、操作要领及步骤

1. 晶体二极管检测

晶体二极管由一个PN结组成，具有单向导电性，其正向电阻小（一般为几百欧）而反向电阻大（一般为几十千欧至几百千欧），利用此特点可进行判别。

（1）引脚极性判别。将万用表拨到$R\times100$（或$R\times1k$）的欧姆挡，把二极管的两个引脚分别接到万用表的两支测试笔上，如图11.8所示。如果测出的电阻较小（约几百欧），则与万用表黑表笔相接的一端是正极，另一端就是负极。相反，如果测出的电阻较大（约百千欧），那么与万用表黑表笔相连接的一端是负极，另一端就是正极。

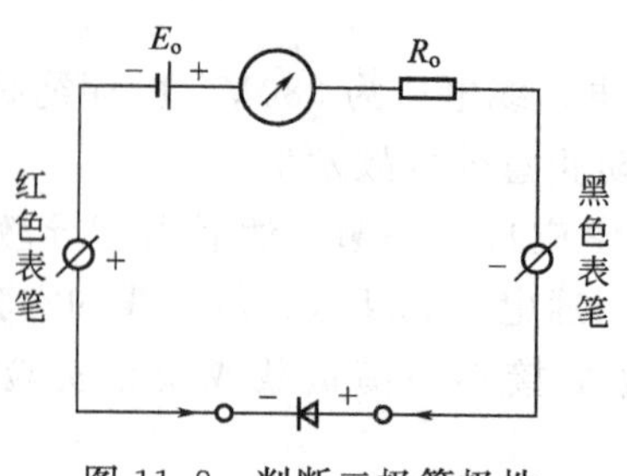

图 11.8 判断二极管极性

(2) 判别二极管质量的好坏。一个二极管的正、反向电阻差别越大，其性能就越好。如果双向阻值都较小，说明二极管质量差，不能使用；如果双向阻值都为无穷大，则说明该二极管已经断路；如双向阻值均为零，说明二极管已被击穿。

利用数字万用表的二极管挡也可判别正、负极，此时红表笔（插在“V·Ω”插孔）带正电，黑表笔（插在“COM”插孔）带负电。用两支表笔分别接触二极管两个电极，若显示值在1V以下，说明管子处于正向导通状态，红表笔接的是正极，黑表笔接的是负极。若显示溢出符号“1”，表明管子处于反向截止状态，黑表笔接的是正极，红表笔接的是负极。

把测量结果填入表 11.15 中。

表 11.15 二极管测量结果

二极管序号	万用表	测试结果		极性判断
		1 红 2 黑	1 黑 2 红	
1	指针式万用表			
	数字式万用表			
2	指针式万用表			
	数字式万用表			
3	指针式万用表			
	数字式万用表			
4	指针式万用表			
	数字式万用表			
5	指针式万用表			
	数字式万用表			

2. 晶体三极管检测

可以把晶体三极管的结构看作是两个背靠背的 PN 结，对 NPN 型来说基极是两个 PN 结的公共阳极，对 PNP 型管来说基极是两个 PN 结的公共阴极，分别如图 11.9 所示。

(1) 管型与基极的判别。万用表置电阻挡，量程选 1k 挡（或 $R\times100$），将万用表任一表笔先接触某一个电极——假定的公共极，另一表笔分别接触其他两个电极，当两次测得的电阻均很小（或均很大），则前者所接电极就是基极，如两次测得的阻值一大、一小，相差很多，则前者假定的基极有错，应更换其他电极重测。

根据上述方法，可以找出公共极，该公共极就是基极 B，若公共极是阳极，该管属 NPN 型管，反之则是 PNP 型管。

(2) 发射极与集电极的判别。为使三极管具有电流放大作用，发射结需加正偏置，集电

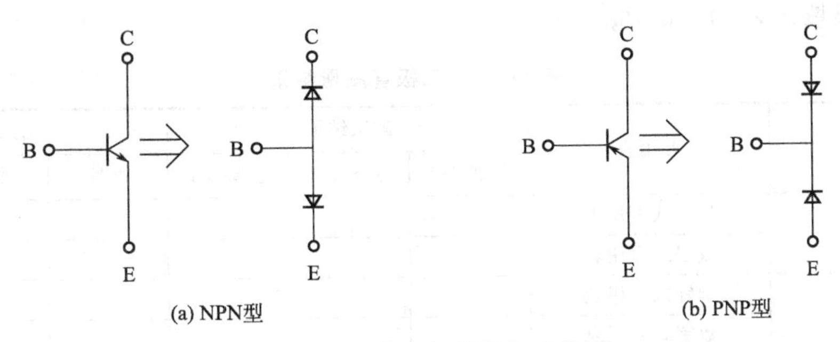

图 11.9　晶体三极管结构示意图

结加反偏置，如图 11.10 所示。

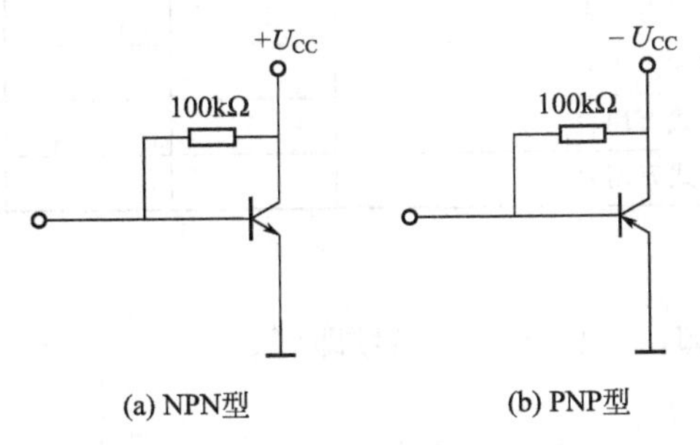

图 11.10　晶体三极管的偏置情况

当三极管基极 B 确定后，便可判别集电极 C 和发射极 E，同时还可以大致了解穿透电流 I_{CEO}和电流放大系数 β 的大小。

以 PNP 型管为例，若用红表笔（对应表内电池的负极）接集电极 C，黑表笔接 E 极（相当 C、E 极间电源正确接法），如图 11.11 所示，这时万用表指针摆动很小，它所指示的电阻值反映了管子穿透电流 I_{CEO}的大小（电阻值大，表示 I_{CEO}小）。如果在 C、B 间跨接一个 $R_B=100k\Omega$ 的电阻，此时万用表指针将有较大摆动，它指示的电阻值较小，反映了集电极电流 $I_C=I_{CEO}+\beta I_B$的大小。且电阻值减小愈多表示 β 愈大。如果 C、E 极接反（相当于 C-E 间电源极性反接），则三极管处于倒置工作状态，此时电流放大系数很小（一般<1），于是万用表指针摆动很小。因此，比较 C-E 极两种不同电源极性接法，便可判断 C 极和 E 极了。同时还可大致了解穿透电流 I_{CEO}和电流放大系数 β 的大小，如万用表上有 h_{FE}插孔，可利用 h_{FE}来测量电流放大系数 β。

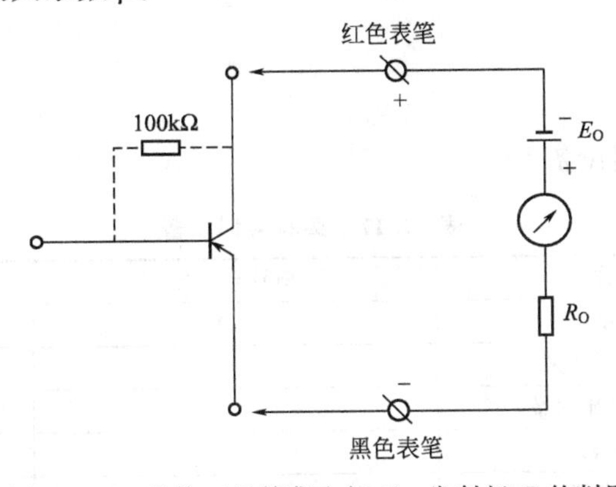

图 11.11　晶体三极管集电极 C、发射极 E 的判别

测量结果填入表 11.16 中。

表 11.16 三极管测量结果

三极管序号	万用表	测试结果			结果分析		
		引脚 1-2	引脚 2-3	引脚 3-1	型号	好坏	基极判断
1	指针式万用表						
	数字式万用表						
2	指针式万用表						
	数字式万用表						
3	指针式万用表						
	数字式万用表						
4	指针式万用表						
	数字式万用表						
5	指针式万用表						
	数字式万用表						

五、操作注意事项

二极管、三极管的引脚，操作前自己编号即可。

六、思考与提高

根据现有的实验器材，如何测量三极管的放大倍数？

实验实训与技能训练 8 集成门电路

一、实验实训目的

1. 掌握集成门电路的逻辑功能、使用；
2. 了解数字电路的基本功能。

二、实验实训原理

各逻辑门的功能。

三、实验实训设备

表 11.17 为实验实训设备。

表 11.17 实验实训设备

序号	名称	型号与规格	数量	备注
1	直流电源	+5V	1	
2	逻辑电平开关		8	
3	逻辑电平显示器		4	
4	电压表		1	
5	集成电路	CD4011、CD4012、CD4072、CD4078	各 1	

四、操作要领及步骤

1. 与非门逻辑功能测试

CMOS 集成与非门 CD4011 引脚排列如图 11.12 所示。

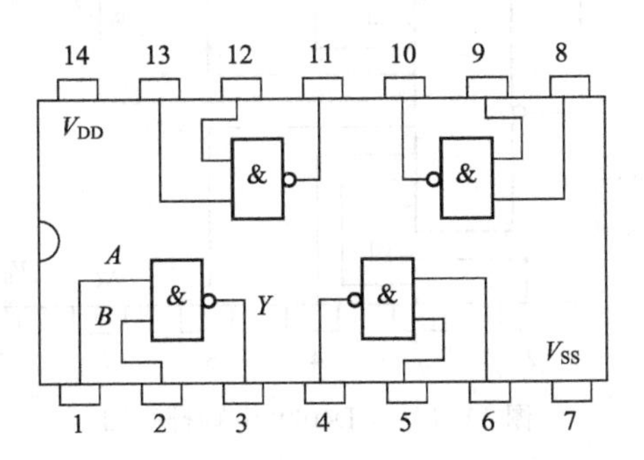

图 11.12 CD4011 引脚排列图

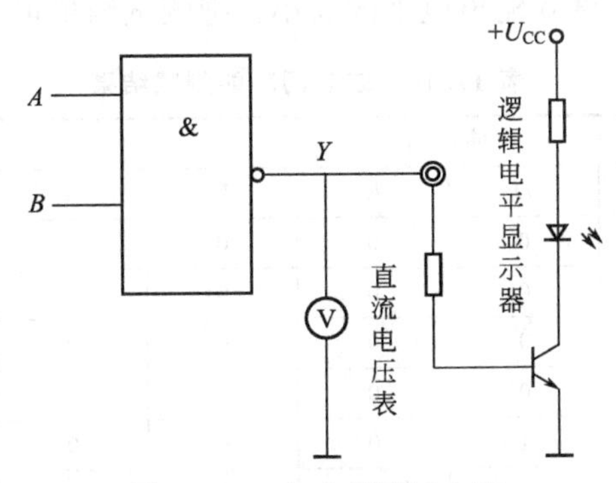

图 11.13 与非门测试电路

按照图 11.13 接线，不要漏接集成电路电源。逻辑门的 2 个输入端接逻辑输出插口，以提供“0”与“1”电平信号。控制开关向上，输出逻辑“1”，向下为逻辑“0”。逻辑门的输出端接由 LED 发光二极管组成的逻辑电平显示器（又称 0-1 指示器）的显示插口。LED 亮为逻辑“1”，不亮为逻辑“0”，并用直流电压表测试其输出电平的大小，把测试结果填入表 11.18 中。

表 11.18 与非门功能测试结果

输入端		输出端(Y)	
A	B	电位/V	逻辑状态
0	0		
0	1		
1	0		
1	1		

2. 或非门逻辑功能测试

CMOS 集成或非门 CD4078 引脚排列如图 11.14 所示。

和与非门测试方法相同，逻辑门的输入端接逻辑输出插口，以提供“0”与“1”电平信号。控制开关向上，输出逻辑“1”，向下为逻辑“0”。逻辑门的输出端接由 LED 发光二极

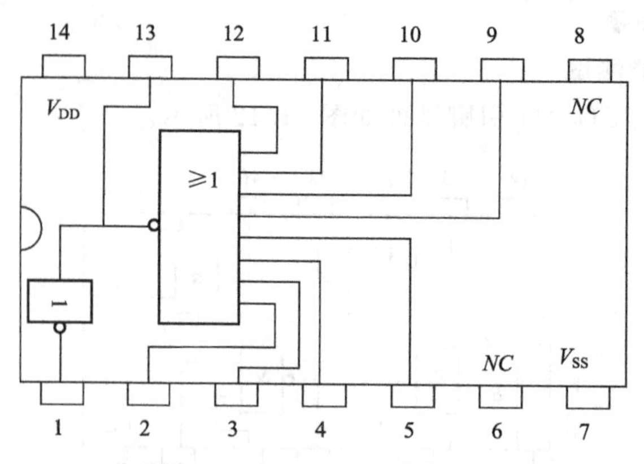

图 11.14 CD4078 引脚排列图

管组成的逻辑电平显示器（又称 0-1 指示器）的显示插口。LED 亮为逻辑“1”，不亮为逻辑“0”，并用直流电压表测试其输出电平的大小，把测试结果填入表 11.19 中。

表 11.19 或非门功能测试结果

输入端								输出端(Y)	
A	*B*	*C*	*D*	*E*	*F*	*G*	*H*	电位/V	逻辑状态
0	0	0	0	0	0	0	0		
1	0	0	0	0	0	0	0		
0	1	0	0	0	0	0	0		
0	0	1	0	0	0	0	0		
0	0	0	1	0	0	0	0		
0	0	0	0	1	0	0	0		
0	0	0	0	0	1	0	0		
0	0	0	0	0	0	1	0		
0	0	0	0	0	0	0	1		
1	1	1	1	1	1	1	1		

五、操作注意事项

1. 严格按照逻辑门电路的引脚排列图连接电路。

2. 集成电路的电源不要漏接。

六、思考与提高

如果实验台上的集成电路安装反了，应该如何操作？

实验实训与技能训练 9 加法器

一、实验实训目的

1. 进一步了解二进制数的运算规律；

2. 掌握加法器的逻辑功能。

二、实验实训原理

二进制的运算规律。

三、实验实训设备

表 11.20 为实验实训设备。

表 11.20　实验实训设备

序号	名称	型号与规格	数量	备注
1	直流电源	+5V	1	
2	逻辑电平开关		3	
3	逻辑电平显示器		2	
4	电压表		1	
5	集成电路	CD4070	1	
6	集成电路	CD4011	3	

四、操作要领及步骤

1. 半加器逻辑功能测试

如图 11.15 所示，连接电路组成半加器，并按照要求把结果填入表 11.21 中。

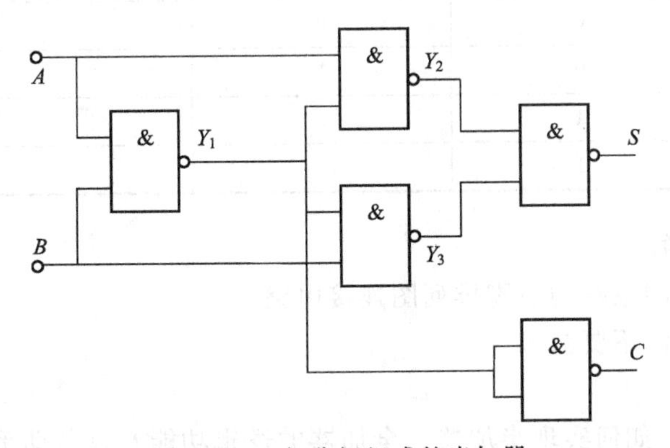

图 11.15　与非门组成的半加器

表 11.21　半加器逻辑功能测试表

输入端		输出端	
A	*B*	*S*	*C*
0	0		
0	1		
1	0		
1	1		

2. 全加器逻辑功能测试

按照图 11.16 接线，组成全加器，根据要求把结果填入表 11.22 中。

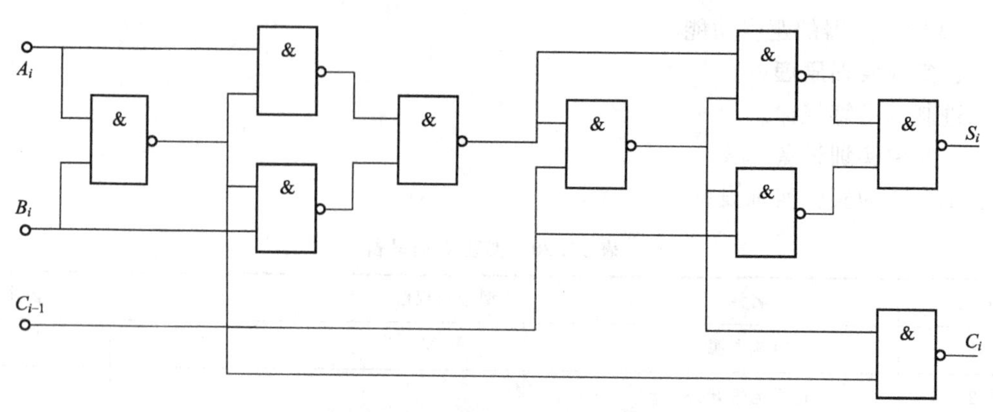

图 11.16 与非门组成的全加器

表 11.22 全加器逻辑功能测试表

输入端			输出端	
A_i	B_i	C_{i-1}	S_i	C_i
0	0	0		
0	0	1		
0	1	0		
0	1	1		
1	0	0		
1	0	1		
1	1	0		
1	1	1		

五、操作注意事项

1. 严格按照逻辑门电路的引脚排列图连接电路。
2. 集成电路的电源不要漏接。

六、思考与提高

用异或门 CD4070 如何实现半加器、全加器的逻辑功能？自己动手完成。

异或门 CD4070 引脚排列如下。

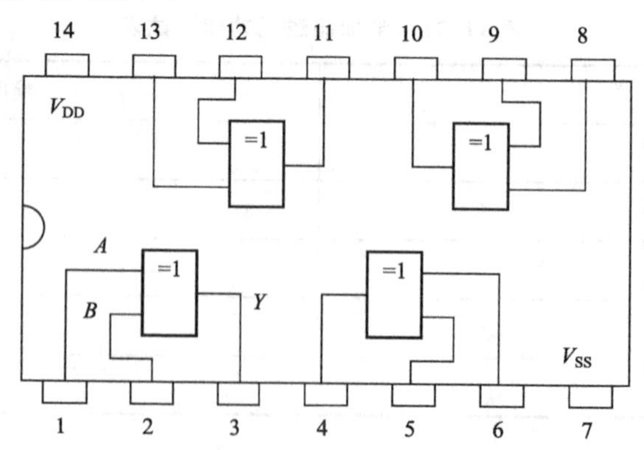

实验实训与技能训练 10 直流稳压电源

一、实验实训目的

1. 研究桥式整流、电流滤波电路的特性；
2. 掌握稳压电源主要技术参数的测试方法。

二、实验实训原理

直流稳压电源的相关知识。

三、实验实训设备

表 11.23 为实验实训设备。

表 11.23 实验实训设备

序号	名称	型号与规格	数量	备注
1	双踪示波器		1	
2	交流毫伏表		1	
3	直流电压表		1	
4	直流电流表		1	
5	可调电阻器	200Ω/1A	1	
6	三极管	3DG6/3DG12	2/1	
7	二极管	1N4007	4	
8	稳压管	1N4735	1	

四、操作要领及步骤

1. 桥式整流电容滤波电路测试

按照图 11.17 取可调工频电源电压为 16V，作为整流电路输入电压 u_2。

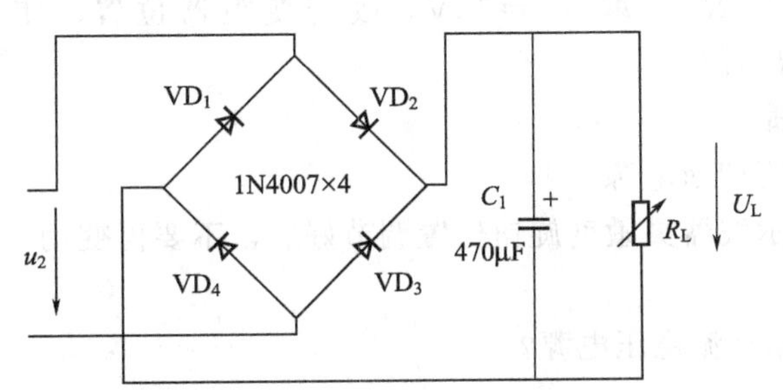

图 11.17 桥式整流电容滤波电路

(1) 取 $R_L=240\Omega$，不加滤波电容，测量直流输出电压 U_L，并用示波器观察 U_L 的波形。

(2) 取 $R_L=240\Omega$，$C_1=470\mu F$，重复内容 (1) 的要求。

(3) 取 $R_L=120\Omega$，$C_1=470\mu F$，重复内容 (1) 的要求。

2. 直流稳压电源性能测试

按照图 11.18 连接电路。

(1) 断开稳压器输出端负载，接通 16V 工频电源，测量整流电路输入电压 u_2，滤波电路输出电压 U_I（稳压器输入电压）及输出电压 U_O。调节电位器 R_W，观察 U_O 的大小和变化情况，如果 U_O 能跟随 R_W 作线性变化，这说明稳压电路工作基本正常。否则，说明稳压

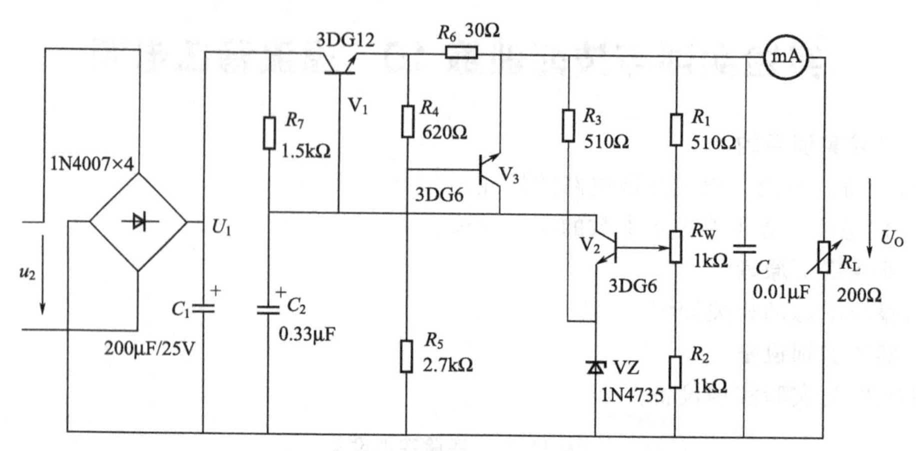

图 11.18 串联型直流稳压电源

电路有故障，此时可分别检查基准电压 U_Z，输入电压 U_I，输出电压 U_O，以及比较放大器和调整管各电极的电位（主要是 U_{BE} 和 U_{CE}），分析它们的工作状态是否都处在线性区，从而找出不能正常工作的原因。

（2）接入负载 R_L（可调变阻器），并调节使输出电流 $I_O \approx 100mA$。再调节电位器 R_W，测量输出电压可调范围 $U_{Omin} \sim U_{Omax}$，且使 R_W 动点在中间位置附近时 $U_O = 12V$。若不满足要求，可适当调整 R_1、R_2 的值。

（3）测量各级静态工作点。调节输出电压 $U_O = 12V$，输出电流 $I_O = 100mA$，测量各级静态工作点。

（4）测量稳压系数 S。取 $I_O = 100mA$，改变整流电路输入电压 u_2，分别测出相应的稳压器输入电压 U_I 及输出直流电压 U_O。

（5）测量输出电阻 R_O。取 $u_2 = 16V$，改变变阻器位置，使 I_O 为空载、50mA 和 100mA，测量相应的 U_O 值。

五、操作注意事项

1. 改接电路前，要切断电源。
2. 观察波形时，示波器灵敏度旋钮位置调节好后，不要再变动。

六、思考与提高

自己能否动手制作直流稳压电源？

实验实训与技能训练 11 三相异步电动机点动和自锁控制电路

一、实验实训目的

1. 通过对三相笼式异步电动机点动控制和自锁控制线路的实际安装接线，掌握由电气原理图变换成安装接线图的知识；

2. 通过实验实训进一步加深理解点动控制和自锁控制的特点；

3. 学会三相笼式异步电动机点动控制和自锁控制线路的常见故障的排除方法。

二、实验实训原理

（1）在控制回路中一般采用接触器的辅助触点来实现自锁控制。要求接触器线圈得电后能自动保持动作后的状态，这就是自锁，通常用接触器自身的动合触点与启动按钮相并联来实现，以达到电动机的长期运行，这一动合触点称为“自锁触点”。

（2）控制按钮通常用以短时通、断小电流的控制回路，以实现近、远距离控制电动机等执行部件的启、停或正、反转控制。按钮专供人工操作使用。对于复合按钮，其触点的动作规律是：当按下时，其动断触点先断，动合触点后合；当松手时，则动合触点先断，动断触点后合。

三、实验实训设备

表 11.24 为实验实训设备。

表 11.24 实验实训设备

序号	型号	名称	数量
1	DJ26	三相笼式异步电动机(△/380V)	1
2	D64-2	继电接触控制挂箱	1
3	TH-DT	电机控制实验装置	1

四、操作要领及步骤

三相异步电动机接成 Y 形，实验线路电源端接三相自耦调压器输出端 U、V、W，供电线电压为 380V。

实验前要开启“电源总开关”，按下启动按钮，旋转调压器旋钮将三相交流电源输出端 U、V、W 的线电压调到 380V。再按下控制屏上的“关”按钮以切断三相交流电源。以后在实验接线之前都要求这样做。

1. 点动控制

按图 11.19 所示点动控制线路进行接线，先接主电路，主电路连接完整无误后，再连接控制电路。接好线路后，须经指导教师检查允许后，方可进行通电操作。

（1）开启控制屏电源总开关，按启动按钮，调节调压器输出，使输出线电压为 380V。

（2）按启动按钮 SB，对电动机 M 进行点动操作，比较按下 SB 与松开 SB 时电动机和接触器的运行情况。

（3）实验完毕，按控制屏停止按钮，切断三相交流电源。

2. 自锁控制电路

按图 11.20 所示电路进行接线，它与图 11.19 的不同点在于控制电路中多串联了一个常闭停车按钮 SB_1，同时在启动按钮 SB_2 上并联了 1 个接触器 KM 的常开触点，它起自锁作用。

接好线路经指导教师检查允许后，方可进行通电操作。

（1）按下控制屏启动按钮，接通 380V 三相交流电源。

（2）按下启动按钮 SB_2，松手后观察电动机 M 是否继续运转及接触器的动作情况。

（3）按下停止按钮 SB_1，松手后观察电动机 M 是否停止运转及接触器的动作情况。

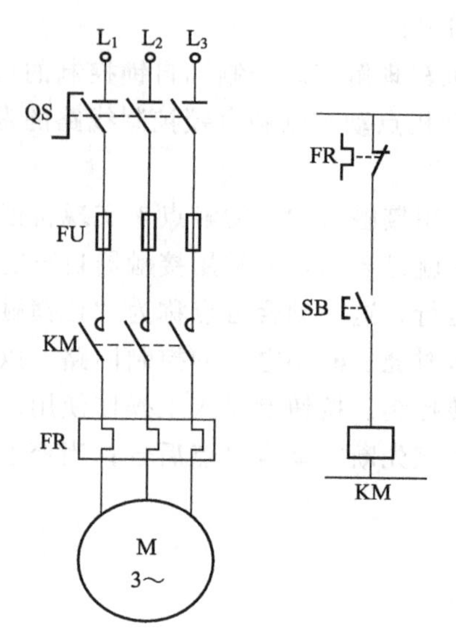

图 11.19 电动机的点动控制电路

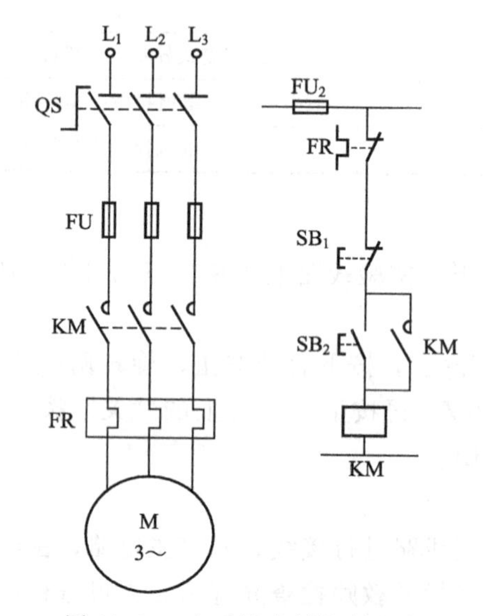

图 11.20 电动机自锁控制电路

(4) 按控制屏停止按钮，切断三相电源，拆除控制回路中自锁触点 KM，再接通三相电源，启动电动机，观察电动机及接触器的运转情况。从而验证自锁触点的作用。实验完毕，切断三相交流电源。

五、操作注意事项

1. 接线、拆线时要断开电源。

2. 操作时要胆大、心细、谨慎，不许用手触及各电气元件的导电部分及电动机的转动部分，以免触电及意外损伤。

3. 通电观察继电器动作情况时，要注意安全，防止碰触带电部位。

4. 注意停车按钮必须使用红色按钮，启动按钮使用绿色按钮。

六、思考与提高

1. 点动控制线路与自锁控制线路从结构上看主要区别是什么？

2. 自锁控制线路在长期工作后可能出现失去自锁作用的现象。试分析产生的原因是什么？

3. 操作时如果电压过低，会产生什么后果？

4. 自己动手设计既能点动，又能自锁控制的电路图。

实验实训与技能训练 12　三相异步电动机正反转控制电路

一、实验实训目的

1. 通过对三相笼式异步电动机正反转控制线路的安装接线，掌握由电气原理图接成实际操作电路的方法；

2. 加深对电气控制系统各种保护和对自锁、互锁等环节的理解；

3. 学会分析、排除继电-接触控制线路故障的方法；

4. 掌握三相笼式异步电动机正反转的工作原理和控制方法。

二、实验实训原理

在三相笼式异步电动机正反转控制线路中，通过三相电源相序的更换来改变电动机的旋转方向。本实验给出两种不同的正、反转控制线路，如图 11.21 及图 11.22 所示，具有如下特点。

1. 电气互锁

为了避免接触器 KM_1（正转）、KM_2（反转）同时得电吸合造成三相电源短路，在 KM_1（KM_2）线圈支路中串接有 KM_2（KM_1）动断触点，它们保证了线路工作时 KM_1、KM_2不会同时得电（见图 11.21），以达到电气互锁的目的。

2. 电气和机械双重互锁

除电气互锁外，可再采用复合按钮 SB_2与 SB_3组成的机械互锁环节（见图 11.22），以保证线路工作更加可靠。

三、实验实训设备

表 11.25 为实验实训设备。

表 11.25　实验实训设备

序号	型号	名称	数量
1	DJ26	三相笼式异步电动机(△/380V)	1
2	D64-2	继电接触控制挂箱	1
3	TH-DT	电机控制实验装置	1

四、操作要领及步骤

1. 接触器联锁的正反转控制线路

按图 11.21 所示电路接线，经指导教师检查后，方可进行通电操作。

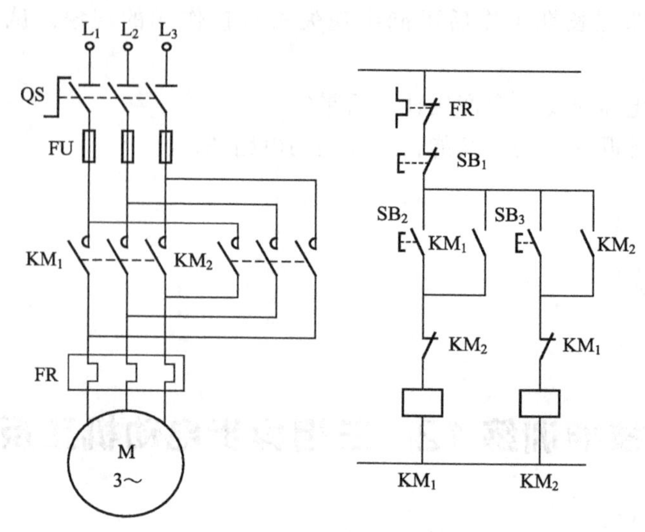

图 11.21 接触器互锁正反转控制电路

(1) 开启控制屏电源总开关，按启动按钮，调节调压器输出，使输出线电压为 380V。

(2) 按正向启动按钮 SB_2，观察并记录电动机的转向和接触器触点的吸、断动作情况。

(3) 按反向启动按钮 SB_3，观察并记录电动机的转向和接触器触点的吸、断动作情况。

(4) 按停止按钮 SB_1，观察并记录电动机的转向和接触器的动作情况。

(5) 再按 SB_3，观察并记录电动机的转向和接触器的动作情况。

(6) 实验完毕，按控制屏停止按钮，切断三相交流电源。

2. 接触器和按钮双重互锁的正反转控制线路

按图 11.22 所示电路接线，经指导教师检查后，方可进行通电操作。

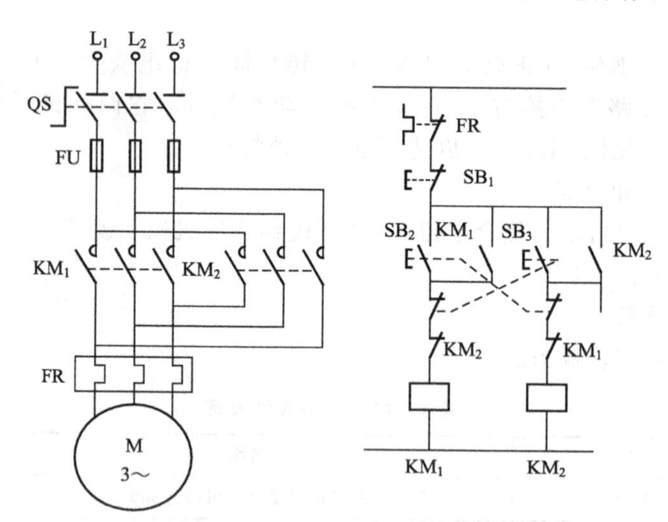

图 11.22 电动机双重互锁正反转控制电路

(1) 按控制屏启动按钮，接通 380V 三相交流电源。

(2) 按正向启动按钮 SB_2，电动机正向启动，观察电动机的转向及接触器的动作情况。按停止按钮 SB_1，使电动机停转。

(3) 按反向启动按钮 SB_3，电动机反向启动，观察电动机的转向及接触器的动作情况。

按停止按钮 SB_1，使电动机停转。

(4) 按正向（或反向）启动按钮，电动机启动后，再去按反向（或正向）启动按钮，观察有何情况发生？

(5) 电动机停稳后，同时按正、反向两个启动按钮，观察有何情况发生？

(6) 实验完毕，按控制屏停止按钮，切断电源。

五、操作注意事项

1. 接线、拆线时要断开电源。

2. 操作时要胆大、心细、谨慎，不许用手触及各电气元件的导电部分及电动机的转动部分，以免触电及意外损伤。

3. 通电观察继电器动作情况时，要注意安全，防止碰触带电部位。

4. 注意停车按钮必须使用红色按钮，启动按钮使用绿色按钮。

六、思考与提高

1. 在电动机正、反转控制线路中，为什么必须保证两个接触器不能同时工作？采用哪些措施可解决此问题，这些方法有何利弊，最佳方案是什么？

2. 在控制线路中，短路，过载，失、欠压保护等功能是如何实现的？在实际运行过程中，这几种保护有何意义？

实验实训与技能训练 13　三相异步电动机的能耗制动控制

一、实验实训目的

1. 通过实验实训进一步理解三相笼型异步电动机的能耗制动原理。

2. 提高实际连接控制电路的能力和操作能力。

二、实验实训原理

(1) 三相笼式异步电动机实现能耗制动的方法是：在三相定子绕组断开三相交流电源后，在两相定子绕组中通入直流电，以建立一个恒定的磁场，转子的惯性转动切割这个恒定磁场而感应电流，此电流与恒定磁场作用，产生制动转矩使电动机迅速停车。

(2) 在自动控制系统中，通常采用时间继电器，按时间原则进行制动过程的控制。可根据所需的制动停车时间来调整时间继电器的时延，以使电动机刚一制动停车，就使接触器释放，切断直流电源。

(3) 能耗制动过程的强弱与进程，与通入直流电流的大小和电动机转速有关，在同样的转速下，电流越大，制动作用就越强烈，一般直流电流以取空载电流的 3～5 倍为宜。

三、实验实训设备

表 11.26 为实验实训设备。

表 11.26 实验实训设备

序号	型号	名称	数量
1	DJ26	三相笼式异步电动机(△/380V)	1
2	D64	继电接触控制挂箱	1
3	TH-DT	电机控制实验装置	1

四、操作要领及步骤

(1) 三相笼式异步电动机接成△，实验线路电源端接三相自耦调压器输出（U、V、W)，供电线电压为380V。

初步整定时间继电器的时延，可先设置得大一些（5～10s)。本实验中，能耗制功电阻 R 为 10Ω。

(2) 开启控制屏电源总开关，按启动按钮，调节调压器输出，使输出线电压为380V，按停止按钮，切断三相交流电源。

(3) 按图11.23接线，并检查线路连接是否正确。

(4) 按 SB_2，使电动机启动运转，待运转稳定后，按 SB_1，观察并记录电动机从按下 SB_1 起至电动机停止运转的能耗制动时间。重新整定时间继电器的延时时间重复以上操作。

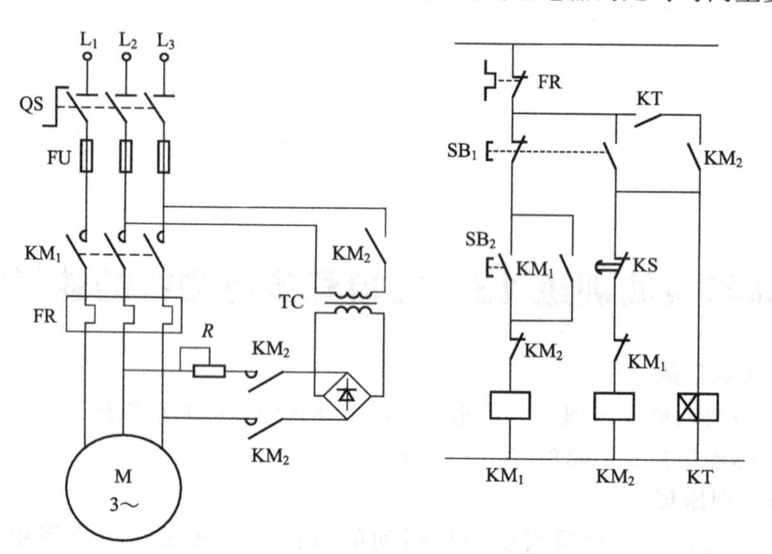

图 11.23 电动机的能耗制动控制电路

五、操作注意事项

1. 每次在调整时间继电器的延时的时候都必须在断开三相电源后进行，不可带电操作。

2. 接好线路后必须经过严格检查，绝不允许同时接通交流和直流两组电源，即不允许 KM_1、KM_2 同时得电。

六、思考与提高

1. 电动机制动停车需在两相定子绕组通入直流电，若通入单相交流电，能否起到制动作用，为什么？

2. 画出能耗制动控制电路的工作原理流程图。

实验实训与技能训练 14　三相异步电动机串电阻降压启动控制电路

一、实验实训目的

1. 掌握三相异步电动机串电阻降压启动控制电路的接线；
2. 掌握三相异步电动机串电阻降压启动控制电路的工作原理；
3. 掌握三相异步电动机串电阻降压启动控制电路的常见故障排除方法。

二、实验实训设备

表 11.27 为实验实训设备。

表 11.27　实验实训设备

序号	型号	名称	数量
1	DJ26	三相笼式异步电动机(△/380V)	1
2	D64-2	继电接触控制挂箱	1
3	TH-DT	电机控制实验装置	1

三、操作要领及步骤

把三相可调电压调至线电压 380V，分别按图 11.24(a)、(b) 接线，确认无误经老师检查后进行如下操作。

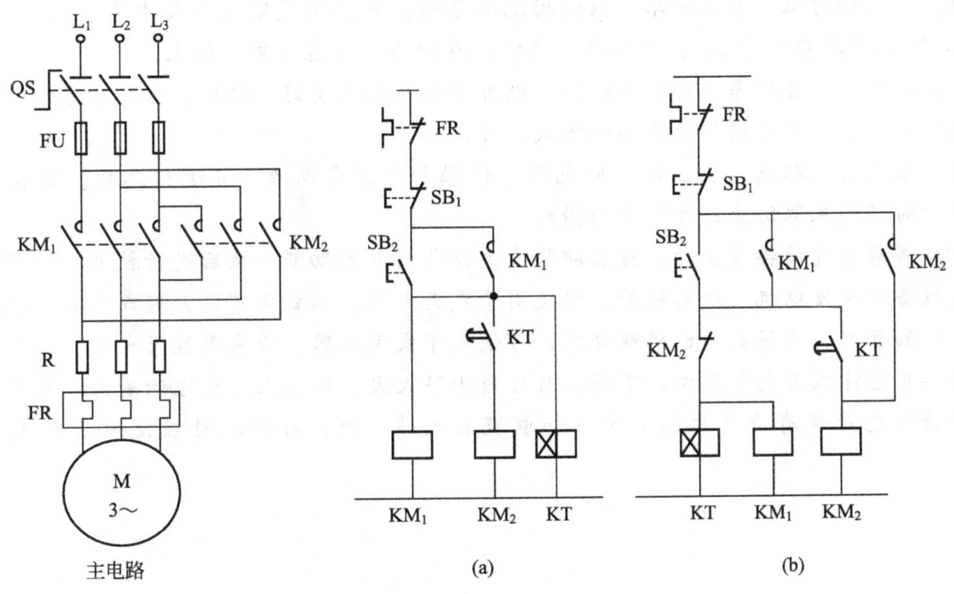

图 11.24　电动机串电阻降压启动控制电路

(1) 按下“启动”按钮，接通 380V 交流电源。

(2) 按下 SB_2，观察并记录电动机串电阻启动时各接触器吸合情况、电动机运行状态。

(3) 经过设定的时间，时间继电器 KT 吸合后，电动机全压运行，观察各接触器的吸合情况及电动机的运行状态。

四、思考与提高

1. 画出电动机串电阻降压启动控制电路的工作流程图。

2. 图 11.24(a)、(b) 控制电路有什么不同？哪一种控制更合理？

拓展与提高

一般电气安全注意事项

(1) 所有电气设备的金属外壳应有良好的接地装置。使用中不应将接地装置拆除或对其进行任何工作。

(2) 任何电气设备上的标示牌，除原来放置人员或负责的运行值班人员外，其他任何人员不准移动。

(3) 不准靠近或接触任何有电设备的带电部分，特殊许可的工作，应执行标准 DL 408—1991《电业安全工作规程（发电厂和变电所电气部分）》中的有关规定。

(4) 严禁用湿手去触摸电源开关以及其他电气设备。

(5) 电源开关外壳和电线绝缘有破损不完整或带电部分外露时，应立即找电气人员修好，否则不准使用。不准使用破损的电源插头插座。

(6) 敷设临时低压电源线路，应使用绝缘导线。架空高度室内应大于 2.5m，室外应大于 4m，跨越道路应大于 6m。严禁将导线缠绕在护栏、管道及脚手架上。

(7) 厂房内应合理布置检修电源箱。电源箱箱体接地良好，接地、接零标志清晰，分级配置漏电保安器，宜采用插座式接线方式，方便使用。

(8) 发现有人触电，应立即切断电源，使触电人脱离电源，并进行急救。如在高空工作，抢救时必须采取防止高处坠落的措施。

(9) 遇有电气设备着火时，应立即将有关设备的电源切断，然后进行救火。对可能带电的电气设备以及发电机、电动机等，应使用干式灭火器、二氧化碳灭火器或六氟丙烷灭火器灭火；对油开关、变压器（已隔绝电源）可使用干式灭火器、六氟丙烷灭火器等灭火，不能扑灭时再用泡沫式灭火器灭火，不得已时可用干砂灭火；地面上的绝缘油着火，应用干砂灭火。扑救可能产生有毒气体的火灾（如电缆着火等）时，扑救人员应使用正压式空气呼吸器。

参 考 文 献

[1] 杜德昌，许传清．电工电子技术及应用．北京：高等教育出版社，2011.
[2] 凌艺春．电工电子技术．北京：北京理工大学出版社，2010.
[3] 刘志平，苏永昌．电工基础．北京：高等教育出版社，2014.
[4] 顾海远．电子技术．北京：北京理工大学出版社，2011.
[5] 李文森，孙晓燕．电工基础．北京：北京理工大学出版社，2012.
[6] 强高培．机电设备电气控制技术．北京：北京理工大学出版社，2012.